U0946841

吴云艳 / 著

和谐静心

身·心·灵

Harmonious Meditation

華夏出版社
HUAXIA PUBLISHING HOUSE

图书在版编目(CIP)数据

和谐·静心 身心灵/吴云艳著. -北京:华夏出版社,2012.1
ISBN 978-7-5080-6805-3

Ⅰ.①和… Ⅱ.①吴… Ⅲ.①人生哲学-通俗读物 Ⅳ.①B821-49

中国版本图书馆 CIP 数据核字(2011)第 282954 号

和谐·静心 身心灵

吴云艳 著

责任编辑:梅子 晓燕
封面设计:海星
封面摄影:陶蠡

出版发行:华夏出版社
(北京市东直门外香河园北里 4 号 邮编:100028)
经　　销:新华书店
印　　刷:三河市李旗庄少明印装厂
装　　订:三河市李旗庄少明印装厂
版　　次:2012 年 1 月北京第 1 版
2012 年 1 月北京第 1 次印刷
开　　本:720×1030 1/16 开
印　　张:17.5
字　　数:266 千字
插　　页:1
定　　价:36.00 元

在“信”中和谐、健康与幸福

(代前言)

当我们呱呱落地的时候，我们看世界的眼睛是如此的洁净和无邪。我们本能地对世界张开接纳的怀抱，我们本能地哭闹、本能地欢笑、不掩饰目的地索取、不表达目的地给予，我们对关爱我们的亲人本能地信任，我们感觉快乐的时候就用一切可以传递快乐的信息——牙牙学语和肢体语言毫不吝啬地把欢乐的信息施散给周围的天地人。

那个时候，我们无意识，但是我们极尽本然和快乐。

曾几何时，我们本能地闭上了这双洁净、无邪、本能信任的眼睛；我们主动关上了对世界本能的天地人的链接；我们本能地收起了对世界对人本能的信任；我们对陌生或不陌生、有关联或没关联、对我们表达善意或不善意的人都一律本能地披上了层层防御的盔甲；甚至当爱我们的亲人想表达或正在表达对我们的爱的时候，仅仅因为我们的头脑天线无法接收“爱”的频率或我们的经验无法解读“爱”的信息，而一瞬间本能地对我们亲人的“爱”狐疑重重，抗拒接受，甚至以“怨”报“爱”。

而这一切的改变，仅仅是因为岁月轮回中，我们不知不觉地因本能的“信”变成本能的“不信”。

一个“信”字，千古绝唱！

一个“不信”，万古悲歌！

一曲曲因“爱”生“怨”、因“是”而“非”、为“得”而“失”的旷古哀歌，哪个不是与“信”与“不信”有关？

一个简单的“信”字，本是老天赐予我们可以享受快乐人生的最珍贵的礼物——想想看，当你快乐的时候，不管这个快乐是来自你的丈夫妻子，你的父母兄弟，你的孩子，你的朋友同事，你的老板或合作者，哪个不是因为一个“信”字？他们“信”你，给了你要的爱情、亲情和友情，给了你能力的欣赏天赋的信任。而同样，那一刻，你“信”他们，你接受了他们给你的爱、欣赏和信任。你们一起为“信”吟唱快乐的歌！

你们为这“信”字而欢唱！

你们为这“信”在那一刻享受着由内而外，由身体而意识的幸福！

你们因为这“信”愿意拿一块叫“爱”的宝石投入社会和宇宙的水面，让爱的涟漪一波一波扩大着外延，先把你们接受的“爱”传递给周围的人，再经由他们的涟漪传递给更多的人。

在“信”的吟唱里，种种“关系”——社会关系、家庭关系、人与自然的关系、社会与自然的关系，都会浑然天成地进入和谐。

想想看，如果“信”能成为永无终止的历史绝唱，我们将拥有怎样的一个人间天堂？

但是谁让我们失去了“信”字？

谁把“不信”植入我们深深的潜意识？因为“不信”，我们本可以快乐的生活却不能快乐，本可以信任的关系却不能信任，本可以依靠的肩膀却不敢依靠，可以身心放松却身体紧张心灵纠结，直至身心亚健康甚至患上疾病却依然不敢放松。因为“不信”，我们本可以随时付出爱，却失去了爱的能力；我们本可以简单的信任，却害怕自己一旦放松警惕，就会失去就会受骗。因为“不信”，我们梦里都渴望永恒的爱情却不能永远；因为“不信”，我们天天想追逐快乐和幸福却感觉快乐幸福与自己无缘；因为“不信”，我们吃了太多的苦，受了太多的累。

但是，我们还是不敢“信”。我们依然愿意沿袭“不信”的习惯去追逐本来就存在于内心本然的快乐和幸福。我们其实“拥有”一切幸福美好和快乐，但是我们“不信”我们拥有，我们宁愿习惯性地相信我们缺失，我们宁愿在缺失的“信”中，为了不缺失而如狗熊掰棒子一般寻寻觅觅。

“不信”容易，“信”太难。

因为“不信”就是提前穿上了自我保护的盔甲。把不敢“信”的朋友、机会和未来牢牢地挡在了外面；虽然失去了朋友、机会和未来，但是规避了万一“信”错的风险。人们内心是如此地恐惧错“信”，恐惧内心受伤。在这种恐惧中，渴望朋友却拒绝朋友；渴望爱情却拒绝爱情；渴望机会却当机会到来的时候，因一丝丝的风险付出，而瞬间用“不信”逃避；渴望未来，但满眼看不见未来为我们绽开的灿烂鲜花，所有的聚焦点都纠结在继续品尝孕育鲜花的泥土曾经饱经的风霜。

人们渴望朋友、机会和美好的未来。但是如果要放下人们固守已久的经验、心理定势、思维和行为模型中习惯性的“不信”的本能价值观和规条，很多人宁可义无反顾地放弃朋友、机会和可能还要承担奋斗风险的未来。

于是为了保护自己不在“信”中受伤，多少为了未来而苦苦奋斗的人不要未来，固执地坚守着“不信”的信念。

两年前，我在书上看到一句话：信就有命，不信就没有命。

所幸，我是一个本能信任的人。我甚至经常是一个傻乎乎信任的人。

至少，我的“不信”会慢几个节拍地在我本能信任以后，我信任的人或事表达出他们不值得我信任。于是我才启动“不信”的程序。

因为我的“信”，我一生有朋友相伴，贵人相助。

因为我的“信”，我无数次“无心插柳柳成荫”。

因为我的“信”，我敢轻易地尝试可能是初识者的建议去进入一个全新的事业、一个全新的行业。我今天之所以是位还算小有成就的作家，仅仅是因为我19年前在回杭州探家的火车上认识北京出版社的一个知名老编辑，她跟我聊天后说了一句话，“小吴，你艺术感觉很好，你去写，一定会成功！”于是在10天的探家中，我果真傻乎乎地第一次去尝试写了一部小说。不到两年，北京十月文艺出版社就出版了我的《洋行里的中国雇员——外企红尘大写真》。

2011年，我首次跨入了身心灵作品创作领域，并能一口气出版8本身心灵作品，其中包括权威的人民卫生出版社出版的《静心·健康》力作，以及由华夏出版社出版的本书《和谐·静心 身心灵》，都是因为一个“信”字——我深信和谐静心能给我自己带来和谐幸福，能给我的家人朋友带来和谐幸福，同样能给国人、给中国社会带来和谐幸福。能让纠结的人尝试去摆脱纠结，能让不完满的人尝试在内心找到完满，能让不幸福的人在自己身上感觉到幸福。

我因之“信”，我的生命在这一路绽开了无数美丽的心花儿。

我因之“信”，我生命的内涵和外延在不断地拓宽。

我因之“信”,我有述说不完的人生快乐和幸福。

我因之“信”,我有一路伴我同行以及会继续伴我同行的老友和新友。

我因之“信”,我快乐,我便想把我的快乐传递给我的读者。

我因之“信”,我愿意我的读者皆由这本书拥有和谐静心,拥有健康、快乐和幸福。

让我们“信”,让我们放下“不信”!

吴云艳

2011 年 12 月 21 日于北京

目　录

身体系统文化——中医有"道"。技术就称"道";"道"提升而为"文化";"文化"再提升就是"艺术";在"艺术"之上就成为"符号"了。

二 天、地、人

人法地,地法天,天法道,道法自然。

平衡——阴阳和谐、天人合一——平衡是人体健康的基础,失衡是疾病形成的诱因,修衡是通过针刺外周神经靶点,复衡是在中枢神经靶位调控下,达到机体新的平衡。平衡理论核心是以心理平衡为核心,健康是心理平衡的标志,疾病是心理失衡的表现。

健康是一种生活态度——肿瘤为什么发生？为什么发生在这个人身上，不是那个人身上？为何这个人手术完了痊愈了，另一个同样疾病的人却死了？所有这一切和人体的内环境有关。你这个地方出了问题是因为你有适合它生长的身体内环境。因此得肿瘤以后，首先要反思自己过去的生活方式，并进行调整和改善。有机生活就是用全新的有机生活方式，把我们的身体改善成不适合肿瘤生长的环境。

境界养生：百病生于气而止于音——古代的五音：角、徵、宫、商、羽五个音阶被中国传统哲学赋予了五行的属性：木(角)、火(徵)、土(宫)、金(商)、水(羽)。《灵枢·邪客篇》里说："天有五音，人有五脏；天有六律，人有六腑。"《黄帝内经》两千多年前就提出了"五音疗疾"的理论。《左传》中更说，音乐像药物一样有味，可以使人百病不生，健康长寿。

理念：享受时尚，但不逆天而行——所谓生活方式病，就是随着经济水平和生活水平的普遍提高，人们因为衣、食、住、行、娱乐等日常生活中的不良习惯和行为，以及在社会、经济、精神和文化生活中的不良因素所导致的身体或心理疾病。这些因为现代生活方式产生的疾病，我们也称之为"现代文明病"。

科学家预言,大约2015年,一组被称为生活方式疾病的新病将成为导致人们死亡的头号杀手!

世界卫生组织的专家也指出:目前因生活方式疾病而导致死亡的人数在发达国家占死亡人数的70%~80%。高血压、心脏病、中风、癌症、呼吸道疾病等,均与生活方式有关。

三 身、心、灵

——净心、静身、境界

认识情绪的真相——人虽然遗忘,虽然失去了人生的方向,但是每个人都没有停止过生命的找寻……虽然可能会找错方向,虽然可能在找寻过程中饱受痛苦和挫折,虽然有的人找寻得筋疲力尽了还是没有找到方向,但是自性的"本我"一直就在我们的身上,静静地等待着我们去发现。

四 外企白领应用篇

——和谐·静心 身心灵

面·对·面：健康、心灵、心理专家，带你走进身心灵合一。

序　一

宁静是唯一存在的音乐

非常感谢云艳姐邀请我为她的新书作序。和她相识也有七八年了,精力充沛的她总是在忙碌着各种事项。我和她沟通的多与健康产业相关。每次与她的交流都真实自然,我们共同分享着健康与静心的感悟。

过去自己的一些坎坷经历,使我对健康非常感兴趣,这些年来很关注这方面的学习。其实我们很难定义什么是健康。现代医学能够告诉我们疾病是什么,它的整个工作多是落在“什么是疾病”的层面。但那是从“外在”来掌握,只是掌握到身体所呈现出来的东西;因为从“外在”而言只有疾病能够被掌握。而健康只能够从一个人的“内在”来掌握,只能够从他最内在的本质和他的灵魂来掌握。健康是一种幸福的感觉,你的整个身体运作得非常好,感受到生命力与热情,没有任何打扰,你就可以感觉到有某种幸福感。疾病是客观的,而健康幸福的感觉是主观的。

静心是从“内在”散布到“外在”的一种治疗。静心是一种神奇的外科手术方法,它能够切掉所有那些不是你的东西,而只留下你真实的本性。人类能学会的最伟大的行为,就是去“看”内在发生了什么。静心实际上所做的事就是:它带领你或你的意识进入到尽可能深的地方。甚至连你自己的身体都变成某种“外在”的东西;甚至连你自己的头脑都变成某种“外在”的东西;甚至连你自己的心,它虽然非常接近你存在的中心,都变成“外在”的。当你的身体、头脑和心,所有这三者都被看成是“外在”的,你就来到了你存在的最核心。

静心能够带给你很深的宁静,因为所有垃圾性的知识都消失了,作为知识的一部分的思想也消失了……有一种无比的宁静,你会感到很惊讶:这个宁静就是唯一存在的音乐。所有的音乐都是想要将这个宁静呈现出来一种努力。透过宁静、透过静心、透过和平,随着你宁静的成长,你的友善和爱就会成长,你的生命就变成一个片刻接着一个片刻的欢舞、一个喜悦和一个庆祝……

非常感谢云艳姐，用优美的文学语言、缜密的哲学思考、直击人心的灵魂再现，为我们重塑一双婴儿般纯净天真的眼睛，帮助我们以全新的视觉重新认识生命，去感知这个真善美的世界。

只要直面痛苦，心，灵通常就能觉醒。

读你自己，而非读书!

在高山，在流水，在云端……

我们“在”，一起飞翔，一起欢唱！

郑博元

北京市戈友公益援助基金会理事 发起人

雷石投资合伙人

序 二

写"故事"的女人背后的"故事"

很长时间没有吴云艳的音讯了。刚才我正忙着审看每年一次上春节前全国图书订货会的图书，突然接到她从杭州的来电，说她的静心力作《静心·健康》已经由人民卫生出版社出版了，而且读者反响不错。我还没来得及向她表示祝贺，她就又火急火燎地说她的另一部书稿《和谐·静心 身心灵》也即将出版，让我为新书写几句话。这可真难为我了！一是确实没时间，二是也不敢提笔(人微言轻的，让读者笑话)。我像往常一样推托，却无果，只好硬着头皮答应"对付"一下了。

但说些什么呢？云山雾罩地夸夸她的这部作品？读者未必认同。谈谈对静心和健康问题的看法？好像有在作者面前班门弄斧之嫌。想了想，还是说几句与吴云艳的交往过程吧，这样写起来既不至于无米下锅，或文不对题，也可以帮助读者从侧面了解她看起来有点"炫目"背后的故事。

与吴云艳相识是4年前了。那时她刚完成她的第四本职场小说，但因为写的题材是外企，又是40多万字的大部头，两三家出版社都担心不好卖而没有接受。于是经朋友介绍，书稿辗转到了我社张社长手里(那时我在中国青年出版社工作)。社长把我叫过去说，这部稿子你先拿回去看看，有没有出版的可能？我明白社长的意思，朋友相托，不好拒绝，如果不行我出面退稿会好一些。回到办公室打开书稿一看，题目就先让人找不着北——《漂浮在摩卡上的甲骨文》，于是习惯性地在头脑中将其打入了冷宫。但为了完成社长交待的任务不得不草草地翻看起来。没成想这一看，竟一口气看完了，虽结构和文字上还有待修饰的地方，但内容真实得令人战栗！好像三伏天一口气喝下一大瓶冰镇雪碧，爽！于是，便开始了与她的交往与合作。小说经改名《局中局——中国外企官场透视》出版后，取得了不错的社会反响，一年多再版了4次。这在比较低迷的小说市场，又是40多万字的大部头书，算是不错了。新浪读书栏目连载后,点击率达到490多万,广播剧也在全国播出。她更加得意了(只字不提我的修改功劳,晕),马上又和我谈起了她下一部小说的构思。说她要写人生中第一本生命静心作品《走进你的心灵静心屋》,说她准备从商界外企作家转型为心灵作家。

这是她在风风火火地创作了4本外企商界畅销书以后,第一次开始思考人的本心本我问题。说实话,我对这部触及人心灵的小说很看好,便认真对待起来,经常催问她小说进展情况,也经常和她探讨生命感悟的东西。但有一天她忽然告诉我,小说她想暂时放一放,因为很多有关生命和心灵的问题她还没有想明白;既然是一本启迪心智的作品,如果自己思维认识境界不够,如何去分享和提升他人的心灵?本着对自己、对读者负责的态度,她说她需要"修",需要把自己的心灵"沉淀"一段时间。仿佛有天意帮助她提升和修心,一家出版社和她签约一套《零极限健康静心系列丛书》。去年下半年,她采访了几十位国内研究身心灵的权威专家。她本人在这种密集型采访中心灵得到快速提升,同时今年1月她的6本有关生命主题的书籍也如期出版。除了需要忙中静心创作,今年初又听她说她在创建一个"零极限健康静心网",说要建中国第一个身心灵的电子商务第三方平台,要弘扬中国的身心灵传统文化。并说想尝试资本运作,把这个文化平台做大做强。好大的魄力,好长远的眼光,令人不得不对这位小女子刮目相看!

小吴给我的感觉是个地道的能"闹腾"的人(当然,能"闹腾"的人常常也是极聪慧的人)。在她这6本书出来之前,我总觉得一个"闹腾"的人在喧嚣的商界题材小说写得顺风顺水时却突然要转型进入生命静心领域,反差太大了!而且专业性要求很高!她能行吗?一直想以老大哥的身份给她泼点冷水,但每次话到口边,看着她那兴奋的表情,就会心软,打击的话不由得变成了鼓励的语言(有点虚伪),但也只是"敷衍",因内心还是不相信她能将静心文化这个国人心目中还没有概念、文化定位又很高的事情真的做成,更不相信她能坚持下去。当然,在中国当代社会生活中,关注静心的确是件既时尚又符合时代趋势的事,大方向绝对正确。只是她看起来虽有"慧根",但毕竟年轻,对没有经验过的完全创新的东西真的能找到"感觉"吗?真的能做得下去吗?

当她兴高采烈地把刚出版的那套6本《零极限健康静心系列丛书》摆在

我面前时，我着实惊讶了几秒钟。这是吴云艳创作的第一套有关生命静心的作品。我对她敢说敢干而且能言行必果的能力很是欣赏。但她能沿静心健康这个专业走多远，能有多大发展，我还是带着问号。

很快，小吴把这本《和谐·静心 身心灵》书稿发给了我。刚看过封面封底语，我就被她的聪慧折服了，深感这个小女子"成熟"了。随着书页的一页页翻过，一个历经"坎坷"后智慧大门被开启之人，深沉地"坐"在我的面前，和我平静地谈论着生命的真谛。我固有的"偏见"和担忧在不知不觉中随风飘去，甚至对她肃然起敬了。

从她即将出版的这本书里，我看见一个曾经风风火火成功折腾在外企商界的职业女性，如何借由静心，在不断创造外人眼里"炫目"的成绩时，完成了个人价值观的修正、重组和整合。她从研究健康，到研究静心，到本书《和谐·静心 身心灵》，她从文化系统层面实现了身心和谐与合一。书中身体系统修复、天地人、身心灵的提法人们并不陌生，但是通过和谐静心的主题，向读者传播了人的健康是身心合一的健康，人的健康起于人与自我、人与社会、人与自然这天地人的和谐统一。读者在本书构建的这个全新的系统思想和理念显然是想把现代人从狭义的不生病就是健康，有病就上医院吃药打针，宇宙虽大与健康无关等习惯性观念中抽离出来，进入对健康理解的新境界。

现在，我应该怎样评价她？作家？企业家？心理学家？思想家？好像都是，又都不完全准确，让人很"纠结"，难以定性。唉，随她去吧，只要她做了自己喜欢做的事，成个什么"家"都好，只是我感兴趣的那部小说《走进你的心灵静心屋》不知要等到什么时候了。

冈　宁
中国和平出版社副总编辑
中国编辑学会会员
2011 年 12 月 17 日

序 三

外企人，在高压力中和谐静心

2008 年，我有幸和吴云艳老师相识，得知她除了写作，已经在健康管理行业研究和实践了好多年，还准备把这个事业落实到针对白领人的身心灵健康实践中。比如做白领身心健康培训啊，开一个健康静心屋啊……我觉得她非常能抓住当今社会的问题，能抓住市场的脉搏，更能抓住外企人内心真正的需求，觉得她很敏锐，也很有魄力。后来听说她把研究进入更深的静心领域，并把她研究的静心文化写成了《零极限健康静心系列丛书》。我为她身体力行的速度感到惊讶。今年是吴云艳老师静心文化成果卓著的一年，除了出版《零极限健康静心系列丛书》，还在人民卫生出版社出版了《静心·健康》。

前些天她来电说想请我为她的《和谐·静心　身心灵》做个序，说实话我内心一直忐忑不安，心想：我有资格给云艳老师的新书做序吗？我能写什么呢？光听书的名字，我内心就涌动着一种感觉，有着无限的向往。这些年在职场的亲身经历和酸甜苦辣有一种不吐不快的感觉。既然云艳老师盛情相约，我就写写我感同身受的故事——关于我和我的白领朋友们的生存压力和心理感受吧。

故事一

某日本公司工作的 A 大姐，为人处世热情爽朗，好打抱不平，属于仗义直言者。十多年在公司叱咤风云，既得老板的器重又受员工们拥戴。就是这样一位“大姐大”，近一年来父亲和母亲先后患上癌症。父母病情刚刚稳定，紧接着 43 岁失业在家的弟弟突发脑溢血，昏迷了两个多月，生命危在旦夕。丈夫和弟妹都没有工作，小侄女不到两岁。全家老小的生活全靠她一个人负担，她是家里的擎天柱，压力之大可想而知。屋漏偏逢连夜雨，公司换了老板，要裁员。年近 50 岁的她工作上不敢有丝毫的懈怠，不敢请假休息，只能利用下班和双休日的时间看护弟弟，照顾年迈多病的父母和年幼的侄女。不久前她告诉我:她精神快崩溃了!体力透支到了极限……

故事二

另一个德国公司的人事行政经理,高薪。2009年的一天我突然接到她的电话,说想和我聊聊。我们在一家叫鹿港小镇的餐厅点了丰盛的午餐,可我发现她根本无法正常用餐。我们的聊天时时被她老板的电话打断,有一个电话居然让她去给老板娘买化妆品。她和我说:你看我每天像上满发条的陀螺,旋转不停。女儿的学习要争取名列前茅、老公高血脂居高不下,我都发愁死了!她两眼暗淡无光,气色灰暗,愁云满面。听到她的窘况,我心里很不舒服,却也无奈,只能多加劝慰。

故事三

一家韩国公司的会计让我猜他每天几点下班,看着他的表情我逗他说晚上十一点。他告诉我是每天凌晨两三点,而且上午九点上班不许迟到,否则经济制裁。我惊讶万分,人的身体和精神怎能承受得了?!我问他你就没想过辞职吗?持续这种状态人迟早会疯了!他却说,老板是香港人,年过59岁快退休了,这是我们员工的希望啊!老板一个人在北京,家眷在香港,他每天六点准时下班 ,对我们员工却非常苛刻……听了他的生存状况,我只能无言……

故事四

有一天凌晨三点多,我的手机突然响起,睡眼朦胧地接起电话刚想发火,只听见电话那头说:知道我在干什么吗?你相信吗?我还在开会,这是我们的工作常态。我们公司有名员工实在受不了了,昨天跳楼自杀了。不等我回话,电话挂断了。来电话的人就职于一家著名的日本公司。

就在今年11月份,我的两个好朋友,分别就职于两家美国公司,一位是人事经理,一位是财务总监,因为受不了生理心理的压力毅然辞职了。而她们在职场上都是工作能力一流的人才,但她们终于不堪忍受这种身心灵的高压。我一方面为她们惋惜,另一方面又羡慕和佩服她们的勇气。敢于放下高薪和别人仰视的地位,去追求自己的内心、寻找自在的生活,去静心做些自己喜欢的事,也是一种磨难之下心灵的突破了……

我自己又何尝轻松过呢?特别是2000年以后工作压力越来越大,近几年更是苦不堪言。有时实在觉得工作压得我喘不上气来,也想过放弃;但事实上至今还在为这份事业疲惫地留守和奋斗……但愿我的神经不要崩溃……

夜深人静的时候我常想：我渴望简单健康的生活。人其实简单最好——思维简单，做事简单，生活简单，生存方式简单……简单即快乐，绝对符合快乐守恒定律。可是作为外企人，这份简单是要靠静心、修心得来的……如何身处高压力的工作生活环境，还能维护一颗心的宁静和安详？如何还能让自己身心合一？本书所倡导的理念的真正价值和意义所在，也是本书对外企人真正的需求所在。

我期盼吴云艳老师有关和谐健康静心的书能早日面世。我一定相邀我那些生存在强烈压力中的外企朋友们，在阳光下，坐着摇椅，喝着咖啡，静心拜读，那真是一种美妙的享受……

让我们疏竣心智，消灭苦恼！

安永红

北京外企国际商务服务有限公司副总经理

身体系统修复

身体是可视的灵魂

身体是触摸心灵的殿堂

身体是通向心灵的桥梁

"未病"预测

——把疾病扼杀在摇篮里

如何健康活到 100 岁

点亮健康路上一盏灯

——寻找中医"魂"

针道—文化—艺术

“未病”预测
——把疾病扼杀在摇篮里

身体系统预警

您了解疾病的孕育通常需要三至五年以上的时间吗？

体检正常但身体总是感觉不舒服，这是为什么？

《黄帝内经》为何说“上医治未病，中医治欲病，下医治已病”？

投资1元钱，为什么可以减少8.4元钱的治疗费用？

是用10%的预防投入去减轻90%的治疗投入，还是把90%的医疗投入用于弥留之际？

健康犹如财富，也需要有效的经营和管理。

认识曾强与健康管理

在中国健康管理行业，曾强可以算是一个领军人物了。

四年前认识曾强的时候我刚刚进入健康管理行业，也刚刚了解“健康管理”、“亚健康”、“干预”这类专用名词，但对健康管理意味着什么可以说毫不了解。当时曾强已经有一堆炫目的头衔——

老年心血管内科专业医学博士，教授，博士生导师；任解放军总医院国际医学中心主任，解放军总医院亚健康研究所副所长，中华医学会健康管理学分会副主任委员，世界中医药联合会亚健康分会副会长，联合国教科文组织生命技术研究院（亚洲区）副主席，中国健康管理产业联盟副主席兼秘书长，世界心脏研究会会员。长期从事心脑血管疾病基础和临床研究，先后获得多项“国家自然科学基金”，并荣获6项国家和军队科技进步奖……近年来，潜心研究健康体检和健康管理问题，创建解放军总医院健康体检中心，倡导并积极实践体检中心的三个战略转变——“由单纯经营型向学科建设型转变；由单纯体检向健康管理转变；由单纯疾病检查向整体健康评估转变”。同时，作为国家卫生部《体检管理办法》起草委员会的专家组成员，参与了卫生部《体检管理办法》和《健康体检项目》的编写和制定工作。作为首席科学家承担国家“863”亚健康研究课题，2008年被国家卫生部聘为中央国家机关健康大讲堂巡讲专家……

“健康管理”四个字因为曾强的权威专家形象变得有些严肃，对于刚进入这个大门的我多少觉得有些望而生畏。

当谈到疾病是可以预测的主题时，曾强把我带到301医院体检中心一台超高倍显微检测系统(功能影像学图谱)的设备前。曾强用酒精擦一下我的手指，然后拿一根针轻轻在我手指上刺了一下，取出一滴血，然后把这滴血的涂片放进设备里时，有趣的事情发生了——我真切地看见了我的细胞在大大的电视屏幕上呈现出各种各样的形状：有的像飘浮的小小气球，形态优美；有的一串连着一串纠缠着让人从视觉上看着不太舒服……

“这就是串红细胞，说明你可能血液黏稠度高，心血管可能有问题或存在风险，也有可能你这段时间太疲劳了……”曾强指着这一串串我看着觉得不舒服的细胞说。

“啊，一滴血就能看出这么多东西啊？”我难以置信地说。

“是啊，我还能看出你颈椎可能会有问题。”曾强上下操作着电脑屏幕上的影像说。

“可是我现在还没有不舒服的感觉啊！”我下意识地动动脖子和肩颈，没有感觉不舒服。

“这就是‘未病’的概念。健康管理最重要的是疾病预测。任何疾病的孕育都需要一段时间，有些心血管疾病可能要三五年以上。在疾病的孕育阶段，在你体检的指标中不一定体现出来，身体的不舒适感觉可能也不明显。但如果能通过亚健康检测阶段提前预测出身体的萌芽疾病，就能很容易地通过亚健康干预手段把疾病扼杀在摇篮里，而不致酿成恶果。”曾强指着我的细胞影像说：“就像你的影像已经告诉你可能会有颈椎方面的疾病隐患，你提前注意就能提前预防。”

我半信半疑地点点头，觉得疾病还能提前预测真的很神奇。

后来我把我先生引荐给曾强，也让他给做了一个一滴血检测。结果更神奇的是，曾强居然还能通过细胞形态说出我先生过去曾经有过的疾病。看到我先生坐在一边频频点头，我惊讶地看看他，又看看他的细胞，再看看专注地为我先生解读疾病的曾强。

那天曾强预测出我先生的心脏可能会出问题，但当时我先生身体很好，没有心脏不舒服的迹象，因此并没有太在意曾强的话。

神奇的是，另一个中医专家也预测说我先生心脏可能会出问题。

但因为是预测，我们都没有太在意。

不幸验证曾强预测的是2007年我先生因工作劳累诱发了心肌炎。有医生甚至建议他安装起搏器。当然借由中医调理和自身锻炼，经过两年的治疗和休养，心脏基本恢复了正常。但他的亲身案例使我对疾病预测深信不疑。

另一个让我难忘的惨痛案例是亚健康协会副会长刘彩云老师的故去。我认识曾强就是刘老师引荐的。这是一个典型的“未病”未防，“已病”送命的教训。

善良热心的刘老师当时五十刚出头，带着对健康事业的使命感，她一直执著于中医治“未病”理念的推广。她本人恰恰是提前两年，在中医经络检测时被预测出有癌症风险的，而当时她并没有介意，继续拼命地为健康产业奋力工作。由于巨大的工作压力和精神紧张，两年后刘老师得了癌症。手术切除病灶后，中医专家告诫她要把人体当成一个系统进行综合调理，增强抵抗力，不要再疯狂工作；而她看到手术后各项检测正常，就认为自己没问题了，再次忽略了中医的告诫，用更大的工作热情疯狂工作，想打造一个亚健康医院，推广中医治“未病”的理念。

经营一家民营医院的艰难以及巨大的经济和精神压力，加上医院人际关系的复杂，使得刘老师再次陷入精神紧张、情绪不稳定、身体疲惫的不良状况中，几个月以后癌症复发，并且很快扩散到肺和骨……在经历了半年癌症带来的非人折磨后，刘老师带着对未竟事业的健康产业的遗憾去世了！

刘老师去世后，当年用经络检测法为她作出肿瘤预测的中医诊所所长徐大夫遗憾地说：“如果刘老师当年相信‘未病’预测，也许就能避免这场悲剧。真是太可惜了！”

刘老师的去世，以及很多名人精英的英年早逝，如傅彪、侯耀文、陈晓旭、罗京，网易首席执行官孙德棣、运筹学界精英何勇，以及张国荣、三毛这类因为情绪和压力等心理问题自杀的名人，无不让人扼腕叹息。

如果他们有“未病”预防的意识，如果他们有良好的健康理念并懂得健康生活方式，如果他们懂得珍爱自己、不透支生命，如果他们有情绪管理、减压、静心这样的理念和调节能力……如果这么多“如果”成立，是不是这些悲剧就可以避免？

答案是肯定的。

数据表明：中国现有高血压病人 1.6 亿，高血脂病人 1.6 亿，体重超重者 2 亿人，肥胖者 6000 万人。仅心血管病病人每年的死亡人数就达 300 万人，花掉医疗费约 1300 亿元。

《中国企业家》杂志对国内企业家进行了“中国企业家工作、健康与快乐状况调查”，结果表明，“肠胃消化系统疾病”占 30.77%、“高血糖、高血压以及高血脂”占 23.08%，“吸烟和饮酒过量”占 21.15%；90.6%的企业家处于“过劳”

状态,28.3%的企业家"记忆力下降",26.4%的企业家"失眠"。

卫生部下属机构对10个城市的上班族的调查显示，处于亚健康状态的员工占48%,尤以经济发达地区为甚。其中北京是75.3%,上海是75.49%,广东是75.41%。

美国的调查数据表明,在健康管理方面投入1元钱,相当于减少3~6元钱医疗费的开销。如果再加上由此产生的劳动生产率提高的回报,实际效益达到投入的8倍。通过健康管理能够为参加健康管理计划的个人降低50%的健康风险,并节省巨大的医疗开支。

研究表明,随着中国的改革开放步伐的加快与经济的快速发展,人们的健康消费需求已经从单一的医疗治疗型,向疾病预防、保健和健康促进的综合型转变。

美国保险公司为何赔钱为客户每年做体检?

——曾强健康管理事业缘起

再次见到曾强的时候,他已经就任解放军总医院国际医学中心主任。

穿过车流与人流络绎不绝的301医院主院,走进典雅宽敞的国际医学中心大楼,顿时感受到一种和医院的繁忙截然不同的宁静和谐氛围,感觉到一种国际化的管理范式。

在位于六层的一个阳光充足的接待室,曾强主任接受了我的采访。

和平时挺拔的身躯,不苟言笑、总是带着军医威严的曾强相比,周末的他脸上的线条柔和了。

我的提问从他为何从一个心脑血管专家转行做健康管理工作说起——

作者:曾主任,你是怎么从心脑血管专业转行关注起健康管理的?

曾强:我真正关注健康管理是2002年到美国做访问学者之后,正好赶上2003年中国暴发"非典"。这是一个人类从来没有遇到过的疾病,给全世界带来了恐慌。我去美国是做基础研究的,最初并没有太关注"非典"。但国内不断给我带来信息:谁又得了病,又有多少人得了这种病而且无法治疗。很多人过来告诉我国内的一些情况,使我觉得生命真的非常脆弱;而当时美国得非典的人数很少。

我的专业一直是搞心血管研究的,按照中医的说法就叫治“已病”,也就是说病情已经恶化到一定程度时的治疗。非典的发生使我开始思索:可否有一种方式能使人们远离疾病?能否让人们在疾病萌芽状态就能有所预防?从那时起我开始关注美国健康管理的课题。

当时给我印象最深刻的事是:美国一家保险公司告诉我他们每年出钱给客户体检一次。我当时很惊讶,心想怎么有这样的好事啊?那保险公司不就赔钱了吗?其实他们才是最聪明的。美国多年的数据研究表明:人们为健康作出的10%的投保却能省下90%的医疗费。保险公司帮助你早期查出疾病,早点治疗, 实际上是省了更多的医疗费。美国的几大保险公司, 比如 Blue Cross&Blue Shield,多年都在做疾病预防工作。

回国以后,我开始了更深入的研究,才知道其实国家在“九五”期间就有关于预防疾病方面的调查。调查表明:1元钱的投资,可以减少8.4元钱的治疗费、100元钱的急诊费和300元钱的住院费等等。这些都给我们一个启示说:防病胜于治病。我开始对健康管理越来越感兴趣。2005年我们医院要成立健康体检中心,院里问我愿不愿意来负责。说实话,当时健康体检虽然在国际上已经不新鲜了,但在中国还是新生事物。它到底归属于什么学科?能有多大发展?谁心里都没有底。但我在美国期间已经理解了健康管理投入10%就能节省90%医疗费用的概念;而且国家总结十年医改的经验教训,提出“战略前移和重心下移”的策略,表明政府已经意识到了疾病预防的重要性。因此,尽管这种专业转换对我意味着一种职业的风险,但我还是决定去冒这个风险。

从此我就一发而不可收!健康管理是一个综合学科,需要学习各种知识。于是工作更忙、压力更大了!也做了一些工作,尤其在亚健康诊断方面在业内也渐渐有了名气。后来我国成立了世界中医药联合会亚健康分会,我做了分会的副会长;然后我作为首席科学家,开始负责国家的“863”课题研究。这使我有条件去系统研究和实践健康管理事业了。

作者:你开始做健康管理工作时,是从哪个环节入手的?

曾强:健康管理是一个系统工程。入手的第一步就是健康信息的采集,这包括疾病的诊断、危险因素的发现以及身体功能的改变(亚健康状态的评估)。这时我接触到了"亚健康"这个概念。什么是亚健康呢?亚健康指的是疾病发生之前的不舒服状态,也就是疾病的萌芽状态。

关于亚健康的认定,因为缺乏标准,不容易量化,因此认定起来有些难度。这两年我们通过对国家"863"亚健康课题的研究,影响了一批科学家和学者来参与做亚健康方面的研究。其中首都医科大学的王嵬教授也承担了一项国家"863"亚健康课题。在国际上还没有亚健康提法的时候,他使得亚健康这个词被国际承认。他还发表了几篇"SCI"的文章。"SCI"相当于科学引文,即被国际认证。所以亚健康理论已经不像有些专家说的国内外没有标准。目前国内很多人都在通过研究和实践,逐步形成标准。中医药管理局也有亚健康指南,王嵬自己也出了一个注册了专利权的亚健康标准,我们自己也在做相关方面的研究。实际上,通过我们国家近几年"863"课题的研究,使得亚健康概念已经开始被国际承认。我相信不需要太久的时间,亚健康就可以从一个空泛的自我感觉的概念变成一个明确的学术概念。

所谓健康管理,首先需要确定亚健康状态,这里就谈到亚健康检测。

作者:亚健康检测和常规体检是有区别的吧?

曾强:有区别的。在传统的体检和医疗里,最大的缺陷就是一切以疾病为标准。我在体检中心当主任的时候经常遇到体检者这样的困惑:"主任,我花了很多钱去查,可是我觉得你们这个地方的检查结果可能不对!你看医生的结论都是我没病,可我就是不舒服!"这个问题出在哪里呢?其实体检者说的和医生说的是两回事。医生在医院里关注更多的是疾病,英文叫 disease;而体检者的不舒服叫不适,就是 illness,这是两回事。很多人来医院是因为不适,但未必达到疾病定性的标准。因为疾病的发展是一个漫长的过程,这个过程包括了功能区的改变,最后演变成疾病。这个从疾病萌芽状态到变成疾病的灰色地带,我们称之为亚健康。在这个阶段你去医院体检,按医院的标准来说你是没病的,但是你确实感受到了身体的不舒服。事实上亚健康这个灰色地带是我们最需要关注的。

再往后就称为疾病管理与维护,也叫健康管理。我们最应该关注的是"未病"管理,但是,如果没有对疾病的预测、评价和评估,又何说管理呢?管理必须是有目标的、可以量化的。

亚健康仪器对疾病的预测需要大量的样本,而且需要把握以下几点:

第一,它的仪器不是定性的也不是定量的,而是定向的。这个"向"是"方向"的"向",它可能会告诉和提示你身体哪些细胞会存在问题?这种情况下你按照提示信息再去做进一步检查,然后针对性地用一些干预性的手段,使你的亚健康状态通过调整生活方式、合理营养膳食、运动、保健品、自然疗法等方法回到健康状态,把疾病扼杀在摇篮里。这就使你免去了日后发生疾病后痛苦地使用药品和手术刀。

第二,亚健康检测仪器也不能代替传统仪器。亚健康仪器诊断通常应用的是弱磁和弱电,因为弱磁和弱电是最敏感的。我们体内微弱的磁场变化可能反映我们健康和疾病的信息,通过捕捉这些信息我们就能对身体作出评价。这些仪器给你的微弱电流进入身体后,使你体内的电解质和活性物质发生改变。我们把这些信息捕捉到,然后能够分析出亚健康状态。

亚健康仪器是不能代替传统仪器的,因为传统设备是专业设备,比如磁共振;而亚健康检测的意义就是去发现传统仪器不能发现的亚健康问题,起到的作用是评估而不是诊断。亚健康检测应该是对传统仪器进行拾漏补遗,而不是去和传统仪器竞争,所以要把握好这两点:一是怎么做?二是能解决什么问题?

作者:传统仪器在体检中只能查出"已病",很难查出"未病",也就是亚健康的状态。你为何说不要放弃传统仪器呢?

曾强:亚健康检测仪器最大的作用是拾漏补遗。传统仪器检测不行你再做往前伸展的那一段。比如花10元钱就能查出血糖,又何必多花钱呢?但如果查出来你血糖有问题了,再通过亚健康检测仪器告诉你,如果你不改变现在的生活方式,三五年以后患糖尿病的风险是高或低;风险高和低的健康管理是不一样的。

举个形象的例子:有一个很大的电梯公司老板到我这儿体检后说:你能不能给我做个顾问?他要用我管人的方法管机器。我"扑哧"一下笑了。他说虽然现在的市场是卖电梯市场,但十几年后肯定是维修市场,我需要大量的维护人员,对他们没有科学的管理方法是不行的。我说我给你出个主意:我们在健康管理之前要先做一个全身的健康评估，然后把最强的医师力量放在问题最大的人身上，中等问题的人由一般水平的医生来管理，最年轻的医生负责没什么病的——平时发个短信提醒一下就行了。你也可以把你所有的客户做一下评估，分出级别。把最有经验的老师傅放在最重要的级别，中等经验的搁在中档，日常维护让年轻人去做就可以了。这样既节省成本，客户也满意。他山之石可以攻玉，健康管理理念同样适合企业管理。

健康管理是个系统工程，其过程分为：信息采集、评估、提出方案。刚才说的亚健康管理，实际上就相当于一个信息采集的过程。如果信息采集得不完整，怎么能评估准确？在评估上最大的问题就是“辨定体检”，是辨定这个概念。如果我们的观念还停留在“没病就是健康”的状态，那你永远都很难让别人满意，也不可能有意识地做潜在疾病的干预，因为潜在疾病在体检指标上可能是正常的。所有评估要往前走一步：体检要查未病；评估要跳出辨病；不是没病就等于健康，没病还有危险因素，还有功能减退。这都是健康管理要做的事。“干预”就是有病治病，没病防病。有病，按科学规范的方法去治；防病，是评估风险因素、亚健康管理、生活方式管理。这两个方面都是在信息采集和评估的时候需要做的。这就是健康管理的全过程。

健康犹如财富，也需要经营管理

曾强说，业内有句话：只治不防，越治越忙。防病的意识需要有效的健康教育。虽然很多健康专家对民众的健康意识普及起了很大作用，但实际上“未病”预测的推广在社会上是有难度的。一般健康机构缺乏公信力，而当人们没有感觉出未病时又不重视。虽然很多亚健康设备和方法可以预测潜在疾病，但大部分人没有感觉就是不相信。就此问题我继续对话曾强——

作者：你说“未病”预测，“未病”先防，这种理念由301这样的权威医院专家推荐，消费者还是很容易相信的，但在社会上的推广就有很大的难度。你对此有何看法？

曾强：首先，健康意识非常重要。我们业内人士经常讨论健康管理的对象是哪些人？其实是那些依从性好的人。我经常和一些专业健康管理公司打交道，对于那些你怎么和他说维护健康他都不听的人，宁愿不挣他的钱也不要去管他。为什么呢？没有用！一个连自己的生命都不珍惜的人，跟他说了也白说，健康是自己的。那通常什么人才会听呢？就是从死亡线上过来的人，就会变得很听话了！健康教育告诉你，你现在没有病不代表你以后没有病。

治疗有两个90%的概率：一个是10%的预防投入可以减轻90%的治疗投入；还有一个就是很多人把90%的医疗投入用于弥留之际。从来不看病，不体检；一旦得了大病才对大夫说：只要能治好我的病用什么药都行，花多少钱都行！但到那时已经病入膏肓，还谈何回天呢？医疗资源已经于事无补！

所以，健康教育最有效的适用对象就是那些关注自己健康的人，或已经罹患疾病的人，以及大病初愈对防病有需求的人。那些自以为身体不错、没有防病意识的人，只能慢慢教育，无法强迫。

当然，亚健康评估也确实需要逐渐规范。有些亚健康检测仪器缺乏足够的临床依据，还有一些设备厂家夸大其词。所以，科学有效地应用和在正规机构适时适度地运用这些仪器才是非常必要的。

作者：那你怎么看健康管理理念推广的问题呢？

曾强：健康管理的确面临理念推广的问题。比如我们说一个完整的体检过程包括检前、检中和检后。检前是什么？就是唤醒民众的健康意识，让他主动来体检；还有一个就是我们的检前教育，要看怎么查才是最科学的。

作者：亚健康的疾病预测为什么重要？请举一些例子吗。

曾强：比如给你检测过亚健康状态的“超倍生物显微系统”，俗称“一滴血”。对这个机器我有很多体会。很多人经常觉得精神倦怠、没有力气，我们一查血液，发现血液黏稠度高。黏稠度高表明细胞的活动差；还有就是红细胞的大量聚集。这里至少有两个危害：首先红细胞在体内是携带氧气的，它把氧气带到身体的各个部分。如果它聚集在一起，面积就会变小，携氧功能下降，这样供给的氧量就少了，人就容易疲劳犯困。其次，心脑血管就会变长。最小的毛细血管管径平均差不多3个微米左右，红细胞的直径比这个大，差不多5~8微米。这种情况下如果是单个细胞，通过变形就能过得去，心脑血管供血供氧还可以；但成串以后变形了要想过去就有些困难；氧气过不去，微循环就变差;微循环一差,那人的末梢,包括脑、心的供氧和供血都会变差。氧气在红细胞上的孔过去,但如果成串红细胞聚集表面积就会变小,进来后斜着就更小,相当于携带的氧就少。好多微毛细血管过不去,带的氧少,又堵了很多。那你想,红细胞聚集通常是由于饮食生活不规律,细胞表面原来带的负电荷后来没有了。这种情况怎么办呢?通过功能水以及一些保健品进行调理就能改善。有位女士夸张到说开车等红灯的三五分钟都能睡着。我们给她吃了三个月的口服羊胎素,后来她精神了许多,脸上有了光泽,黄褐斑也变淡了,吃得好睡得香。她再检查红细胞时,细胞变得鲜亮、圆润,不聚集了。

还有另一个"鹰眼"设备的检测。有个人说老觉得肝区疼痛,让我帮他看看有没有脂肪肝。仪器查出来的结果是肝功能下降。当时设备上他肝区呈现的颜色是绿色。我们给他进行了保肝的调理,调理完后他肝区的颜色就改变了。这类的亚健康检测仪器是一个客观的评估,可以比较直观地观察到人体亚健康的状况。

还有就是血管弹性的问题,我自己就有体会。刚买来这个仪器进行检测的时候,发现我血管弹性不好。我问别人怎么才能改善血管的弹性?他们说通过运动能够改善血管的弹性。我就天天从家里步行到医院上班,这样走了一年,风雨无阻,每天来回各走 30 分钟左右。走了一年后我再检测,我的下肢血管弹性比我同龄人要年轻 30%左右。这就是量化管理。

所以健康管理除了早期的疾病评估,还有干预过程的管理和量化。

还有,我们院的"量子共振",在备战奥运会期间对运动员的心理和生理的压力状况进行正确评估,把早期运动员的状况提前告诉队员和教练,做出预警,然后进行适时的辅导和干预。这种调节对运动员出成绩起到了很大的作用。对此国家体育总局给予了高度肯定。这些东西都是有很大价值的,不仅能量化而且确实能取得效果。

作者:那我可不可以这么理解,亚健康检测其实就是一种对身体的预警作用。比如你疲劳了或者哪个地方有什么疾病了,它呈现出预警信号,提醒你去调理亚健康。这种信号可能提前几年就出现了对吗?就是说还是防未病的概念。已经发现重大的疾病是不是就晚了?

曾强:对于已经产生的恶性疾病就不是用亚健康检测设备查了,而是成为疾病诊断了。

作者：你觉得亚健康检测在健康管理中的意义是什么？

曾强：亚健康检测其实已经让我们在单纯的体检基础上，往前也就是往疾病预测上跨出了非常有意义的一步，也就是通过干预亚健康，把亚健康变成健康。我们的亚健康干预可以包括饮食处方、非药物的食疗、减肥、中医调理等等。

作者：你从事亚健康研究以后，最大的感受是什么？包括好的感受和不好的感受。

曾强：好的感受就是能从疾病的早期帮助那些身体不舒服却不知道哪里出了问题的人，并通过调理帮助他们恢复健康，避免重大疾病的发生。困惑就是健康管理毕竟还是新生事物，国家虽然在投资，大家也都在做，但还是缺乏一个国内共识的标准。健康管理的概念大家都没什么异议，但医学界业内的人就比较较真，说没标准的事怎么能跟我们提呢？认为亚健康的提法不科学，而不科学就在于没标准。还有人说国外也不承认。这点我不赞成。国外不承认就表示不科学吗？外国人也有可能没想到呀！我认为，虽然亚健康很多地方还缺乏系统的标准，有些仪器也缺乏系统的认证，但既然研究出来了毕竟有其价值，对亚健康的预测也的确能起到好的作用。我们的任务就是继续规范，继续研究，事实上国家也给了越来越大的支持。

作者：你过去是治疗已病的心血管博士、资深专家。从治疗已病到投身于未病的事业，你对这种转换有何感想？

曾强：心脑血管疾病病死率非常高，因此要大量的人力和精力去做后期治疗。胡大一教授把心血管介入做到了极致，放支架、做导管都很好，但他这两年为什么花大量的工夫去做生活方式管理、做预防呢？就是我刚才说的，“只治不防，越治越忙”。防病是怎么来的？一个是对生活方式的管理，还有一个就是提示你是高危。怎么知道高危呢，那你就得进行疾病预测。亚健康检测可以有各种方法，包括设备检测、问卷评估等等。

什么是上医？在你没得病的时候让你通过预防不得病。所以古人云：上医治未病，中医治欲病，下医治已病。但是，人最大的麻烦在于，他不到快死的时候不知道生命的价值和可贵，他们只对那些能治恶病、手到病除的人特别感激；但如果有人提前告诉你：我可以帮助你不走到那一步，却不会被人相信，因为他们缺乏健康管理的意识。

作者:你是心脑血管病专家,心脑血管疾病可以预防吗?

曾强:可以预防。像冠心病、中风、高血压都是可以预防的。比如高血压,首先戒烟戒酒,增加运动,降血脂,避免特别高的心理压力;中风,最先进的说法就是我们的饮食里面缺乏叶酸;再比如脂肪多了就会造成肥胖的问题;血糖血脂高了,会造成心血管疾病。很多东西都是慢病,可以通过对生活方式的有效管理去预防,或是得了以后让它不再发展。

我在讲课中最常说的一句话就是:"健康犹如财富,也需要管理和经营。"善于管理和经营自己健康的人,自然能获得人生最大的财富,并用这个财富享受美好的人生;而那些不善于经营管理者,美好人生可能会因为健康的丧失而夭折或中断。

走出亚健康……

"未病预测,维护日常健康,是有效管理和经营健康的方法。"曾强说,"东西方的营养膳食有区别,但也有很多共同之处可以借鉴。"

美国农业部的健康膳食宝塔

曾强说着打开电脑,给我呈现出一张健康膳食宝塔图形。他说:"这是美国农业部健康膳食宝塔"——

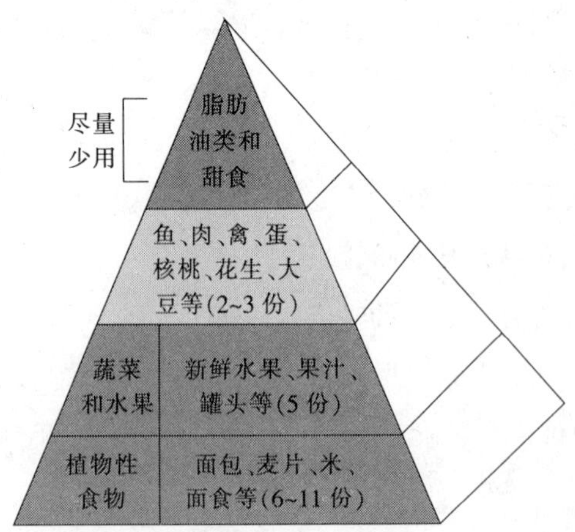

美国农业部健康膳食宝塔

哈佛的健康膳食宝塔

美国农业部在1992年颁布了“食物指南金字塔”,希望借此指导美国人选择科学健康的饮食。然而十几年过去了,美国人腰围又粗了一圈,3/5的成年人体重超标,糖尿病、高血压、心脏病等“富贵病”的发病率也在不断上升,许多人对“食物指南金字塔”的权威性产生质疑。最近,哈佛大学“公共健康学院”的沃尔特·威莱特博士又提出“健康饮食金字塔”概念,对“旧塔”做了较大修改。

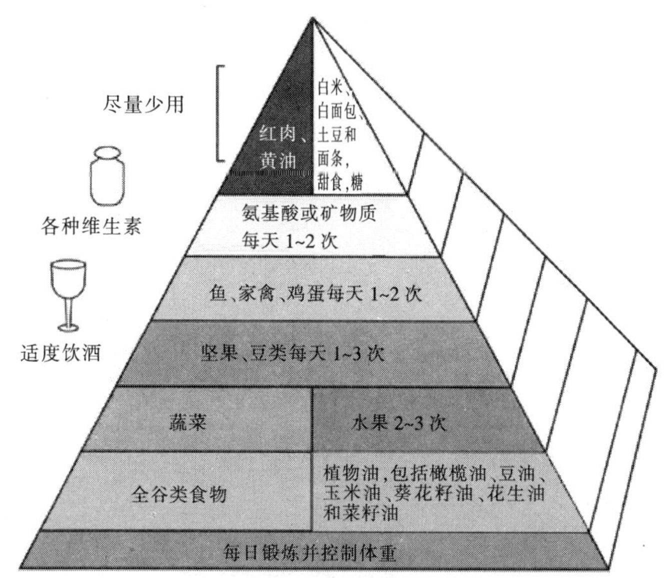

哈佛健康膳食宝塔

威莱特博士在“健康饮食金字塔”中,将植物油(橄榄油、菜籽油、豆油、玉米油、葵花籽油、花生油等)放到了底层,把它们作为饮食结构中的脂肪基础。这种划分与地中海地区的饮食习惯不谋而合,那里的人们普遍食用从鱼、坚果和橄榄中提炼的食油,个个健康长寿。

“根据我国民众的饮食习惯,中国营养学会2007年发布了《中国居民膳食指南》。我们可以把均衡饮食归纳为两句话:‘一二三四五,红黄绿白黑。’”

曾强解释说——

“一”每日一袋牛奶或豆浆;

“二”每日主食250~350克;

“三”每日进食三份高蛋白食物；

“四”四句话：有粗有细，不甜不咸，三四五顿，七八分饱；

“五”每日500克蔬菜和水果。

红：每日50~100克红葡萄酒；

黄：每日进食胡萝卜、南瓜等食物；

绿：指绿茶、绿色蔬菜、螺旋藻类；

白：指燕麦片和燕麦粉；

黑：指黑木耳、黑芝麻等。

“还挺形象的，挺有意思。”我笑着问，“那你是不是也做一个中国人营养膳食宝塔啊？”

曾强笑道：“还真有个现成的宝塔。”他在电脑里给我展示了“中国居民膳食指南及平衡膳食宝塔”。

中国营养学会的膳食宝塔

曾强说：“你听说过卫生部提出的‘大豆行动计划’吗？”

中国居民膳食指南及平衡膳食宝塔

（第三版）

我摇摇头。

曾强笑着说："'一把蔬菜，一把豆，一个鸡蛋加点肉'，虽然听起来简单，却也有很强的科学性和可操作性。这里要注意的是调整进食顺序：先吃易消化和吸收的水果或蔬菜，以获得酶而有益于食物的消化吸收；在吃饱的基础上再加水果就增加了摄入的总热量。特别是糖尿病人，吃水果一定要放在两餐之间，以免血糖峰值超标。"

曾强仿佛从一个医学专家变成了营养学家，对健康的营养膳食津津乐道——

要保证食物多样化，服用多种不同食物来吸收不同的营养；维持高纤维素的摄入。尤其在生病时，需要特别多吃某些食物来促进复原，比如胃溃疡时多吃木瓜、花椰菜等。

要控制肉类、油脂、盐的摄入量。不仅仅是由于它们的高热量，还因为滥用化学药剂灭虫必然导致农药由植物转移到动物体内，富集在动物脂肪细胞中。人吃动物肉后就让自己变成了农药残毒的最后富集者。蛋白质也可以从大豆、坚果、种子等含优良蛋白的植物中获得。健康人每天 6 克盐已足够生理所需，酱油、醋中含有一定的钠盐。

要增加水果、奶、谷物和薯类食物的摄入量。这些食物的共同特性是富含纤维素、多种维生素，属碱性，具有抗氧化等功能。增加薯类减少谷类的膳食结构应当尽快扭转。

曾强说："健康食物的标准是天然——野生或有机食物；纯净——无人工色素、调味剂、防腐剂，无有害加工程序的食物；全部——食物的全部分，如米连糠、水果连皮，比如葡萄、苹果、西瓜白肉；新鲜——愈新鲜，营养价值愈高。"

曾强还提到食物的酸碱性问题。他说："人体内由于多种原因导致内源性酸增多，从而导致各种疾病和身体不适症状的产生。其中碱性物质摄入不足，酸性食物摄入过多是最主要的原因；其次，运动量少，运动后出汗排泄尿酸少；第三是抽烟、酗酒、疲劳熬夜等不良习惯使体液酸化；再有，情绪不佳也是体液酸化的影响因素。因此，均衡饮食是纠正体内酸碱失衡的重要方法。"曾强建议进食酸性与碱性食物的比例为 2:8，以减轻肺、肾的负担，使人体免受酸性体液的侵害。

“除了健康的营养膳食，还要多做有氧运动。”曾强说有氧运动是指那些具有节奏性、不间断性、周期性和可持续性的运动，比如骑车、游泳、慢跑、快走。此时肌肉的能量来源主要是通过有氧代谢产生。要达到一定效果，有氧运动也需要一定的强度，如疾病康复就需要中等偏上的运动量才能取得更好的效果。

你健康了吗？
——了解健康，迈出健康的第一步

什么是健康？

曾强引用了1948年，WHO在前苏联的《阿拉木图宣言》中提出的健康定义：Health is a state of complete physical , mental and social well being and not merely the absence of disease or infirmity（健康是身体上、心理上和社会适应的完好状态，而不仅是没有疾病或虚弱）。1989年世界卫生组织又提出了有关健康的新概念：除了躯体健康、心理健康和社会适应良好外，还要加上道德健康，只有这四个方面健康才算是完全健康。

世界卫生组织健康的10条标准

(1)充沛的精力，能从容不迫地担负日常生活和繁重的工作而不感到过分紧张和疲劳；

(2)处世乐观，态度积极，乐于承担责任，事无大小，不挑剔；

(3)善于休息，睡眠好；

(4)应变能力强，适应外界环境中的各种变化；

(5)能够抵御一般感冒和传染病；

(6)体重适当，身体匀称，站立时头、肩的位置协调；

(7)眼睛明亮，反应敏捷，眼睑不发炎；

(8)牙齿清洁，无龋齿，不疼痛，牙齿颜色正常，无出血现象；

(9)头发有光泽，无头屑；

(10)肌肉丰满,皮肤有弹性。

心理健康的一般标准

(1)充分的安全感;

(2)了解自己并对自己的能力进行适当的评价;

(3)生活的目标能切合实际;

(4)与现实环境保持接触;

(5)能保持人格的完整和和谐;

(6)具有从经验中学习的能力;

(7)能保持良好的人际关系;

(8)适度的情绪表达及控制;

(9)在不违背团体的要求下,能做有限度的个体发挥;

(10)在不违背社会规范的情况下,对个人的基本需求能适当地满足。

曾强说:“因此,健康应该包含两个方面的含义:一个是生命的质量;另一个是生活的质量。所谓生命质量主要指生命的长度,任何意义上的健康都必须意味着长寿。美国加州大学的一位教授对人的生命质量提出新说:生得好,活得长,病得晚,死得快。”

“生得好”,不但是指五官端正,更重要的是没有疾病,尤其是没有遗传疾病。

“活得长”,就是希望每个人都能长命百岁。一般而言,女性比男性平均寿命长2~6岁。但是,如果男性注重自我保健,应该活得比女性更长,因为从成长和发育期来看,男性比女性要晚5年左右。

“病得晚”,给我们的启发是,即使你能活到88岁,可你在20岁就开始生病,疾病折磨你六十多年,这一辈子还有什么幸福可言?所以,我们要保持健康的体魄,要让疾病晚点来。

“死得快”,就是身患疾病的时间短,如果一个人87岁得病,88岁去世,这样,既减少本人的痛苦,又减轻家庭和社会的负担。

昔日黄帝问于天师曰:余闻上古之人,春秋皆度百岁,而动作不衰;今时之人,年半百而动作皆衰者,时世异耶?人将失之耶?

当代医学研究也从基因角度及生长发育期判断人类的理论寿命应该在

125~175岁,人类目前依然是死于疾病而不是死于衰老。

"所谓生活质量则主要指生命的宽度。我们的人生不会因为身体的原因失去一些快乐和幸福的体验。"曾强说。

警示:无病不等于健康

曾强说:亚健康是介于健康和疾病之间的一种状态。其含义是:身体没有疾病却感觉不健康。现代医学将这种介于健康与疾病之间的生理功能低下的状态,称作人体第三状态,也称亚健康状态。亚健康状态处理得当,则身体可向健康转化;反之,则患病。因此,对亚健康状态的研究,是本世纪生命科学研究的重要组成部分。亚健康是人们表现在身心情感方面的处于健康与疾病之间的健康低质量状态及其体验。借用精神病医学的灰色区理论,如果将完全健康的人比作白色,将完全不健康的人(接近死亡)比作黑色,那么在白色和黑色之间存在着一个巨大的缓冲区域——灰色区,世间大多数人都散落在这一灰色区域内,经历着量变到质变的过程。

警示:管理健康从改善生活方式着手

"合理膳食,适当运动,戒烟限酒,心理平衡"是WHO提出的人体健康四大基石,实际上就是生活方式管理的具体内涵。

科技的进步,生活方式的改变,使得人类疾病谱发生了很大的变化。从以天花、疟疾等恶性传染病为主的疾病转化为高血压、糖尿病等以生活方式所致的慢性疾病为主。由于后者的病因主要是不良的生活方式所致,所以,我们完全可以通过对不良生活方式的管理,达到维护健康的目的。

如何健康活到100岁？

身体系统监控

您了解人为什么会衰老吗？您了解衰老分生理性衰老和病理性衰老吗？

您了解衰老是由三大疾病——癌症、代谢综合征、和年龄相关的退行性疾病导致吗？

您了解大多数癌症的孕育通常需要8~10年以上的时间吗？

您了解常规体检很难发现早期癌症吗？

您了解肿瘤是可以预防的慢性病吗？

黄博士谈抗衰老

黄又彭博士1968年毕业于北京医科大学医学系，瑞士日内瓦医科大学医学博士，临床免疫学专家，抗衰老医学专家，老年病学专家。1980年起先后在瑞士鲁德文(Ludwing)肿瘤研究所，日内瓦医科大学医院内科、临床免疫学科、抗衰老医学科以及老年病临床研究所，从事临床、教学与研究工作。1991年6月获瑞士联邦政府最高博士奖(Price F.Tissot)。

再次走进黄博士的办公室，黄博士还是那么儒雅地端坐在办公桌后面，目光炯炯地笑望着我，表情祥和宁静却不失大专家的威仪和风度。他的办公室也还是那么干净、明朗、洗练。我环顾一下周围，目光下意识地又投向了博士身边那面墙，上面挂着一张张博士在国际国内获得的荣誉证书与照片，令人心生敬意。另一面墙上挂着一幅艺术画，缤纷的色彩，简洁的线条幽幽地伸向远方，带给人无限遐想的空间。

没有人相信面前坐着的黄博士已经68岁了。因为外表看上去他显得比实际年龄年轻很多。头上银丝不多，脸上皱纹也不多，身材少有赘肉，说话思路非常敏捷，走路步履矫健，看资料不戴老花镜。黄博士自身的年轻形象已经诠释和验证了他自己的抗衰老理论：通过科学抗衰老人可以比实际年龄至少年轻十岁。

认识抗衰老权威专家黄博士很多年了。在认识黄博士之前，我也接触过一些做养生保健以及抗衰老的专家，谈到抗衰老基本都是从一些“术”的层面来探讨，总有隔靴搔痒的感觉。

但第一次见黄博士，他简短几句铿锵有力的话就把衰老的本质描述得淋漓尽致：“衰老分生理性衰老和病理性衰老。目前地球上人的衰老主要属病理性过程。所以衰老是一种疾病！”

衰老是一种疾病?!

当我第一次听到这个观点的时候非常惊讶。黄博士当时解释说人的寿命应该是 120~140 岁，正是因为那些与衰老相关的疾病提前发生在人体上，人的寿命才缩短。

黄博士告诉我，以下三类疾病是阻碍长寿的主要疾病——

1.癌症(Cancer)。

2.代谢综合征(Metabolism Syndrome)：糖尿病、高血压、肥胖、高脂血症、脂肪肝，动脉硬化……

3.年龄相关的退行性疾病(Degenerating Disease)：如老年性痴呆症、白内障、青光眼、帕金森病……

黄博士认为，人类老化过程是一个缓慢的、渐进的主动破坏过程。人在发育成熟的同时，衰老也悄然开始了。衰老是生命发展的必然规律；而人体又是一个完整的网络，其衰老的速度和程度是由先天遗传和后天因素共同决定的。人类疾病的遗传因素仅占 25%，疾病和快速衰老主要是由后天因素造成的，包括生活不规律、环境恶劣、病毒与病菌感染、辐射线照射、不良饮食习惯、缺少运动、滥用化学药物、心理压力过重等等，而后天因素恰恰是可以通过医学干预来改变的。

社会进步使人类寿命延长，但人们的健康状况并未得到真正改善。人到六七十岁时全身不适，味蕾萎缩，牙齿脱落，吃不好，玩不动。随着年龄的增长，许多与老化过程相关的疾病，如癌症、心脑血管疾病、高血压、类风湿、糖尿病、老年痴呆、白内障、青光眼等疾病的发病率明显增高。所以说，最重要的是延缓衰老的速度，来预防与年龄相关的疾病，提高生命质量，然后才是科学地延长寿命。

和黄博士沟通的次数越多，就越明显地感觉到他的科学抗衰老理论之所以有说服力，还是因为这些理论都来自于他从事了大半生的医学临床实践。

黄博士大学毕业后在国内做过十年的临床医师。1979 年到欧洲，在联合国世界卫生组织医学中心学习免疫学，之后留在那里做研究、做临床，一直勤勤恳恳做了 25 年。由于中国大学的文凭在国外不被承认，他必须得重新获得医学院的文凭才能做临床，于是黄博士在当地又念了第二个大学，接着又读了 4 年博士、5 年博士后，这才取得了完全合法的临床医生资格。在这个过程中，他一边努力学习一边认真行医看病。当时黄博士从事的是临床免疫学、老年病学，尤其对老年病学做了长期的深入的理论研究和临床观察，积累了大量的数据资料和经验。

这几年，我在健康行业包括抗衰老应用领域继续学习和探讨着，脑子里也一直回旋着黄博士有关科学抗衰老的理论。每次有机会到黄博士那里，都会和他聊一会儿，汲取他的理论知识和临床经验，但一直没有机会系统地就抗衰老问题和黄博士进行深层沟通。

这次借着写身心灵书籍的机会，我正式拜访了黄博士，要探讨一下科学抗衰老问题。黄博士百忙中在他的诊所约见了我。

寒暄过后，我就把话题转向采访的主题："科学抗衰老：如何健康活到100岁。"

衰老研究缘起
——疾病与衰老密切相关

作者：黄博士，您在国外25年一直是一个医学专家，怎么去研究抗衰老了呢？

黄博士：我从事内科免疫学几十年，包括临床免疫学、血液病学、老年病学，但渐渐地对老年病学越来越感兴趣。我从1968年就开始做临床工作了，长期在临床上看到医院里大部分病人都是老人，发病率最高、病得比较严重、病情比较复杂的都是老年人，我自然就会想到疾病和衰老是有关系的，所以从1980年起，我对研究疾病和老化之间的关系越来越有兴趣。欧洲在这方面的研究比较早。

人的疾病其实是在身体老化的过程中慢慢增加的。释迦牟尼出家时说的生、老、病、死，是把"病"排在"老"后面的。比如肿瘤，随着人的老化癌症发病率逐年在增高；其他器官方面的衰退甚至疾病，包括免疫学范畴内的疾病类风湿、糖尿病、胆结石等都很明显地随着年龄的增长和衰老发病率越来越高。为什么人衰老就会出现这些病？为什么越是年老，患肿瘤的几率就越来越大？我们如何去预防？如何有效地控制和治疗这些病？我们就需要研究老化过程。

在国外我一直研究临床免疫学，经常去老人医院和临终关怀医院工作，和大量的老人接触，发现了很多疾病和衰老有明确的相关性。我们除了做临床外也向政府申请基金，做了一些研究，比如肿瘤的问题。在瑞士法语区每年在国家老年病院死去的老人就有好几百个，平均年龄差不多七八十岁。我们对这些人进行筛查，挑选了一些生前没有恶性肿瘤，也没有肿瘤症状的老人，他们大都死于心血管病、自杀，或者属于运动意外的死亡，比如滑雪摔死。我们选择了70~100岁死去的老人进行尸体解剖，居然发现有恶性肿瘤的老人占了47%。他们在生前都没有恶性肿瘤的症状，但死后发现他们身上都有恶性肿瘤，有的人甚至还有两个恶性肿瘤，很多人的肿瘤都已经转移了，不过他们生前过得还很好。美国、欧洲已经做了一些系统调查：一个人活到74岁，得恶性肿瘤的概率是47%。这说明肿瘤的发生是和人的衰老密切相关的。这点非常有意义！

作者：肿瘤的发生和人的衰老居然有这么大的关系！这真是一个很有价值的研究成果。也就是说人随着年龄的增长，肿瘤发生的几率越来越高吗？

黄博士：是的。肿瘤是老化的一部分。人活到一百多岁他身上一定也会有肿瘤。怎样预防肿瘤？怎样延缓肿瘤的发生？怎样去诊断治疗肿瘤？这就需要我们把老化的过程弄清楚。

比如细胞免疫功能慢慢下降和调节功能失衡，就是产生肿瘤的很重要的原因。所以预防老人肿瘤，或者在治疗老人的过程中就需要提高他的细胞免疫功能。

作者：一般人得了恶性肿瘤，通常死得很快。怎么能带着肿瘤还活到一百多岁呢？

黄博士：人们对肿瘤的认识并不客观，过于夸大它的风险。有人一被诊断为肿瘤就似乎被判了死刑，然后造成恐惧的心理，造成神经内分泌的衰竭，就会引发其他并发症。我知道有一个人得了消化道的恶性肿瘤，在诊断之前他还可以工作、出国、打高尔夫，都很好的，但当医生宣布他患有恶性肿瘤后，两个月他就死了。这就是恐惧造成的结果。从医学角度讲，肿瘤造成的直接死亡原因一定是肿瘤发现在很晚期，转移到某些重要器官，产生压迫，然后引起衰竭、死亡。其实这种情况是不多的，大部分病人是在中晚期，出现恐惧的心理，然后出现衰竭；或者是由一个不当的、过度的放疗化疗，药物引起了严重的副作用，加快身体免疫系统衰竭，这种情况占的比例较高。

我们知道人在免疫衰竭的时候是不能活下去的。当人的细胞免疫力很低的时候，在正常环境下是不能生存的；人的免疫力低，你再抗病毒也不会起作用。所以肿瘤是一个很好的课题，非常有意义，需要大家对它重新认识。肿瘤是每个人都会长的，在 90~100 岁以后长肿瘤就是一种生理性过程；如果是提前长出来的肿瘤就是病理过程，说明他一定有一些先天性因素和后天的促发因素，也可以说是致癌因素吧，导致提前长出了肿瘤。所以说，研究肿瘤要联系到免疫学、老年病学、衰老医学，才能对它有一个完整的认识。

作者：可是您为什么要去那些老年医院和临终关怀医院呢？这和您的研究有关系吗？

黄博士：当然有关系啊！所有疾病的发展过程，你只能从病人口中与临床观察得知，而不是从教科书上学到。因为教科书描述的是平均值，真正的病人你可以去面对面和他交谈。人在临终前是不会有任何顾忌的，他不会保留自己的隐私。比如肿瘤病人濒临死亡，会把多少年前如何发病、如何精神抑郁、如何痛苦等等这些他平时不愿意讲出来的话都告诉你。这样你就可以得到最直接可靠、最直观的信息，一般的病人没有到那个程度，就不会告诉你。

大多数恶性肿瘤的发生、发展时间一般需要 8~10 年，在这期间免疫力衰退和抑制的早期都有一个精神抑郁和一个非常不愉快的过程。这种状况会持续一两年，然后免疫力就开始下降，到 8 年左右，肿瘤就慢慢长出来，免疫力也消耗得差不多了。也有少数肿瘤发展很快，在很短时间内(几个月至 1 年)发展成晚期肿瘤临床阶段。

作者：是不是所有的肿瘤都和心情抑郁有关？

黄博士：当然不是所有的肿瘤都和心情抑郁有关，强度辐射与化学损伤导致的肿瘤就没有精神因素；儿童的白血病也没有精神因素。心情抑郁会造成免疫力下降，所以说在肿瘤的生成与抗癌问题上，免疫力是很重要的一个部分。平衡不要打破了，一旦打破，肿瘤就会提前长出来。实际上，每个人每分每秒都有细胞的基因突变，有基因突变就有可能生成癌细胞。为什么人在年轻时不容易生成肿瘤？是因为年轻时人的抗癌能力、修复能力、免疫力都非常好。我和好多教授交流过，比如乳腺癌患者，精神压力、不愉快是一个很重要的原因。所以癌症一定和免疫力有关，而免疫力一定和精神压力、和情绪有关。

与衰老相关的疾病是什么？

作者：到底哪些疾病与衰老、寿命密切相关呢？

黄博士：我们看到的临床常见的疾病，如恶性肿瘤、内分泌紊乱、代谢综合征等等，都和衰老有关系。衰老如果能延缓，这些疾病也会延缓。除了刚才讲过的肿瘤，比如女人内分泌功能减退，卵巢功能就衰退了，也会影响她的生活质量。如果50~60岁还能保持一个良好的内分泌状态，即便她已经闭经了，但因为内分泌还有一个很好的代偿，那么她的状态就很好。有些中年妇女40岁就开始慢慢闭经了，如果她们在30多岁就提前进行治疗进行健康关怀的话，就不会这么早闭经。女性的卵细胞是有一定数目的，刚生出来卵细胞大概有80~120万，在37岁左右大部分卵细胞就凋亡了，还剩下几万个，而几万个也够排卵排到五六十岁。但现在人们因为工作压力大，生活方式不对，衰老的速度一直在加快。据我了解，现在城市白领阶层45岁左右月经就不正常了，47岁月经就没有了，最早的我知道有一个人42岁就闭经了。这样就衰退得太快了！

怎么使一种不正常的衰老变成正常的衰老？用一个专业的名词就是把病理性衰老转成生理性衰老。

我们现在的生活水平，已经不容易得烈性传染病了，比如霍乱、天花，这些疾病已经有很好的预防措施和疫苗了。我们现在主要的疾病和四十年前完全不一样。现在的主要疾病是与衰老相关的疾病，如癌症、代谢综合征、和年龄相关的退行性疾病。

代谢综合征与生活方式有关，年龄也很重要。中年以后有些人吃大鱼大肉，很快就患上了脂肪肝，血脂也高了；年轻时没有衰老，运动量也较大，吃大鱼大肉血脂也不会高。随着年龄增长，整个内分泌和新陈代谢的过程都改变了,稍微吃一点就不行了;女性尤其明显,稍微多吃一点盐血压就高了,这些都和衰老有关。代谢综合征更重要的是需要尊重人进化的历史过程。我们的社会进步太快了,但基因不可能进化得那么快,所以人一定会得代谢综合征。所以我并不赞成现在医学的一些做法,血脂高就用一些药物去降脂,这些药有严重的副作用。人一方面用人工干预的做法去降血脂,另一方面继续着不适当的生活方式,吃大鱼大肉,吃很肥腻很咸的东西,之后就会血脂高、脂肪肝,然后就去吃药减肥,血脂高去降血脂,血压高去降血压……这是非常不明智的做法。

应该从源头找起。你为什么会发病?你要先把生活方式改变。你的生活方式、饮食习惯要符合你的代谢基因。这时再适当用一些药,甚至不用药就能控制,比如高血压,如果你能够把盐控制在 1.5 克/天,每天快步走,做腿部的运动,血压就能下来。现代人都很懒,所谓白领,就是脑力劳动者,工作特点就是坐在办公室,大部分的时间在伏案、开会,很少走动。这样的生活方式是不符合人体结构的。人需要站立起来,去走动,健康地活动。人类进化的历史有 260 万年,但 260 万年里有办公桌有凳子有沙发的年头不过几百年,追溯到几千年前人是席地而坐的。坐在地上不舒服,所以后来越坐越软,最后坐到了沙发上,人也随着越来越懒,越来越不爱动。总坐着不动血液循环会减慢,腿也会出现慢性缺氧,逐渐地血压增高,我们叫血液动力学改变。为什么白领寿命短,因为他的生活方式不符合人体基因结构。但我们现在都愿意做白领,因为白领钱挣得多,相应付出的代价也很高,老年后会很痛苦。参加过二万五千里长征的老红军,好多人都寿命很长,而且身体状况非常好,因为他们年轻时总是不断地在走动。

人为什么衰老?

作者:黄博士,现在社会上讲衰老的观点和理论已经不少,您作为一位有丰富的免疫学、老年病学临床经验的权威专家,能不能系统地讲一下人到底为什么会衰老呢?

黄博士:人衰老的机理是非常复杂的、多方面的,它在遵循一个生物学、细胞学的规律。凡是多细胞生物都会衰老,衰老的过程由基因密码调控;你诞生的时候,就已经注定你的寿命最多到多少岁。比如,人类可以活到100多岁的寿命。我们提出的口号是:健康愉快地活到100岁。人类寿命的极限是120~140岁,有的人甚至提到160岁。这说明大部分人活到100岁是没有问题的;但如果要所有的人都活到寿命的极限,是不科学、不可能的事。手指头伸出来也不一样长嘛!随着各方面条件的改善,未来1/3的人活到100岁以上是没问题的。

寿命的真理:第一,人是一定会衰老的;第二,人是一定会死的。不衰老,返老还童,长命百岁,根本不可能。记住:地球上只有病毒没有衰老,因为病毒处于一种状态,不是细胞状态,只有激活状态与非激活状态。非激活状态就和一个没有生命的石头一样;激活后就可以进入细胞里进行繁殖。我们叫active-face和inactive-face,处于两个界面。凡是有细胞结构的都有一个寿命。那为什么一定要有寿命呢?意义很明确。我们整个宇宙、地球的物质元素有一个循环,缩小在生物范畴里就叫生物链。我们人类如果只有生没有死,你想想那是很可怕的,那地球上的人早就装不下了。细胞分批分期地在死亡,又分期分批地有新的来替代它,因为它有一个生物学的规律。为什么要替代?因为替代,它的生存适应能力会更强,所以我们需要新陈代谢。

我们提出健康愉快地活到100岁,是说在我们现有的环境可以做得到的。我们知道与衰老相关的三种疾病:癌症、代谢综合征及其并发症、和年龄相关的退行性疾病,如果能把这三种疾病控制住,活到100岁是大有希望的。

作者:为什么说代谢综合征是衰老的表现呢?

黄博士:一个是生活方式;一个是随着衰老,我们代谢的类型和对于我们摄入的食物,代谢平衡能力都在变化。比如,年轻人吃含蛋白质、脂肪、盐的东西比较多,却不会得高血压,也不会得脂肪肝,也不会一下子胖得不得了。因为年轻人在长身体的时候代谢很旺盛,吃的很多东西都消耗掉了,代谢可以帮他摆平。只有到一定的年龄,代谢功能开始衰退了,这些毛病慢慢来了。我们都知道,年纪大的人肚子都变大发胖,因为他的代谢类型改变了,不能再像年轻时那样去吃了;如果还像年轻时那样吃就会发胖,随着人的衰老要吃得少，六七分饱，不控制就会发胖。一发胖后就会得代谢综合征及其并发症，最厉害的是心脑血管疾病、心肌梗死、脑卒中、糖尿病等。目前来讲，代谢综合征的并发症发病率非常高。在经济水平发达的国家，像美国，肥胖者的比例高达60%，其并发症发病率也很高。

现在有些孩子，还没有衰老却也开始发胖，是什么原因呢？就因为我们的食品中有一些不正常的东西，像激素，让儿童的激素的类型改变了，他便开始发胖。比如说很多快餐，肉里含有的激素超标，再加上制作后都很油，小孩拼命吃。现在的小孩又不喜欢运动，早晚上学有车送，家里有保姆，不用干活，就剩下念书了；甚至书也不好好读，打电子游戏、看电视，所以他的运动量就不正常，就会变得很胖。

衰老，有身体内环境的变化，也有外环境也就是不良生活方式的原因。所以我们要先从外环境做起，尽量少吃红肉(牛羊猪肉)，防止病从口入。很多病都是从嘴巴进来的，以前微生物感染就是从嘴进入，现在我们吃的食物也是从嘴里进入，极大地扰乱了我们身体里的代谢，引起了代谢综合征，而嘴是可以自己控制的。

作者：什么叫代谢综合征？代谢出麻烦了就会导致衰老对吗？

黄博士：代谢综合征是一个刚出来七八年的新名词。有些专家讨论，像血脂高、血压高、脂肪肝、糖尿病、体重超重，这些病的源头都是由饮食造成的，所以就把它归在一起叫代谢综合征。

作者：代谢综合征包括高血糖、高血脂、高血压吧？得了这些病以后能治疗吗？听说要终身服药？

黄博士：II型糖尿病在很大程度上是可以控制、预防的。一个人有良好的生活习惯和正常的饮食，糖尿病是不会发病的。这是我的观点。糖尿病也是进化过程的一个缺陷。由于我们的基因进化速度太慢，它不能适应这种高热量的碳水化合物，所以引发糖尿病。人类两百多万年的进化，不用说这么远，就是五万年、五千年前人们在吃什么，有大米白面吗，有炒菜的油吗？都吃什么呢？吃草、树叶，吃点鱼，热量很低。胰岛素分泌是基于那种饮食习惯而工作的。

如果说真有上帝在两百多万年前造人的话，他一定是按照当时的环境条件造的。没有白糖、没有炒菜的油、没有香肠,更没有汉堡,因为上帝没有见过它们。在这种环境下只能吃野草野果子,所以他的基因密码是按照这个做的。吃杂粮,血糖上升的速度是很慢的,大概要四个多小时;胰岛素基本上按照杂粮的规律分泌。我们突然一变,变成吃细粮吃大米白面了,吃完后两个小时不到血糖就升高了,但胰岛素还来不及分泌,滞后了,所以很多医生给糖尿病人诊断叫胰岛素分泌滞后。这种医学术语不是很科学,应该说是你的高热量的血糖升高置前。因为我们的生活方式和习惯变了,而人类起源的时候是按照滞后的标准去做的,人不能适应了。所以你吃高热量的东西,吸收很快,血糖上升快,胰岛根本就不适应。我们的代谢基因进化的速度,一百万年才改变1%~5%,所以说是我们的生活习惯改变得太快太多了;而基因变化很小很慢,它不适应了。不信的话你让现在的动物都去吃细粮,不让它吃野果,也都会得糖尿病。

作者:看来是生活方式导致了人体衰老的现代病,这些疾病和饮食有很大的关系啊!

黄博士:是的。进化的过程与目的有些矛盾。原始人下巴特别长,磨牙特别大,因为他吃杂粮要拼命地磨磨磨。熊猫吃竹子,竹子是很低热量的碳水化合物,所以它一天到晚就在吃东西,嚼啊嚼的,慢慢消化,嚼完后才变成碳水化合物,变成糖,变成能量。我们人类进化了,工业发达,我们主要吃细粮了,磨牙就开始退化。我们吃的东西热量很高,还可以吃流食半流食,不用嚼直接咽下去了。当然好处是我们可以腾出大量的时间去做别的事情,不需要天天坐在山洞里嚼野菜、杂粮。如果我们回到原始社会去生活,虽然没有代谢综合征但也觉得活着没有意思,所以这是矛盾的。我们一定要找出平衡点。我们也要随着基因进化的水平来改善、调整我们的生活方式。改变太快人肯定不能适应。改革开放30年发生了翻天覆地的变化,可中国人的基因还是没变,生活方式变化却太大了!人们都大吃大喝,到处看到大肚子的人。

作者:也就是说虽然我们的饮食改变了,但基因还是以前的基因,因此不协调了?

黄博士:是啊,所以有了代谢紊乱病。代谢紊乱以后,代谢综合征有些并发症,就会出现冠心病、脑溢血、脑血栓等。代谢综合征本身还有体重超重、体内脂肪比例增加，血脂高、脂肪肝、血压高，还有糖尿病，糖代谢紊乱。这是整个代谢综合征的组成部分。这些病只是看到一些症状，我们叫它综合征，但是它的并发症是要命的。比如冠状动脉不通就引起心肌梗死，脑血管出问题就引起脑血栓或脑溢血，糖尿病引起脉管炎和周边的一些器官功能衰竭。所以人一定要知道这些病是怎么得的。

作者：高血压也是生活方式病吗？也和饮食有关吗？

黄博士：当然。两百多万年前人是不吃盐的，鱼肉里带着盐。我们对盐的需求一天24小时要在1.5克。但我们现在吃的盐大大超过这个标准。盐吃多了血容量就增加了，这就是血压增高的一个最基本点。世界高血压联盟做了很多研究和总结，定的标准是每天3克或者1.5克盐，而我们国家定的标准都是每天5克盐。东北人吃的咸菜，都到每天十几克甚至二十几克盐了。我认识的一个人一天吃咸鸭蛋要吃5个，大大超过了标准摄盐量。引起高血压的原因除了吃盐，还有是因为承受精神压力。大脑皮质高度紧张后，会促进血压的增高。再者就是不运动，两条腿不动也会引起血压增高。所以还是和生活方式有关。对老龄木乃伊的研究，未发现有高血压引起的体内结构改变，这说明高血压也是社会进步造成的疾病。

作者：那血脂高是什么原因？也是生活方式病吗？

黄博士：血脂高也是生活方式导致的。吃进去的东西含脂肪酸太高，肥肉、炒菜的油，这些东西多了血脂就高了；碳水化合物热量太高了，甘油三酯就高了。

作者：那么血压高血脂高都是吃出来的？

黄博士：长征时没有东西吃能有高血脂高血压吗？没有的。朝鲜战争时战士们吃得很差，但把美军都打败了，为什么？美国兵跑不动，都有轻度的代谢综合征；他们打仗时都要喝可乐，要喝牛奶吃牛排，结果就被打败了。越南战争也一样。越南人穷肚子都是扁扁的，没有代谢综合征；美国兵一个个胖得都跑不动，要不被蛇咬死了，要不被越南士兵打死了。看越南报告，一个美国士兵到越南去，运送的物资都是1.5吨，可乐、酒、威士忌，他怎么还能打仗？跑都跑不动。有些人在战场上心肌梗死死掉了。美国人在越南战争中死掉5万多人，战斗力下降都源于肥胖。现在许多国家军队、警察、士兵都有限制，体重超标是要下岗的。

作者：您说的代谢综合征里还有一个肥胖，肥胖是怎么导致的呢？

黄博士：吃多了，消耗少了，代谢紊乱了就胖了。胖就是不应该有的脂肪超标，脂肪的比例不应该超过17%、18%，超过了脂肪就多了。

作者：那癌症、代谢综合征、与年龄相关的退行性病变这三大疾病就是导致人快速衰老的原因，是吗？

黄博士：这三种疾病是导致人衰老加快、死亡提前的原因。不是要健康愉快活到100岁吗？就要把这三大障碍去掉！

作者：那在三大疾病里癌症是不是还有基因的因素啊？一个人如果天生有癌症基因是不是一定会得癌症啊？

黄博士：人可以携带与癌症相关的基因，但癌症发作一定会有一个环境因素的平台。

作者：那癌症究竟是怎么导致的呢？八年、十年前有一个环境因素吗？

黄博士：癌症产生的基本起因是因为细胞基因突变，突变后变成前癌细胞，免疫细胞能把它消除掉，但这种能力减弱后，癌细胞就会慢慢长出来，癌细胞慢慢增多，时间久了就把免疫力消耗得差不多了。整个过程会花8~10年以上的时间。基因的作用有一点相关性，但基因不是绝对的，它起到的作用也不过25%~30%，70%还是因为后天的促发因素。一般促发因素包括精神压力造成的免疫抑制。身体内的一些免疫功能、修复功能、抗癌功能下降，都和衰老相关。年轻人很少得癌，十几岁小孩得胃癌、胆囊癌的几乎没有。年纪大的人抗癌系统慢慢出现问题，就易得癌症。孩子都是由外来因素引起恶性病变，比如淋巴瘤、白血病等疾病都与外环境因素——病毒、化学致癌因素等有关。

衰老的症状是什么？

我问黄博士，人体衰老有什么症状？黄博士说衰老的症状每个人表现都不一样。男性与女性个体对自己衰老关心的内容也不一样。黄博士说着打开一张图表展示给我看——

男性关注	女性关注
易疲劳、记忆力下降	易疲劳、记忆力下降
体力下降、性功能下降	面部皱纹、发胖、脱发
秃顶、心血管病、高血压	皮肤发黑(色斑增加)、三围线条的变化
糖尿病、中风	乳腺癌、子宫癌与宫颈癌、卵巢肿瘤
癌症、老年痴呆症	心血管疾病、高血压

黄博士接着又展示给我看另一张表——

0 ~35 岁	人生最活跃期 (发育, 功能上升)
36 ~ 45 岁	生理功能下滑/疾病形成期(衰)
46 ~ 55 岁	生命的高危期/疾病发作(病)
56 ~ 65 岁	更年过程进入老年期

黄博士说:"头发白了,皮肤皱了,这些都是表面现象,最重要的还是人体内的脏器,脏器的功能都下降了。我们身上所有脏器功能在 30 岁以后每年往下掉一个百分点,掉多了就未老先衰了。30 岁以前是长身体,30 岁以后是消耗,器官功能都在减退,一年掉一个百分点,100 年就掉光了,再加上前 30 年,共 130 岁就是人寿命的极限。但是,我们肺的功能远远不是一年掉一个百分点,因为你抽烟、被动吸烟、空气污染,很多因素导致肺功能下降很快。"

恶性肿瘤(癌症)的早期预防监测

黄博士特别强调了肿瘤的早期预防和监测问题——

癌症主要发生在中老年人群,国内很多临床研究也证明大多数癌症发生在 55 岁以上的人群,而且随着年龄的增长其发生率也相应增高。从基础研究来看,细胞老化后,细胞核的 DNA (MHC 相关的基因) 与细胞浆中线粒体 DNA 都变得不稳定,容易发生突变(mutation),同时老化的机体内的 DNA 修复系统与免疫功能(特别是细胞免疫功能)都在下降,而且随着年龄的老化下降更明显,这样癌症的发生率变得越来越高。

癌症的促发因素很多,外源性致癌因素有:物理辐射、化学因素、生物因素(病毒、霉菌素等)。

首先是物理辐射——目前地球上的人类常接触到的射线主要来源是医院放射科的检查,如X光拍片、CT扫描、PET/CT扫描、钼靶等;含放射线的矿物(包括有些装修材料);放射工业污染;海上及海边的紫外线辐射;经常高空飞行接受过多的宇宙射线等。所有这些射线如果超过一定的剂量就会损伤细胞,特别是细胞内的DNA结构被破坏,促进DNA基因突变。

其二是化学因素——在现代工业化社会里,环境污染问题十分严重。我们周围充满了很多人工化学合成物,有些对人体健康有害,甚至是致癌的因素。比如,蔬菜水果的生长离不开农药,其污染对人体是明显有害的;食品添加剂、防腐剂,如果添加的化合物剂量超标,或食用此类食品过多,会对健康产生影响;我们穿的衣服有些染料含苯类化合物,就有致癌作用。居室装修使用的大量化学材料,如油漆、黏合剂对人体有影响;化学物质污染河流,影响饮水质量;化工厂的排污,大城市的空气污染等等,都是让人关注的问题。

其三是生物因素(病毒与霉菌素)的影响。如丙型肝炎病毒与乙肝病毒导致肝损伤、肝纤维化、肝硬化,最终导致肝癌;EBV病毒在中国广东一带致病率高,导致鼻咽癌;HPV病毒易引起宫颈癌……生物因素的作用与人群密集及频繁接触相关。病毒的复制一定要在活细胞内进行,病毒的传播需要人与人或人与动物的频繁接触。

值得注意的是滥用抗生素造成的影响。抗生素大多是由霉菌产生的霉菌素,其中有些对人体的细胞代谢也有干扰作用,甚至是细胞毒性反应。

综上所述,三种外源性致癌因素是癌症产生的重要因素与条件,特别是90岁以前的肿瘤病人。

"为什么人体会有癌细胞呢?"我问。

"从理论上讲,每个人体内都会产生前癌细胞,当衰老到一定程度时,这些前癌细胞就会发展成为癌症。"黄博士提出以上观点。

黄博士介绍了癌细胞的生成和发展过程,他说——

在细胞有丝分裂、DNA基因复制过程中，发生复制错误(copy mistake)的细胞大多数自己会凋亡（死亡），只有极少数能存活下来，其中一大部分经DNA修复酶的作用转为正常细胞，未能修复成功的细胞也自行凋亡。基因突变的异常细胞只有极少数能存活下来(幸存者)成为“前癌细胞”，它们与正常细胞的不同之处是失去了细胞复制的调节规律。正常体细胞有丝分裂每隔2.4年左右进行一次，总共分裂50次左右，而这些幸存下来的基因突变细胞不受这种规则的调控，分裂周期变短而且不规则，最后造成克隆式增生细胞群体(小癌细胞岛)。

这种细胞表面的抗原性发生改变，特别是MHC受体上出现肿瘤多肽，引起细胞免疫系统的识别与攻击。很多的肿瘤在发生过程(萌芽期)就被正常免疫反应消灭，只有躲过免疫系统杀灭的基因突变的“前癌细胞”才有可能形成癌。癌细胞团(癌瘤)也会被继之而来的免疫细胞包围、攻击，从而引起炎症反应，并要持续许多年(8~10年)。直到把体内免疫细胞消耗到衰竭的地步，癌细胞团(瘤)才能较自由地生长变大。长大到一定程度，由于局部营养供给不足或生存条件有障碍，癌细胞才另谋出路“转移”，寻找体内新的寄生点。“转移”也是恶性肿瘤细胞区别于良性肿瘤细胞的一个重要特点，也是对被寄生体(病人)伤害的重要方式。

当癌还没有转移，又没有压迫器官组织而未影响其功能时，病人是没有临床症状及明显感觉的。癌细胞代谢快，有丝分裂频繁，消耗营养物质多于正常细胞，但一般情况下人体营养系统还是很容易支撑住的。像正常的孕妇，一个胎儿所需求的营养素比一个肿瘤需求的营养素大得多，所以恶性肿瘤对人的威胁并不是它吸取大量的营养，而是它耗竭了免疫力。加之病人对癌的恐惧感，更导致免疫系统与神经内分泌的衰竭。很多病人在发现自己得癌症后(癌症很小，没有转移时)，很快就变得虚弱，病情恶化，甚至死亡，其原因就在这里。

前面提到，关于已经患癌症自己却不知道的老年人，其体内肿瘤长得很大，甚至已有转移病灶，但病人一般情况良好，完全过着正常人的生活，因为肿瘤与体内抗癌系统之间的平衡尚在维持着。如果检查他们的细胞免疫，却发现免疫细胞数量正在逐渐下降，待有一天癌细胞与免疫平衡被打破，肿瘤生长加快并开始转移，此时病人就开始出现症状，甚至出现生命危险(多数肿瘤会持续很多年,约 8~10 年之久)。癌细胞的发生与发展是一个慢性过程,我们人体内有强大的抗癌系统。如能在早期发现这种慢性变化过程,加强免疫功能,便有可能制止癌细胞的进一步发展,甚至消灭已成长的癌细胞。个别的肿瘤,或者外来强大的干扰因素破坏了体内的平衡,癌细胞的增长速度就变得非常快。

“那是不是说只有免疫功能才能抑制癌症、消灭癌症呢?”我问。

黄博士说:体内的免疫系统(细胞免疫与体液免疫)是形成免疫炎性反应的主要系统。一旦有微生物(包括细菌、真菌、病毒等)入侵到人体内(微生物突破身体的生理防线——皮肤、黏膜,进入到循环与组织中),就会遭到免疫系统的攻击,产生一个“炎症的反应变化”(经典的组织学变化),在炎症变化过程中,如果免疫力足够强,最终会将入侵的微生物消灭掉。针对大多数细胞外寄生的微生物(特别是细菌),主要是以体液免疫反应为主;如果针对病毒(细胞内寄生的微生物),则是以细胞免疫反应为主;体内基因突变出现的异常细胞(前癌细胞)也主要是引起细胞免疫系统的炎症性反应。人体内这种炎性反应都会引起人自身的感觉或出现临床症状,特别是体液免疫反应引起的感觉与症状更明显而且快速。相反,细胞免疫反应过程较慢,病人自身感觉不明显,临床症状也不明确,但细胞免疫学的检查却有明显变化,特别是恶性肿瘤细胞引起的免疫炎症性反应,这就给了我们一个机会,能在早期探测恶性肿瘤的发生与发展。

黄博士指出,恶性肿瘤的发生与发展是一个慢性过程,一个没有明显临床症状的慢性炎症反应过程。但是,这个炎症反应从肿瘤细胞产生一开始就存在着,它的放大效应使得我们能间接了解到恶性肿瘤细胞的生长及发展过程。在这种漫长的炎症过程中,人体的免疫细胞逐渐被消耗直至衰竭(特别在老年人中,其免疫系统已经开始老化),此时恶性肿瘤细胞会较快地增生、长大甚至转移。转移病灶如压迫或破坏了重要器官即引起明显的临床症状(并发症),如乳腺癌转移到颅内,病人会有头痛症状;癌细胞增生与体内免疫系统形成的炎症反应在多数情况下要长达 8~10 年才会引起免疫衰竭,此时肿瘤才会快速增长、转移,并引起并发症,甚至危及生命。

“在这样一个漫长的过程中,如果能够发现并监测到这种恶性变化引起的炎症反应，就能监测到肿瘤的变化，特别是早期的肿瘤产生过程，我们把它命名为早期监测系统。"黄博士说，只要能早期发现肿瘤，就有机会干预，把肿瘤和癌症扼杀在摇篮里。"早期监测系统使我们在最敏感的影像学技术可见之前，就能发现癌细胞的增生反应，在免疫系统衰竭之前这种癌细胞增生还是可以被加强治疗后的免疫系统消灭的，也就是说还是可逆的。"

黄博士认为，随着癌症的发病率愈来愈高，在中国大城市已成为死亡的首位原因，而解决恶性肿瘤的根本就在于对它发生与早期发展过程的监控，然后逆转这种炎症反应，防止免疫系统走向衰竭。

"基因突变是多细胞生命现象，也是生物进化的必要因素，所以人类不可能终止基因突变，不可能终止基因突变的变异细胞的产生(前癌细胞的产生)。但是，人类能够用先进的技术早期监测这个变化过程，积极主动地排除各种致癌因素，保护人体的免疫系统，延缓人的衰老过程，就能做到有效地预防恶性肿瘤细胞群体的产生，努力做到在 90 岁前不让恶性肿瘤长出来。"黄博士说。

目前，通过影像学的检查方法，做到所谓的早期肿瘤发现，其实往往已经到"晚期"了，癌细胞肿块已经形成了。黄博士的观点认为，通过细胞免疫学监测方法，观察肿瘤动态炎性反应，就有可能发现尚未聚集成癌细胞肿块的散在的变异细胞(前癌细胞)，以及它们与免疫系统的平衡状态，早期发现癌症的苗头。由于癌症早期是可逆的，因此这种早期监测有极为重要的临床意义与科学价值。国外某学者认为，90%的早期癌症是可以逆转与预防的。

癌症是慢性病，在没有外环境与人工干扰的情况下，大多数癌细胞肿块的形成大概需要 8~10 年的时间。这给我们提供了足够的时间和机会采取一些干预措施，在萌芽状态就扼制住癌细胞的生长，或者去除它。去除导致基因突变的外界不良因素，养成健康科学的生活方式，加强人体的免疫力，就有可能有效地预防恶性肿瘤的产生，或最大限度地推迟恶性肿瘤发生的时间。

人怎么才能健康活到 100 岁？

"那人怎么才能健康活到 100 岁？"我问。

黄博士说："一定要把三种病——肿瘤、代谢综合征、与年龄相关的退行性疾病控制住，不要过早发生。有一个很重要的因素就是要心态好、心情愉快，因为心情不愉快时身体的许多调节功能比如免疫功能就会受到抑制，体内秩序就会紊乱。否则你就是生活环境再好，再有钱有地位，你也会衰老得很快。"

"人是高等动物，有思维。思维对低级神经中枢、下丘脑、脑干的影响非常大。人心情愉快的关键是端正心态，维持平衡。学学中国两千多年的传统文化，看看老子的《道德经》，你就会把许多问题看淡了。对宇宙有一个正确的认识，你就不会太在意那些得和失，你的烦恼就会消失。烦恼不就是为了这些东西吗？夫妻吵架为了钱，兄弟吵架六亲不认也是为了钱，皇宫里的互相残杀不也是为了权力和地位吗？人与人之间的矛盾为了什么？钱和权。斗来斗去也没斗出结果，还斗出了一身的病。说得不好听叫做庸人自扰。胡锦涛主席讲得非常好'不要瞎折腾'！非常有境界！我们要顺其自然，和谐相处，不要折腾。社会、家庭很多问题是可以通过和谐的方式解决的，关键看人们愿不愿意去做。"

交谈中，黄博士特别提到人的真正年龄不等于日历年龄的观点。他说，人的日历年龄是指出生年月日的岁数；人的真正年龄是生物年龄，即细胞年龄。生物年龄能确切地反映机体老化的程度。检测细胞染色体末端的端粒长度，是近年来国际上用来评估生物年龄的方法之一。细胞的每一次分裂及老化如同年轮一样，促使端粒越来越短，乃至消失，表示人的寿命到了尽头——这是最准确的计算细胞寿命的标准。一个人的寿命长短，不要找风水先生，也不用看八字，测测其细胞平均端粒长度与生理指标，就可以知道他的生命大限。染色体末端大约有一万个核苷酸单位长度会随着生长发育越来越短，变化的这一段就称为生命时钟——端粒。每个细胞的端粒长度不一样，或短或长。机体不同组织、不同部位的细胞寿命也不太一样，先后凋亡。

黄博士建议：抗衰老保健应该从年轻时开始，他说："应从二十余岁开始，即性功能成熟时就注重健康保健，养成良好的生活习惯；按照自己的基因特点去生活，顺应自然，多做户外活动与运动，选择健康营养饮食（清淡、简单），就能最大程度地提高生命质量，延长寿命。"

点亮健康路上一盏灯

——寻找中医“魂”

身体系统维护

中医是包容性的思维，治疗上着重寻求致病的内因、外因和不内外因，以及精准地辨识症候；着重提高自身抵抗力，扶正祛邪。

中医认知的第一个层次是阴阳平衡；第二个层次是天人合一；第三个层次是有诸内必形诸外；第四个层次是见外知内。

中医要“三善于”：善于调气血，善于平升降，善于衡出入。

无论以何种方法辨证论治，表里、寒热、虚实、顺逆、生死都离不开阴阳这一总纲；而阴阳最终离不开气血。升清（阳）、降浊（阴）、吐故（出）、纳新（入）是气机的基本动态。

中医有“七重”：重经典、重师承、重临床、重勤求、重博采、重流派、重悟性。

寻找"中医魂"

孙光荣,研究员、教授、主任医师。我国著名中医药文献学家、临床家,中医药现代远程教育创始人之一,国家科技奖励评审专家,国家新药、医疗器械审评专家,国家"973计划"2010年中医基础理论项目立项评审专家,享受国务院特殊津贴的有突出贡献的专家。国家"十一五"科技支撑计划课题"名老中医学术思想、临床经验学术思想传承研究"综合课题组组长之一。孙光荣教授还获得国家自学成才奖章、第五届亚太地区经贸博览会金奖、首届中医药科普著作一等奖,中医药继续教育终身成就奖等多种奖项。

假日和几个朋友聊天,大家都对中医药文化和中医特色技术需要传承而目前青黄不接的现状唏嘘、感慨。知道我正在采访、撰写身心灵健康静心书籍,其中一部分内容准备采写一些在中医理论和实践上有卓越成绩又有特色的中医专家,以弘扬祖国这一非物质文化遗产。席间有朋友问:"现在养生文化传播市场被张悟本、李一等事件搞得乌烟瘴气,元气大伤,你这个时候写这些东西不是顶风而上吗?是不是太冒险了?"

我问:"中医药文化是不是祖国几千年源远流长的文化?"

朋友点头。"是。"

我又问:"当今社会人们对健康养生的需求是不是越来越强烈?"

朋友又赞同地点头说:"是。"

我再问:"中国好中医成千上万,养生专家成千上万,需要健康服务的人们又何止成百万上千万,中国这么大的健康养生市场难道会因为几个行为出格的张悟本们就会被扭曲以至消失吗?"

朋友不假思索地摇头说:"不能。"

"所以,老百姓需要的是真正有爱心、有扎实专业知识和能力、愿意为人民服务的优秀的中医专家和养生专家,对吗?"

朋友连声说:"对的。"

"如果我采写的就是这些有真才实学，有济世救人之心的好中医、好专家,这样的'顶风而上'难道不是一种功德吗？"

朋友笑着说:"真能做到,那敢情好。"

于是,朋友主动说:"那我给你推荐一个人吧。如果你能采访到孙光荣孙老,你这身心灵健康静心就有了一个中医的'魂'。"

中医的"魂",这个提法我爱听。"魂"就是"画龙"之时那"点睛"的关键的一笔。

迤逦传承了几千年的中医确实似瑰宝一样极尽绚烂,但也极尽沧桑。

这些年来我在中医行业里有幸接触到了形形色色的中医,发现这是个无法言说的厚重而又充满辛酸的群体。

说其厚重,是我所看见的和听说的中医,不管是开处方的还是调理经络的、推拿针灸的还是拔火罐的，不管是挣了钱的还是至今仍在为生活奔波的,不管他们的中医之路多坎坷多艰难,他们都在这条既宽广又狭窄、既有广大需求又因鱼龙混杂而被消费者质疑的中医专业道路上努力支撑着、奋斗着……

言其辛酸,是很多有真才实学有特色特技的民间中医因为缺乏市场意识和手段,也因为缺乏官方认可的身份,尽管身揣治病救人的技术,还不得不为五斗米折腰,让人看了感觉辛酸。

一个民众需要的群体,一个有特殊技能的群体,一个应该有执业尊严的群体,却因为历史的、社会的、市场的、现实的种种原因,经常成为"有价无市"的捧着"金饭碗"讨饭的特殊群体。

也许是现实残酷，也许是他们已经被生存折腾得顾不上远大的理想,即使被人叫做"井底之蛙",也不敢冒险爬出井口,到茫茫大千世界去寻找事业的发展。

能抬头扬眉吐气,能保持一份坦然和淡泊的心情,能跳出生存和自我来高瞻远瞩地看中医行业，能有时间和心境抚琴喝茶不去问明天可有米下锅，有这样境界的中医已经不多了。

因为我们处在一个躁动的时代。

一个被各种信息挤压得没有喘息空间的时代。

一个似乎到处都能抓到成功机会但瞬间机会就成为泡影的时代。

一个作为中医似乎只能务实地看着每一个机会能换成多少人民币的时代。

这个时候我听到了"中医魂"这三个字，仿佛看见了中医巨龙上面那一直空洞着的眼眶。

谁会送上那点睛之笔？

孙光荣吗？何许人也？

中医专家、名师也见了很多，他真是那点睛的一笔吗？

我跟朋友说我要采访孙光荣。

朋友说孙光荣堪称中医界的泰斗级人物，他非常非常忙，不知道会不会给你机会采访。

我说麻烦你给我他的电话吧。

朋友说你最好通过中医行业的领导推荐，这样比较靠谱。

我说不用的，你给我电话就好。如果他果真是"魂"，而我有一颗为中医文化传播贡献爱心的"灵"，我们就会构架一个中医文化传播的"灵魂"，一切都靠缘分了。很快，朋友发过来孙光荣的手机号码。

几天后，我拨通了孙老的电话，简单地介绍说自己是个作家，正在写身心灵健康静心书籍，希望构建一个传播身心灵健康文化的平台，希望能采访他。我想我的表达很简洁，但很真诚，应该也很自信。孙老说他现在有客人，他考虑考虑。放下电话，按他的要求发去联系方式，在短信里我再次表达了希望弘扬祖国中医养生文化的愿望，希望孙老支持。孙老简短回复，只要能安排出时间来就尽量支持。随后为了确定采访时间我们来来去去了七八条短信，给我的印象是大名鼎鼎的孙老真的很忙，但感觉他很亲切，很有平常心。从给他电话到安排采访不过几天的时间，孙老待人真的很爽快！

于是在秋日的一个下午，我应约敲开了孙光荣教授的家门。

屋里坐了好几个人。我一边往屋里走，一边用目光搜索哪位是"孙老"。但目光游移了两三秒钟也不知道该锁定在哪个人身上。因为在座的两三位男士好像都不能称作什么"老"。后来我把目光投向一个看上去儒雅，好像五十多岁的学者身上，迟疑地问："您是孙老……师吗？"我还是没有好意思叫"孙老”，因为他实在是不老，我在“老”后面加了一个“师”字。

果然是孙老，他笑呵呵地站起身，和我握手，招呼我坐下。

我笑盈盈地迎着孙老，我们在轻松的气氛里寒暄了一会儿。然后孙老问我想谈什么？

我说我想谈“中医魂”，我来找“中医魂”，我想写那些把祖国传统的中医瑰宝当成生命之魂的真正的好中医。

我对孙老说：“中医养生行业因为张悟本等事件引起了很多非议；但我觉得祖国的中医养生文化博大精深，不应该因为这些不协调声音而影响它的传播和发展。我认为目前很多问题是因为市场对中医以及养生行业的过度包装，中医方面的技术理论、中医专家人才和市场的链接有很大的问题。这就是为什么养生保健是朝阳行业，投资商非常感兴趣却不敢投资的原因。我曾经问过多家专业投资公司，为什么资本至今很少问津这个行业？他们说太专业，吃不准，不知道如何标准化和市场化。所以我写身心灵健康静心书籍，最直接的目的就是想用我的专业写作技巧和我多年在健康行业学习实践的专业知识，在如何让人身心灵和谐统一的主轴下，去推广祖国博大精深的中医养生文化。我尤其希望推出一批真正有思想、有学术水平和特殊技能的专家；我要从人的角度，而不仅仅从专家的技术上去传播这些专家的思想和文化……”

面前这个德高望重的中医老教授听后微微点头，因为他面对的是一个不做作、真实的作家的心灵。

“朋友向我推荐了您，说您是中医界的泰斗级人物……”

“不是不是……”孙老连连摆手，“我只是一个普通的中医，一个热爱中医，想为祖国中医事业踏踏实实做点实事的老中医。”

在一种坦诚的相互信任的气氛中，孙老开始讲述他学习中医的缘起——

五岁诵读“汤头歌”，九岁磕头拜父为师

孙老的父亲孙佛生老先生是著名中医，兼通文、史、哲，精研天文地理，擅长诗词歌赋、书法、音律，是当时的政、军、文、医、学界的知名人士，曾为不少

政要和社会名流治病并与他们有诗词对联交往。湖南和平解放后，应邀为首任湖南省省长程潜先生做医疗保健。

"我父亲做中医非常敬业，为人低调。因曾经给肃亲王治愈过疾病，被封了个三品的虚衔，在京城行医。后来日本人成立伪满洲国，一定要带他去。尽管我父亲性情随和，但做日本人的官他不干，于是'挂印封金'，把官辞掉，逃到湖南去了。他一生结交的朋友很多，徐冰副委员长曾给他写一副对联称颂他的为人，'处世持身，刚柔相济；接人待物，外圆内方'。"

突然，我看见孙老的领口位置戴着一个红底的圆像章，上面是一个旧式打扮的女士，就问："您戴的像章上的人是谁啊……"

"我母亲。"我还是第一次见到把母亲的头像制成像章佩戴在身上的人。

"您把母亲的像章戴在身上，可见母亲在您心里的位置很重啊！"

"是的，母亲对我的一生影响很大。"孙老陷入对母亲的回忆，"我母亲是旧式女子学校毕业的一个语文教师。她是一个忠诚、善良、宽容、慈祥的传统女性。结婚后，就靠我父亲医病过日子，居无定所，颠沛流离啊！我5岁就开始启蒙，念三字经。接着，我父亲就要我背'汤头歌'。那时没有书啊，父亲就用毛笔写下来，做成了个折子插在我的口袋里，每天要我背一本。他当天给我，第二天就要收回去，因此我当天必须背出来。背出来以后就能到观音菩萨像前面拿糖果，说是观音菩萨赏给我的；如果背得不好，就要对着观音菩萨像站着，一直到背出来，这叫做'面壁'。到10岁的时候，《汤头歌诀》、《医学三字经》、《药性赋》等等我就全部背完了。现在的大学生都背不出来这些东西。我确实得益于家传、家教。"

"所以您父母的家传、家教对您一生影响都很大，对吗？"

"是啊！我9岁时，有一天父亲说儿子你子承父业，当医生好不好？我说好啊，您是这么好的医生嘛！父亲说那就要正式拜师。我笑着说怎么老爸当师傅我也要拜啊！父亲也是通过选择才让我继承的。我有两个弟弟一个妹妹，过去不传女孩。而两个弟弟有点调皮，小弟弟背诵'汤头歌'不按原文背，经常改词，比如：'四君子汤中和义，参术茯苓甘草比'小弟弟就改成'四君子汤不好吃，不如多晒黄瓜皮'。"

孙老把我逗得哈哈大笑。

孙老说:“父亲讲做医生是不能荒腔走板的,还是光荣来学吧。光荣这孩子心正、言正、行正,不会走歪,于是就选择了我。在10岁生日那天,行拜师仪式,插了三炷香,我先给观音菩萨像磕三个头,再给父亲磕三个头,正式拜师。我还记得那天父亲穿着长袍马褂坐着,说:儿子啊,你既然已经决定学中医了,也入了我的门了,我告诉你,凡事德为先,事有百行,以德为本。他把曾国藩的那些话讲了一遍,我云里雾里的也听不懂,但是有几条我记住了。他说,不管你将来是出为良相、还是入为良医,你都要修德为上,这是一;第二是治学要有恒心;最让我准确记忆的是第三条,他说你今生不能收受任何病人的钱和物,也不能够用你的技术去贪图美色,如果这样做,你的处方就不灵了!这个拜师仪式决定了这辈子财色我都不能沾,否则我的处方都会不灵了!处方不灵那还做什么医生呢?所以从业快五十年了,我从来没有收过任何病人的钱和物,也从来没有挟技图色,随你到哪里去调查。”

“真是了不起!”听到这里,我对孙老父亲的敬仰之情油然而生。有这样医德高尚的父亲,才会有今天这样医德高尚的孙光荣。孙老说德才兼备的父亲和温良贤淑的母亲是他一生的榜样。父亲教他:修身,齐家,治国,平天下。父亲还以曾国藩家书为蓝本进行训导:第一要有志,第二要有识,第三要有恒。有志则断不甘下流;有识则知学问无尽;有恒则断无不成之事。孙光荣不平凡的童年是因为有两位不平凡的父母。

孙老的父母以德教子,孙老以德行医,才有今天的一代名医孙光荣。

生存路上几波折,命里注定中医魂

孙老虽然5岁熟背《汤头歌诀》,10岁拜父亲为师,然后在父亲言传身教下,练就一身中医诊病好本领,但因为生存的责任,他的行医道路竟是几经波折,几经游离,又几经回归。

1958年春,因父亲年老多病,家境渐寒,孙家必须有一个子女工作才能维持家庭生计。排行老大的孙光荣自然责无旁贷,只得从高中毕业班辍学,响应党和政府的号召到革命老区任教。暂时脱离了父亲希望他继承的中医……

而后，在文化大革命中，他又经历了意想不到的政治“考验”，遭受了很多精神折磨。

“在这种政治环境中，我父亲来信，说你与其这么折腾，不如回来当中医。很快我就回乡了，跟着父亲诊病。我父亲医誉好，影响大，我学到了不少东西。很快，在长沙县、浏阳县等地都知道有个‘小孙医生’了，到处找我看病，到处被人领去看病。你知道那时是多少钱挂一个号？”孙老说到这里笑容里藏着一种没有失去的童真。

“多少钱啊？”我不是那个年代的人，真没有概念。

“5 分钱！”孙老呵呵笑了。我摇摇头表示不可思议。孙老接着说，“别看 5 分钱啊，在父亲耳提面命之下，我的理论与实践功底越来越扎实了，治好了很多奇奇怪怪的病，声誉越来越好，影响越来越大，收入也越来越多。很快我就成了三线铁路建设一个连队卫生室的医生。”

1970 年代初，修建枝柳铁路是“三线建设”的战备工程。孙光荣被点名抽调到连部卫生室当医生，开赴湘西中坊。孙光荣奉命到达“前线”时，正是立春时节，他感到当地既是春寒料峭，下午却往往潮湿闷热，就走访了当地大队长和卫生所所长，了解冬至后、立春前是否下雪？当地以往在这个时节是否有流行病？经过调研，立即建议连部抓紧预防流感。赵连长说：“调你来，就是要你保证这一百多人平平安安，这方面听你的。”孙光荣说：“必须购买一批预防药和消毒剂，同时向指战员讲点预防知识。”赵连长说：“要钱没有，你再想想用什么土办法吧！调人和讲课都好办！”孙光荣说：“那就只好自己采药试试了。”赵连长说：“这就对了！毛主席教导我们要‘自力更生’嘛！”

第二天，孙光荣就带领四名“战士”进山了。当地大山里的药材非常丰富，经过七天的精心采集，共挑回来五担蒲公英、板蓝根、金银花、野菊花等，那时节金银花、野菊花还没有开花，只有茎和叶，就用大锅将这些“本草”加上一些红枣、生姜等，煎成大桶大桶的“凉茶”。每天出发前和收队后，从连长、指导员开始每个人必须喝一碗，还利用晚上的时间集中讲授预防疾病的知识。这样坚持了大约 1 个月，流感果然暴发，其他连队几乎有一半人不能出工，团指挥部从各地调来医疗队，大面积展开治疗和预防工作；而孙光荣所在的“赵国纯连”却是百分之百的出勤率，士气高昂，工程进度和质量领先。

“那时我们连队门前红旗高高飘扬，出工率百分之百。连长、指导员到处作报告介绍经验，领导高兴啊！那件事以后，团部就发了一个《向人民的好医生孙光荣同志学习》的文件。”

“孙老，您挺厉害的！”我由衷地赞扬道，“这不就是‘中医治未病’的典型案例嘛！”

孙老接着这个话题说：“对。中医有个学术思想是防重于治，就是对‘未病’的认识。它包括四个阶段：未病先防、病后防变、病中防逆转，病后防复发。这都是‘治未病’。一个中医他应该掌握疾病演变的全程，治未病的思想要贯彻始终。我诊病时就要知道你将发生哪个病，首先要预防，我开的方子中就要加入防微杜渐的药。当然，病人通常并不知道你在帮他病中防变；病人只看到有细菌杀细菌，有病毒灭病毒，有痛止痛，有痒止痒。但这是你做医生的良心啊，要预防啊，要治未病啊。这又涉及中医治病不同于西医治病，最大的差异就是思维的方式。西医是对抗性思维。”

“西医的对抗性思维是什么意思？”我好奇地问。

“中医、西医都是科学，各有理论体系，各有所长，各有优势，但两者的思维方式不同。西医是对抗性思维，是基于解剖学的基础发展起来的，在治疗上着重寻求致病因子和病变的精确定位，有细菌就消灭细菌，有病毒就消灭病毒；如果肢体需要废弃，就把这个肢体切除；内脏需要废弃，就把内脏挖掉。而中医是一种包容性思维，是基于天人合一的理念发展起来的；在治疗上着重寻求致病的内因、外因和不内外因，以及精准地辨识症候；着重提高自身的抵抗力，细菌和病毒也可以暂时在这里生存；然后扶正祛邪，让正气上升、邪气下降，这样来维持一种平衡，让邪气慢慢消失。两者思维方式是不同的。”

孙老接着说：“中医认知的疾病健康跟西医也不同。西医是基于实验医学发展起来的，关注细菌是什么样？病毒是什么样？怎么生存发展？然后用药物来消灭。中医不是，中医认知的第一个层次是阴阳平衡；第二个层次是天人合一；第三个层次就是有诸内必形诸外；第四个层次就是见外知内。中医通过望闻问切来确诊你身体里大概正邪的量是怎样的？质是怎样的？进一步就可以断生死、判顺逆。其实中医辨证不仅仅要讲阴阳表里虚实寒热，而且应该讲表里虚实寒热生死逆顺。再直白一点说，西医治的是人的病，中医治的是生病的人。但是,我们现在培养出来的一些中医是医‘匠’,不是医‘师’。匠人拿把刀去切去划啊,这不是‘师’。如果一个中医治病,让病人满医院转八九个科室,然后再把化验单收回来,再‘加减乘除’,这不是医‘匠’是什么?既不望闻问切,也不判断病势的顺逆,更不判断病人的生死,这就不是‘师’,而是‘匠’了。”

孙老思路清晰地用短短一段话把中西医的系统区别描绘得清清楚楚,我听得非常入神。虽然在讲过去的故事,但他谈古论今,举一反三,把艰涩的中西医原理讲得内涵深刻,却又通俗易懂。

学术超越:在敢于自我否定中精进

1978年,为了解决中医后继乏人的问题,邓小平同志重要批示,中共中央发布[78]56号文件,卫生部决定在全国开展选拔中医师的统一考试。

1980年3月5日,湖南省中医药研究所理论研究室主任刘炳凡教授正式宣布:“经所党委决定:孙光荣同志自即日起,担任李聪甫先生的助手兼徒弟,并兼任理论研究室学术秘书。”

李老当时是全国著名中医药学家、湖南省中医药研究所的研究员。当时湖南省卫生厅特别作出了给李老配备一名助手兼徒弟的决定,孙光荣经过李老亲自挑选和湖南省中医药研究所政工科的审核,上报省卫生厅批准,被录取到湖南省中医药研究所,分配到理论研究室。从此,由文献理论研究到临床研究,孙光荣开始师承李聪甫老教授,当了七年半的徒弟。

孙光荣教授说自己父亲和李老属于完全不同的学派。“我父亲是丹溪派,李老是东垣派。我跟父亲学了那么长时间,一下子要从丹溪派转到东垣派谈何容易?我花了一年多的时间苦学。那种学术观点、诊疗方法的冲突令我痛苦得很!但是一旦转化成功,真是拨云见日啊!学派转化的好处就是兼容并蓄,就是自我超越!这使我开阔了眼界,跳出了一般中医最容易出现的故步自封的轨迹。李老的要求很严格,但他医德高尚、医术精湛。他平时并不对我讲什么,每天让我抄方子,我就抄,然后自己去领会。半年以后有一次我问他:‘李老您怎么一开这个桔梗就一定连带开枳壳？开枳壳怎么又一定会连带开桔梗呢？'你猜他怎么回答？他只看了我一眼说：'孺子可教也！'呵呵，就这么一句话，其他什么话都没有啊！"

我不解地问："您为什么要帮他抄方半年呢？"我心想，不是去当名医的助理吗？不学行医怎么只抄方子呢？

孙老一副理所应当的口气说："不是抄半年，是抄七年半！做徒弟的第一件事就是抄方子，学习和继承嘛！又过了几个月，我再问他这个桔梗和枳壳的问题。老头儿嗯一声说：'怎么还没悟出来？'李老说，桔梗是开胸的，枳壳是宽中的，'升降出入无器不有'，也就是说哪一个脏器都有。你要调上面就必须调下面，你要调下面就必须调上面，这样气才能升降出入。这例子说明李老要求我有悟性，不仅要发现问题还要能解决问题。所以我在 2008 年提出，培养中医人才要'七重'：重经典（要背熟，要理解）、重临床（积累实践经验）、重师承、重流派、重勤求、重博采、重悟性。"

孙老由此又深刻地揭示出目前中医教育和传承的现状："有人问我：为什么你们老一代出得来中医大家，而现在难出大家呢？我说你们是在花圃里撒的种子，成长得快，但都是一模一样的。我们这一代和我们的前辈人是把种子撒在天然的崇山峻岭中，大部分都消失了，但那长出来的一棵绝对是强劲的参天大树！现在院校培养学生是'流水线'，是生产'高压锅'，出来的都是一个模子的产品。中医培养人才是要做'景泰蓝'的！要一个一个雕出来的，个性化的！"

"您的比喻真好！"我由衷地赞叹。

中医的教育与学术经验的传承一直是争论不休的问题。孙老的这个比喻其实把问题的核心提出来了。是用西医流水线作业的方式培养中医？还是像制作景泰蓝一样个性化地雕琢？这的确是值得深思和探索的问题。

追寻祖先"医魂"的探索

1982 年 3 月，李聪甫、刘祖贻、孙光荣承担了国家中医药管理局第一批中医药古籍整理研究的重点课题“《中藏经》整理研究”。

孙老说:“《中藏经》1600多年没有人全面系统研究过，这是署名华佗的书,实际上是华佗的弟子记录辑成的一本主要用于课徒的本子。这本书非常经典、实用,但由于脱漏衍误太多,文字艰深,研究难度很大。国家古籍办确定《中藏经》为第一批中医十一大古籍整理项目之一。”

“整理这些古籍的目的是什么呢?”我问。

孙老说:“正本清源啊!留住中医的根!第一是要把真正好的版本找出来,否则要失传了;第二是找到真正的好版本后再把它校勘出来;第三是注释古字、古意;第四是翻译;最后是把这部书的学术思想分析出来。”

“那可是相当大的工程啊!”我感叹道。

历经四年的整理研究,孙老执笔完成了《中藏经校注》、《中藏经语译》,第一次揭开了尘封千年的《中藏经》真面貌,总结了《中藏经》脏腑辨证八纲,揭示了断生死、判顺逆的规律和处方用药特点。发表了《<中藏经>学术思想考析》、《<中藏经>在脏腑辨证理论发展中的三大贡献》等一系列论文。获得了国家中医药科技进步奖二等奖!

“那《中藏经》的主要学术思想是什么呢?”我问。

“《中藏经》的主要学术思想跟《内经》一样,唯一的不同就是建立了以脉证形气为中心之脏腑辨证八纲:虚实寒热生死逆顺,这不同于任何一个辨证大纲;它还附有有特色特效的60首方;还有一个特点就是判生死,有一系列判定死证的方法,现在很少有人研究了。所以中医首先要向老祖宗学习,中医经典和历代名医的学术经验是我们中医临床的指南!”

中医魂归何处?孙老大半生中医戎马倥偬,身体力行地追寻祖先的“医魂”,探索新时代中医发展之路,付出了大量的心血——

鸦片战争后,西学东渐,中医学是受西方文化和学术冲击最大的学科领域之一。如何理解、沟通、结合两种医学科学,一直是近百年来无数学者孜孜不倦探讨的重大课题。1980年代后期,中医药学界掀起了一股“规范化”、“标准化”的热潮,中医临床研究、中药新药研制等等,都有意无意地模仿甚至套用西医的规范和标准。出身于中医世家而且长期从事临床和科学研究的孙光荣教授对这一现象产生了质疑。

孙老说："中医是否需要规范化、标准化？当然需要，但是只能像上帝给人类规范化、标准化那样，规定一个人是一个头颅、两条眉毛、两只眼睛、两只耳朵、两只鼻孔、一张嘴、一个躯干、上下四肢，再分为男、女，再分为黄、白、黑等几种肤色，足矣！如果规定头发几根、眉毛多长、眼裂多大、嘴巴多宽，那还是人吗？中医治病讲究因人、因地、因时制宜，炎症不一定要'消炎'，肿瘤不一定要'除瘤'；同样是支气管肺炎，中医治疗就不一定是清热平喘；所谓'见痰休治痰，见血休治血，无汗不发汗，有热莫攻热，喘生莫耗气，精遗莫涩泄，明得个中趣，方是医中杰'嘛！"

对孙老的这个观点，时任国家中医药管理局办公室主任的王凤岐教授非常赞成。于是，经过孙光荣团队一年的努力，由王凤岐、孙光荣联合主编的《炎症的中医辨治》问世了。这就创建了一个西医病名、西医诊断与鉴别诊断和中医辨证、中医治疗、民间疗法备选的模式，获得了全国科技图书奖二等奖。接着，刘祖贻、孙光荣、周慎又联合主编了《神经系统疾病的中医辨治》。各地陆续出版了多个系统疾病的中医辨治书籍，逐步形成了西医疾病中医辨治的图书系列。

1990年代初，孙老与杨宝琴、周慎教授还率领一支来自临床和文献的科研团队，参与了王永炎院士主持的WHO中风研究课题，经过长达9年的潜心研究，终于系统提出了中风病康复治疗的原则、方法、药物、方剂等，由孙光荣主编的《中风康复研究》，成为我国第一部中风康复研究的专著。

孙老还针对中医学术经验传承的问题悟出了一个重要命题，就是如何系统总结历代名医的学术思想和临床经验，给后人一个比较清晰的名医成才"路线图"。于是，他和刘祖贻院长共同向湖南省卫生厅申报了"中国历代名医名术研究"的课题，组织全国近百名著名学者共同研究。历十度寒暑，三易其稿，终于在2002年出版了涵盖先秦至清末的极具代表性的85位名医、共197万字的《中国历代名医名术》。

"孙老，我发现您总是做一些开创性的工作，全力创新啊！"

"是啊，中医事业如何发展？中医学术要怎么进步？这些根本性的问题，是我脑海里从来没有消停过的思考，也提了很多的建议。1981年开始，我受命参与国家中医药管理局八五、九五、十五的规划与计划的起草或讨论，也一直参与科技、教育、文化、法监等有关部门的重要文件的调研或起草工作。这些对我来说都是宝贵的学习、锻炼和提高的机会，但是付出的精力也很大。”

中医魂兮归来

2006年8月，孙光荣领衔“当代名老中医典型医案研究”课题组，主持创建的“名老中医学术思想、经验传承研究”课题综合信息库，全面搜集、保存了当代名老中医回顾性和前瞻性医案3万余例。短短9个月，《当代名老中医典型医案集》共收集整理了全国107位名老中医2311则典型医案，涉及病症360余种，分为内、外、妇、儿、五官科、针灸推拿6个分册，共543万字，2009年1月出版。

“当代名老中医典型医案研究”是“十五”国家科技攻关计划“基于信息挖掘技术的名老中医临床诊疗经验及传承方法研究——名老中医学术思想、经验传承研究”课题的子课题。

在国家科技部和国家中医药管理局的领导下，课题组长孙光荣、鲁兆麟教授率领“网教中心”、北京中医药大学、湖南中医药大学和北京大学医学部4单位的何清湖、贾德贤教授等12位统审稿专家组成的团队，夜以继日地工作，完成了任务。第一次定义了中医医案，明确了中医医案的地位与作用；第一次对医案与病历进行了系统性比较性研究并得出了结论；第一次采用普查式对全国名老中医医案进行全面的整理研究、采用章节式对全国名老中医医案进行系统的类案研究；第一次采用传统文献研究与现代信息技术相结合的方法研究医案；第一次确立了典型医案的统一体例与格式。

我问：“那名老中医学术思想是什么呢？”

孙光荣教授指出：“名老中医学术思想，就是对名老中医关于中医的理论认知与实践经验的理论性、抽象性、创新性的总结。其中，理论性，是学术思想的内容属性；抽象性，是学术思想的表述属性；创新性，是学术思想的根本属性。名老中医的学术思想具有必有本源、必备验证、必属原创的三大特点。研究名老中医学术思想，必须研究名老中医学术思想的原创思维、探讨独特的学术经验、求证学术经验的应验案例;总结名老中医学术思想,必须尊重原创思维、提炼学术观点、阐述应用方法。"

心中有大法、笔下无死方
——行医46年,救死扶伤无数

医者,仁术也!本仁慈之心,以医术济世活人,这是医德的根基;医者,意也!勤求古训、博采众方,上则通晓《灵》、《素》,下则涉猎百家,融会贯通于胸中,因人因时因地制宜而化裁,这是医术的灵光。孙光荣教授执业中医,精研经典,师承名家,谦谨临证。临床46年来,济世活人的实例不胜枚举,以卓著的疗效饮誉京城和湘楚——

他曾用推拿加1个单方唤回了溺水窒息者的生命;用3剂药抢救了垂危的胃出血病人;用一个E-mail处方使澳大利亚的男孩Michaelliou的哮喘平息;用中药加推拿手法治愈"精神分裂症";甚至没有用药,仅仅用一幅"是非审之于己,毁誉听之于人,得失安之于数"的题字,使一位因晋升受阻而患抑郁症的干部恢复了信心,愉快地回到了工作岗位……

孙老的学生曾经对三个问题困惑不解:一是孙老的大部分方子开头都是人参、黄芪、丹参这三味药;二是孙老的大部分方子不套"汤头",但仔细琢磨又像是某个经方;三是孙老的大部分方子没有"大方",没有"贵药"、"奇药",但都是一方中的,奇效非凡。

学生就以上三个问题请教孙老,他的回答发人深省,给人启迪。孙老说——

我在中医临床方面学习和实践的体会是,要做到"三善于",一要善于调气血,二要善于平升降,三要善于衡出入。无论以何种方法辨证论治,表里、寒热、虚实、顺逆、生死都离不开阴阳这一总纲。归根结底,阴阳最终还是离不开气血;这是因为"人之所有者,血与气耳"(《素问·调经论》)。论生理、论病理,无论在脏腑、在经络、在皮肉筋骨,最终也是离不开气血,这是因为"气即无形之血,血即有形之气"(《不居集》)。气血之间的关系尤为密切,就是众所周知的“气为血之帅，血为气之母”，所以第一要善于调气血。人参、黄芪益气，丹参活血，这样配伍比较“中和”，可以作为诸方的基础，所以我习惯于使用它们“率领”诸药“团队”前进。升降出入，是基于阴阳学说而形成的气机消长转化的重要学说。升清(阳)、降浊(阴)、吐故(出)、纳新(入)是气机的基本动态，《素问·六微旨大论》说：“非出入则无以生长壮老已；非升降则无以生长化收藏。”

中医治病最讲究两条：一是中医不是头痛医头、脚痛医脚，不用统一的“套餐”，不用程式化的“套路”；而是从病人的整体以及与外环境的关系来看病，要辨证论治，要因人、因地、因时制宜。二是中医治病不是运用对抗性思维，而是“调”，就是调整、调和、调理。调什么？调阴阳、调气血、调气机的升降出入。调到什么程度？调到阴阳平衡。所以，在调气血的前提下，还要善于平升降、衡出入。

作为中医，背诵经典和《汤头歌诀》是基本功，没有这种“垫底”的功夫，那就无法行医。但是，疾病和症候是千变万化的，中医辨证论治的精髓就是因人、因时、因地制宜。大部分的“汤头”必须悉罗于胸中，但又要化裁于笔下。遇疑难杂症，当先察阴阳气血升降出入，确立治疗法则，可以“正治”，也可以“反治”。比如，气、血、痰、湿、食等所致的积聚、癥瘕、痞块等多种疑难杂症，如果单纯活血化瘀，就是缘木求鱼，而要运用《素问·至真要大论》所言坚者削之、结者散之等大法。古人说“执医方以医病，误人深矣！”所以，要做到心中有大法、笔下无死方。

每当学生们请教孙老：“您这些看似普通而疗效独特的治疗方法和方药是怎么想出来的呢？”他谆谆教诲道：“不是‘想’出来的，是‘悟’出来的。中医有七重：重经典、重师承、重临床、重勤求、重博采、重流派、重悟性。其中的悟性怎么来？一是天赋，二是勤奋。要从经验和教训中天天琢磨这个事，‘悟’这个事。比如，月经不调，不同年龄段的女子就得用不同的基本方，20岁左右以‘四物汤’为主，30左右以‘逍遥散’为主，40岁左右以‘归脾丸’为主；又比如，西医诊断的肺气肿，可用‘三子养亲汤’加龙骨、牡蛎、代赭石为主组方。这些，不是书本上来的，是自己天天琢磨‘悟’出来的。怎么才能‘悟’呢？既要有相当高的逻辑推理、取类比象、联想试错、统计分析等智商因素，也要有灵感、敏锐、坚毅、耐心等情商因素;更要有大量的、宽广的、深厚的、综合的知识积累。唯有天赋加勤奋才能'悟'出来。所以,清代医家程仲龄强调'医道精微。思贵专一,不容浅尝者问津;学贵沉潜,不容浮躁者涉猎'。孙思邈告诫我们'故医方卜筮,艺能之难精者也。既非神授,何以得其幽微?世有愚者,读方三年便谓天下无病可治,及治病三年乃知天下无方可用。故不得道听途说,而言医道已了,深自误哉!'因此,要做一个真中医,当一个好中医,首先必须真正沉下去、悟出来,刻苦钻研。这是行医的第一要务。"

孙老是中医药现代远程教育的设计师,建筑师,战略者,策划者,实施者,指挥者……这就让我多少有些匪夷所思了。

我问孙老怎么会有去搞远程教育这么时尚的想法呢?

孙老说:"远程教育对中医的好处太大了! 中医有三十几万人没有学历啊!我的教授副教授职称都是破格的,我知道这里面的苦处啊!所以我想开展远程教育,既要搞继续教育,也要搞高等学历教育。"

孙老说当时中医药远程教育是个新生事物。为了说服同行业支持他也曾历经挫折,但靠着一直以来追寻祖国"中医魂"的不屈不挠的精神,孙老终于找到了敢于与中医大业共荣辱的合作者。当时的北京中医药大学郑守曾校长慧眼识孙老,也慧眼认知了中医远程教育的远大前景;而国讯医药集团则在中医远程教育事业上,做了第一个敢吃螃蟹的投资人。那年夏天,郑守曾校长召集了三十多位各学科教授,让孙光荣教授做《中医药现代远程教育教材编写大纲及课件设计的思路与方法》的报告。孙老说:"那时连空调也没有啊,我和靳琦教授、叶华科长几个人热得汗流浃背,编写的申报材料,教育部来验收通过了。'网络教育学院'后来又更名为'远程教育学院'。现在北京中医药大学成了唯一经过教育部批准的医学类远程教育的试点高校。"

"可是您当时懂远程教育吗?远程教育是很西方、很现代、很时尚的。"我很难想象一个老中医怎么去整这么时尚的东西。

"我明白你问这个问题的意思。老一辈的中医都不是学院出来的,都是学徒出身。中医药院校都是新中国成立之后逐步建立的。所以中医界有一个历史'怪现象':没有学历的学徒出身的老中医编出教材来教那些要获得学历的学生们。中医历来讲究自学,古代有一种自学叫做'私淑',就是我没见过先生,却看他的书,照他的学术经验做,我也是他的徒弟了。后来再发展到以通信的方式传道授业解惑,就叫'函授'。我想这个'远程'么,通过电脑、网络,相对于函授会快得多,我只要把中医教育的理念和教材编得适合于计算机、网络运行就可以了。"

"好多老中医不会用电脑怎么办呢?"我问。

"老中医我只要你的经验、你的学问,不要你搞电脑。我用IT专业人员来做这个课件,所以我就编出了一整套的课件设计制作的规范标准和质量检测流程。"

这是个很复杂、很庞大的工程啊!孙老这个年龄能精通电脑吗?更不用说做远程教育的课件设计制作规范标准和质量检测流程了!

孙老仿佛猜出来我在想什么,笑呵呵地说:"我是自学的电脑。别小看老人啊! 2003年,国讯医药集团打字比赛最快的就是我哩!"

"哈哈,真的啊?"我觉得眼前这个老先生很"可乐",对新生事物不仅不排斥,反而敢于挑战。一个60多岁的老中医还参加电脑比赛,居然还最快,真是闻所未闻。

"我学电脑是我们办公室周主任教的。怎么用电脑,怎么打字,怎么做powerpoint,我就学会了。2004年我还接过一个重要任务——国家中医药管理局决定在'中医实用临床诊疗技术整理与研究项目'基础上,推出重大技术成果推广项目'中医临床实用技术'。从'百项'中选择最具中医特色、最先进、最实用、最适合多媒体表现、最便于社区和农村医疗单位推广应用的诊疗技术,摄制成为技术示范VCD。其中摄像、录音、动漫等我都没有搞过。我废寝忘食地在半年内读了好多专业著作,请教了好多专家。看我日夜不停地干,我夫人心疼地说:'你在搞什么啊?老来包细脚?你可以安排年轻人去干啊!'我说'不行啊!懂这些新技术的不懂中医临床,不可能吃透整体设计思想;像我这样懂得中医的老中医又不懂新技术。所以,我要学习啊……中医远程教育的学习内容是按照教育部的规定设计的。我们重点抓四大经典和四大基础:四大经典就是《内经》、《伤寒论》、《金匮要略》、《温病学》;四大基础是《中医基础理论》、《中医诊断学》、《中医方剂学》、《中药学》。因为学生是从业人员,原来就有基础,不是零起点。其他学科都是配套的。学完每一阶段以后,我们就派教师到校外学习中心集中面授。学完所有的学分,学生就到指定医院去实习。怎么实习呢?由于都是从业人员,比普通高校的实习要求要高一点,就是主任医师带副主任医师,副主任医师带主治医师,主治医师带住院医师……我们就是这么因材施教的。网上学习不受时空限制,教学部会给你密码,你没到那个阶段就进不去高一层级的课程。"

"您一个老中医还真搞出远程教育来了,真是令人惊讶!您的思路从哪里来的呢?"

"不是你一个人惊讶,海内外朋友听说这事都很惊讶!"孙老笑道,"所有的思路都是基于对中医事业长久的、深刻的认识,是从中医读书→临证→读书→临证的成才规律中悟出来的。"

"创新的中医远程教育是需要一套完整系统的理论思想体系和框架的。中医要发展,重要的是要由有思想的学者和专家来带头!您真是一个中医思想家!"我赞叹道,"从您身上看到的不仅仅是一个权威专家的医术,而且看到您为了祖国中医的发展不断地在追寻……您的中医灵魂思想是我们中医的宝贵财富啊!"

"中医事业的发扬光大需要大量的专业化人才啊!我们这个中医药高等学历远程教育系统操作了11年,迄今培养了一万多人了!在校的还有一万多人。中医药现代远程继续教育十多万人次了,其中最突出的是受国家中医药管理局委托的全国中医优秀临床人才研修项目培训班,400多人,而且起点全部是主任医师。"孙老说。

"这是功德无量的事情啊!"我感叹说,"您帮多少有真才实学但是没有文凭的中医实现了梦想啊!而且这一生中您为中国中医药事业完成了很多的梦想。"

孙老笑着说:"是啊,我实现了一些梦想,但是我还有一些梦想希望实现,但不知有生之年是否还能实现……"

孙老说:"我想建立一个中医药科技信息超市。就是说要把所有的研究方法、研究资源、研究成果、研究人才全都集中在一个网站里面……

"我还梦想用计算机网络建立一个中医远程医疗中心。集中全国的名老中医,有一个总控室。在全国各地,同样专科专病,同样的专家可以会诊。一方面为没有条件四处求医的病人提供全国最佳中医诊疗服务;另一方面借此提高基层执业人员的诊疗水平;同时还可以发现中医临床优秀人才。

"在文献整理研究方面,我想做'五通':第一是《中医通典》,把所有历代中医典籍像四库全书一样收集起来,正本清源。这个事情业界的专家有人做了多年了,问题是各自立各自的题,重复劳动多,不能全面系统地整合起来。第二是《中药通鉴》,把原有的、现有的、新发现的中草药集中起来,考订精详,就是新的《本草纲目》。这个工作已经有了《中华本草》这个坚强的基石了,我也参加了这个工作,现在我的老朋友宋立人教授正在着手修订,但要达到'通鉴'的目标,还有很长的路要走啊。第三个是《中医通史》,这个已经有人开始做前期工作了。在这个'三通'的基础上,再做一个《中医通论》。就是将所有正面、反面的具有代表性的论述集中起来,形成新的各家学说,给历史一个交待。最后再做一个《中医通考》,将中医药的历史、文化、人物、文物、古迹进行系统的考证。这个方面的梦想不知道我有生之年能否实现!71岁了,扛不起来了!而且这不是一代人可以完成的。"

"孙老您真的很棒!您已经把关系中国中医长远发展的最基本的研究发展蓝图展示出来了,后人会前赴后继,完成您的理想的。"

"这个我不担心。国家中医药管理局今年提出的中医药文化发展规划纲要,已经将前面的'三通'列入其中了,但实施起来还是任重而道远的,需要很多资金,还要组织一个超强的团队。工程浩大,难度极大,不是一件容易的事情啊!"

"再大的工程也会实现的!因为您倡导的是造福子孙的千秋万代功业。"我笑道:"今天通过对您这大半生的采访,我深感祖国中医博大精深!了解了中医药事业确实需要后继有人,需要开创全新的中医发展事业!"

张文康老部长:"我的兄弟叫光荣"

卫生部前部长、中国宋庆龄基金会副主席、中国福利会副主席张文康先生在《明医——孙光荣教授走过来的七十年》一书的序中写道——

“……2009年夏，中央电视台有一部热播的电视剧是《我的兄弟叫顺溜》,讴歌了一位忠诚、善良、朴实、刻苦、狙击技术高超的百折不挠的战士,使我立即联想到孙光荣教授。虽然孙光荣教授曾戏称我与他之间的关系是‘王侯与布衣之交’，但实际上我与他长期手足相处，深知孙光荣教授是一位忠诚、善良、朴实、刻苦、中医理论功底深厚、技术高超的百折不挠的中医战士,而他比我小八个月,由此我可以说——‘我的兄弟叫光荣’”。

张文康部长在序里回忆道:“第一次见面是我去京西宾馆看望与会专家,孙光荣教授也在场。我当即对他说,希望他多为中医药事业发展贡献智慧和力量,他竟然没有恭维,没有客套,没有敷衍,立即坦诚直言:‘中医、西医、中西结合医,是中国特有的医疗卫生体系,而中医是国宝。没有中医,就没有中国医疗卫生的特色和优势。建议领导不要介入学术之争,部长的工作重点是提供学术进步和事业发展的主导、支撑和保障。’一语中的,建言献策,给我留下了贤能高士的深刻印象。我知道,我又结识了一位真正的中医战士。”

张老部长在介绍了孙光荣教授对中医贡献的种种智慧和力量之后,评价道——

“凡此种种，没有对中医药事业发展的无限热爱和执著追求是想不出来的,没有完善的知识结构和卓尔不群的智慧是写不出来的,没有系统的理论素养和宏富的临床经验是做不出来的。

“正因为此,我进一步认识到,我国医疗卫生事业的发展以及中医药的继承创新,需要一种特殊的人才。这种人才需要有一种品德,叫坚贞;这种人才需要有一种智慧,叫悟性;这种人才需要有一种精神,叫奋斗。光荣就是具备了这种品德、这种智慧、这种精神的一个人才……”

孙老大半生的成就证明了他配得上上面的评价和赞许。

针道—文化—艺术

身体系统文化

中医有“道”，技术就称“道”。“道”提升而为“文化”，“文化”再提升就是“艺术”，在“艺术”之上就成为“符号”了。

神：守神，特指守经脉，实为刺躯肢神经。

气：气至，得气实为刺中躯肢神经的佐证。

经脉：微针通其经脉，实为刺躯肢神经。

督脉：督脉实为脊髓，统督内脏和躯肢神经。

节：主要指脊髓两侧的神经根丝。

机：守机，特指守经脉，实为刺躯肢神经。

认识焦顺发和“头针”

焦顺发，世界针灸联合会高级顾问、北京世针联焦氏针灸研究院创始人（院长）、中国针灸学会第四届理事会常务理事。他的头针透刺治疗偏瘫荣获1986年度全国（部级）中医药重大科技成果甲级奖，曾出版了《头针》、《中国针灸学求真》、《中国针灸魂》、《针灸学原理与临床实践》等著作，其学术思想和技术在世界各国广泛传播。

焦顺发是个传奇人物。虽然他是神经外科专家，但特别热爱中国针刺治病，并取得了可喜成果。他40年前发明的“头针”，已被世界多国承用。他发现中国针刺治病的核心经验和关键技术是“针刺经脉治病”。针刺的“经脉”就是人体的躯肢神经……据此，我很想采访焦老。

直到去年，在一个关于非物质文化中医遗产保护的小型专家讨论会上，我才认识了焦顺发老师。认识了焦老，才知道有“头针”。

那次讨论会上，我对“头针”印象不深，但对焦老却印象深刻——一个耿直、治学严谨的老者。头发花白了，但身子板很硬朗，头脑清晰，思维敏锐，正气和中气都很足，对弘扬中医事业有一种不容置疑的执著。

会上时间仓促，没有找到机会和焦老单独聊天，但我邀请来的朋友袁博却和焦老成了“忘年交”。袁博是做明清家具收藏的，是马未都博物馆的理事；而焦老对明清家具很感兴趣，这两人一来二去就成了好朋友。听袁博说焦老很有趣，是个性情中人，非常豪爽，喝酒聊天像个“老顽童”。袁博的描绘使我对印象中严谨的老中医的另一面有了浓厚的兴趣。

不久我和袁博相约，来到了焦老“北京世针联焦氏针灸研究院”的工作室。

焦老一见袁博，很是热情，俩人很快就开始对屋里的古典家具进行热情投入的鉴赏和探讨。看他们聊得甚欢，我就独自在屋里溜达。

焦老的办公室布置得简单、典雅，古典家具成为室内装饰的主调。大厅里有几张古典条案和桌子，上面陈列着他几十年来获得的一些主要荣誉和奖项,还有一些文字的历史资料,如1970年代新华社报道他的海外通稿,人民卫生出版社出版的他的书籍……纸张都已经发黄了。最让我感兴趣的是大厅和室内墙上挂着的几幅字,每个条幅不超过两个字。但字似字似画,神采飞扬,带着一股说不出的仙气……

我正在细细地品味这些字。焦老走过来说:“这几幅字我都申请专利了!”

字画能申请专利?我非常好奇。拿起专利证书仔细地看,发现果然都申请了外观专利。

这是为什么?我准备在采访中重点聊聊这些。我们的采访从他一个录影带资料开始。

焦老在电脑上打开光盘录影资料。屏幕上出现一位走路颤颤巍巍、由别人搀扶着的外国老太太。她坐下后,焦医生让她抬起左胳膊,她怎么使劲也举不过头,双腿也不灵活。镜头拉近老太太花白的头顶,焦老把几根银针扎在了老人的头上。十分钟过后,屏幕上欢呼雀跃,老太太瘫了8年的左手臂一下子就高高举起了,她咧着嘴大笑,并情不自禁地说:“My god! Absolutely ! Thank you so much! ”

焦老介绍说,这是位美国老太太,79岁了,得病8年,患脑出血,左侧偏瘫、急性心肌梗死,做过四次心脏手术。

焦老说:“这是我还没有公开过的录影资料,这样的资料我太多了。”

因为对“头针”缺乏了解,所以我们的采访从头针的基本概念说起。

“头针”与“脑为髓之海……”

作者:您能先简单介绍一下“头针”是怎么回事吗?

焦老:是我通过学习中国针刺治病,在头部针刺治病的理论和临床实践的基础上,结合现代医学大脑皮质功能定位的理论,通过大量临床实践而总结出来的。

作者:那您是怎么发现头针疗法的?头针与中医有没有关系?

焦老:头针与中医当然有关系,头针继承了中国针刺治疗脑病的原理和经验。关于中国针刺治疗脑病的记载,《灵枢·海论第三十三》曰“脑为髓之海,其输上在于其盖,下在风府”就是其中之一。“脑为髓之海”,就是脑为脊髓之海。因“髓”在古书中有两种意思:一种是“骨髓”,一种是“脊髓”。过去医学家将“脑为髓之海”译为白话成“脑为骨髓之海”是错误的,应该是“脑为脊髓之海”。据此证明,中国古代医学家早在三千年前,就经过尸解等发现,人的脊骨空里有脊髓,往上通向脑。“其输上在于其盖,下在风府”,就是说治疗脑病的穴位上在头盖骨,下在风府,这是治疗脑病最好的经验总结。但在白话文里就变成“上在百会穴、下在风府穴”,违背了原文的意思。因“上在于其盖”是头盖骨,头盖骨有很多穴位。“下在风府”,是指在风府穴以上头盖骨的穴位都能治疗脑病。

“脑为髓之海”现译成英文是 Brain of the marrow,即脑为“骨髓”之海。我认为应该译成 Brain of the spinal cord,即脑为“脊髓”之海。

作者:我这么理解对吗?头针主要治疗脑部疾病。

焦老:是的。其实在头盖部扎针对全身很多疾病都有效,而治疗脑部疾病的效果更显著。咱们刚才看的片子里那个美国老太太,她心脏做过四次手术,心脏功能非常不好。患中风病 8 年左手臂抬不起来,左腿不能走路。在美国没有什么办法治疗。我给她用头针,扎进去只有十分钟,老太太原来只能抬到 45 度高的左手臂马上就抬起来了。

作者:有一个问题我比较好奇,您的专业和工作都是神经外科,是什么原因使您转到针刺治病领域,并建立了您的头针研究和实践体系呢?

焦老:我 1956 年到稷山县人民医院参加工作后,领导就推荐我到医学院专门学习神经外科。从 1960 到 1964 年,我在山西医学院第一附属医院学习理论和临床实践,学习回来后我就在县医院开展了神经外科手术。稷山医院是一个县级医院。在上世纪 60 年代初能开展神经外科的只是各省医学院,在各地区和县医院根本做不了。但那时我做硬膜外血肿、脑出血、脑瘤、脑膜瘤、第四脑室手术等,手术开展得很好。

文化大革命中,我被下放到农村。在农村,我一边劳动改造,一边给农民看病。开始研习《黄帝内经》等书。一开始我不相信针刺能治病,因神经科用肌内注射、静脉点滴都靠药物治病。而中国的毫针并没有药,怎么能治病呢?但农民有病来找我,我一不能做手术,二无权开药,只能扎针治疗,没想到扎针对有些病还真有效果。如病人肚子疼,我扎针后肚子立刻就不疼了。这吸引了我,我开始研究头针。

作者:神经外科是西医啊,您也学中医吗?

焦老:中医和针灸我都是自学的。虽然我被下放到农村,但我在神经外科领域小有名气,本县和外县的病人经常来找我看病。我边看病、边看书、边思考……我是神经外科医师,当然知道脑部的哪个血管堵了会影响哪一个部位的功能。所以我觉得在病人的头皮扎针应该有效果。这个想法可能有些离奇,但我觉得在进化过程中,对人有用的东西不但能存在而且能发展,没用的东西不但不能发展而且不能存在。比如人类在进化过程中尾巴、身体的毛发都退化了,因为不需要了,但头发不仅没退化反而越来越长,为什么呢?因为人的大脑在进化过程中非常发达,不仅容量大而且功能复杂,需要特别保护。长在头盖部的头发本身是触觉系统的一部分。比如我们讲怒发冲冠;我们也看见过鸡、狗在打斗时头上、脖子上的毛都竖得很高。据此,我想在头皮上针刺,大脑肯定会反应很大!实践的结果不仅有效而且迅速。

作者:您把针刺治病和神经外科的知识做了结合。从您意识到这个问题,到实践,再到您最后确认这种方法有效用了多长时间?

焦老:大概有两年的时间。主要治疗脑病,比如脑梗塞、脑溢血、脑外伤,炎症等。

作者:效果怎么样呢?

焦老:快!主要是疗效好见效快。过去用药物治疗效果比较慢。在头针的实践中有一个例子我至今记忆犹新。那时我在农村搞三同、吃派饭,有一天我去村主任家吃饭,一进院门就听到屋里老太太在呻吟。我问谁在哼哼?主任说是他妈,70多岁了,胳膊腿不好,怎么治也没有用。我说我是医生,我给看一看吧。我问老太太:怎么回事啊?她说胳膊腿痛、难受,阴天下雨更厉害。我看老太太是脑动脉硬化、脑供血不足,可能过去有过脑中风。我说:老太太你难受我可以在你头上扎个针,但我没有十分把握,反正我也不向你要钱。老太太连说好好好。那时农民很穷,遇到生病扎针不要钱都非常愿意。我给老太太扎几针后就把针留在头上去吃饭,吃完饭后才把针起掉。起掉针后我也没有多问,因为我也不相信扎针后马上就会有效。

第二天我还去他家吃饭，进门没有听见老太太哼哼。我问村主任：怎么老太太今天不哼了？他说他也不知道。我们就到老人的屋，问：您今天怎么不哼了？她激动地说：焦医生，你昨天给我扎完针，我全身就好多了！身上不难受了也能睡着觉了！不难受我当然就不哼了！我说你现在还有什么感觉？她说，胳膊还有点难受，但已经能忍受了。我说那我再给你扎扎，也许能够帮你彻底治愈。老太太说好，我又给她扎了一次。我在村主任家一共吃了三天饭、扎了三天针。老太太说第二次扎了以后就好多了，晚上睡觉基本不难受了。

别人不清楚这个效果，我最清楚。全世界最好的药都没有这个效果！没有这么快！这个事情是实践教育了我。头上扎针原来有这么好的效果！打针吃药都没有办法比。

作者：你花了两年时间做了 200 例实践，你发现他们都很有效吗？

焦老：不是百分之百有效，可分为基本痊愈、明显好转、有进步……

“头针”名扬海内外

焦老背着“走白专道路”的标牌被下放到农村劳动后，通过把神经外科和中医针刺治病知识相结合，在实践中总结出“头针”，治愈了大量病人。命运终于垂青了这个当年被认为已经没有了政治生命的人。

大约在 1971 年 2 月，很多病人被“头针”治愈，使焦老意识到“头针”是个好东西。他有一种强烈的愿望，要让更多的人被“头针”治愈。他决定写一篇关于“头针”的文章，并配有病人的照片，然后拿到稷山县医院给领导汇报。

“当时有‘革委会’，我对他们说‘头针’是新生事物，你们要支持。那时新生事物意味着政治，谁都要支持。我说我给病人头上扎针他们就能好起来。医院领导说，你真的扎几针就能让病人立刻好起来？我们没有见过。我说我可以让你们见见！”

于是医院同意他上报材料。1971 年 3 月 18 日是毛主席批示稷山县卫生工作的日子，运城地区卫生局在稷山县召开各县卫生局局长会议。焦老直接把相关资料送到主持会议的王寿山局长手里，他翻阅材料后说：“你在头上扎针,瘫痪病人真的马上能有效吗?”焦老说:“是的!”王局长稍微沉思了一下,说:“我明天早上9点到医院看病人。”焦老点头后激动地离开了。同时,焦老又到稷山县邮局给山西省卫生厅和卫生部发了两份材料。在农村,一个普通人给省里和部委发两封挂号信,会有人管吗!谁也不知道!焦老心急如焚地等待着结果……

第二天运城地区卫生局王局长,到稷山县医院亲眼目睹了头针的效果后,指示地区马上办学习班推广“头针”! 1971年4月学习班就办起来了,当时地区卫生局办学习班还印了一本小书;运城地区卫生局还花了几万元印了《头针彩色图谱》大力推广。

更让焦老振奋的是,他发给省里和部委的两封信也有回应了。山西省卫生厅和卫生部都派专家来,根据焦老提供的几十个病例进行调查,亲自询问焦老治疗病人的情况,记录核实了很多东西……

听焦老说到这里,我站起身,走到那个陈列着很多历史资料的条桌上,指着那本陈旧的小册子问:“焦老,人民卫生出版社1972年出版的这本头针的小册子,印了将近30万册!当时人民卫生出版社是怎么发现这些东西的呢?”

焦老说:“这是1972年卫生部决定的。卫生部在稷山办了两期全国头针学习班,讲义由人民卫生出版社出版,也就是1972年全国办头针学习班的教材。”

我又指着桌上陈列的另一本纸张发黄的资料说:“啊呀,焦老,这是1972年新华社的特稿啊!新华社还采访报道过您呢!”

焦老说:“新华社是通过卫生部办学习班得知消息而来采访的,特稿还发到了全世界。”焦老又指着另一份资料说,“这里有十几个国家的文章。”

我拿起资料:“我看这个资料的目录——‘中国的头针疗法,在斯里兰卡’、坦桑尼亚每日新闻、马耳他新闻、保加利亚撒库鲁斯自由爱好者报、美国华侨日报、索马里十月之星、美洲中国医学杂志,还有很多国外杂志的选编。有国外头针疗法简讯:什么‘新发现头针’……‘特讯头针治疗脑出血的经验’……很多啊!有一个研究实践成果报告:帕金森病伴右半身不遂,日本神户市做的案例。还有衰老性突发性步行运动障碍和脑出血后遗症。日本翻译发表的很多啊……”

焦老说:“是啊!这些资料有1973年编的,也有1980年编的,都是国外的文章。”

我笑道:“焦老,原来在上世纪七八十年代就有这么多国家报道您的‘头针’了!您在1970到1980年间已经很有名了!”

焦老呵呵笑着道:“就算有名吧,好名坏名一起有。”

大家都笑了。我们站起身,跟随焦老师看两张长条桌上陈列的文件和各种获奖证书。

“焦老师,中国针灸学会1990年怎么还发来红头文件?”我看着一份针灸学会的文件问,“而且这个文件还报道了国家中医药管理局。也就是说自从人民卫生出版社把您的小册子出版以后,国家有关机构一直支持您,是吗?我看资料里有卫生部、中医药管理局?”

焦老说:“主要是卫生部的科教司。国外是在新华社发了专稿以后推的比较多。‘头针’1975年就成为大学教材的内容。1980年联合国卫生组织知道‘头针’好,要求中国拿一个确切的方案,在全世界范围内推广。1982年我们国家拿出一个标准化方案,到现在用的还是这个方案。你看,这个就是方案复印稿……”

焦老师拿起桌上的一份纸张同样陈旧的资料给我看:“你看,这里‘头针’有14个区,运动区、感觉区,这个就是根据我的头针弄的一个标准化方案。”

“这个‘头针’标准化方案已经结合了人体解剖学,以及针刺的理论吗?”

焦老说:“‘头针”标准化方案就是根据我的‘头针’做的,图也是我画的。这是中国针灸学会组织的,完成后交给了联合国。从1991年起到现在,联合国在向全世界推广。我们去办学习班,他们到中国来学习,以后回去继续办学习班;不光推广理论,同时还要学习技术。美国现在用的还是我们原来的‘头针’,不是标准化方案;现在考试用的还是我原来的‘头针’。很多地方都成立了头针医学会,搞了几十年,效果好得很。”

“头针到现在已推广很久了吧?二三十年了?”

“40年了!”焦老说。

我感慨于焦老为“头针”事业付出了大半生的努力。看着桌上这一个个荣誉,感受着这位老人大半生因为头上小小的银针走遍中国,走向世界,在事业上取得了辉煌的成绩。

一根小小银针也见证着焦老为祖国针灸事业的付出……

桌上的一个个聘书，一个个获奖证书，见证着这位老人的汗水和成就——

我较真儿地问："那有没有'头针'不能治的病？"

焦老坦率地说："有。'头针'能治愈的病比较少，不能治的病比较多，主要治脑部疾病。整个针灸治病也是能治的病比较少，不能治的病较多。"

我笑了。像这样坦言自己的技术有局限性的专家还真是不多："您很客观啊！没有说您的'头针'能包治百病。"焦老头一偏说："实事求是嘛！但即便这样也了不得啦！它对一些病有独特的疗效！这是用西药达不到的。你看刚才美国老太太的视频，用什么药、花多少钱，都达不到那种效果。"

聊到这里的时候，因摄像师要换录音带，我们采访暂停，茶歇了。

焦老一看摄像机停了，身体马上放松，长长地吸了一口气，老顽童一般摆出淘气的神情望着袁博，问："歇会儿？我再考考你，黄花梨是什么？"

那边不时地传来一老一少的嬉戏争辩声：看看，这是紫檀？不是。哦，那是紫檀。哦，那是红酸枝。知道这是什么吗？呵呵，不知道吧？这是鸡翅木。又传来焦老得意的笑声……

看他们在兴致勃勃地切磋家具知识，我在一边同样兴致勃勃地打量着焦老。一个朴素简单、孩子气的老头儿——白头发、细条衬衫、米色短裤、白色袜子。眉峰之间透着一股和气，但说话时会不时显出直率。为人处世粗线条，但迎接我们的时候还在桌上准备了好几种饮料，还不忘问摄像师是否口渴？说话快、反应快，出口成章。一句话琢磨几十年；几十年就写几个字(墙上的几个字)。介绍"头针"兴奋点，会发自内心地传播中国文化。说我不是中医但我是中国人，又说谁说中医不好是没读懂中医……凡此种种，一句话：焦老头有趣！

什么是中国"针灸魂"？

回到采访话题，我问："这四十年您的'头针'除了案例越来越多，效果越来越好外，您的技术或理论有没有变化？"

焦老说："肯定有很大的变化。我自己办了近七十多个学习班，培训过四千多名医师。四十年来'头针'也在不断推陈出新。除此之外，对中国针刺治病的理论和技术、经验，都有很多成果和发现。1978 年我写了《中国针灸学求真》，研究中国针刺治病究竟是怎么回事？以后我又写了《中国针灸魂》、《针灸学原理与临床实践》、《针刺治病》、《神奇针道》等书进行深入研究……"

我对《中国针灸魂》这个名字很好奇，就打断焦老的话，问："《中国针灸魂》这个名字很有趣，为什么要叫这个名字呢？"

"魂是灵魂的意思。'中国针灸魂'就是'中国针刺治病的灵魂、针刺治病的精髓'。"

"您认为中国针刺治病的灵魂就是科学吗？"我继续追问。

"是！中国针刺治病来源于实践，也可以说是实践医学。所以，中国针刺治病的灵魂就是实践的经验。"焦老师好像问不倒。

"就是说用科学的方法和手段进行针刺治病！"我也问不完。

焦老声音洪亮地说："中医本身博大精深，中医好得很！中医来源于实践，中国人几千年，祖祖辈辈都用其治病，十分珍贵！这是中国最大的科学成果。"

"那您认为中医到底科学不科学？"这是我在采访时会问每一个中医的问题。

焦老说了一番十分经典的话："中医是科学的还是不科学的，现代人讲的'科学'这个词最早来源于日本，古代没有科学之说，但中医有'道'。技术就称'道'，'道'提升后就成为'文化'，'文化'再提升就是'艺术'，在'艺术'之上就成为'符号'了。"

说得太好了！技术、道、文化、艺术、符号，层层递进的关系。简直就是对"中医针刺治病"从具象到抽象，从低到高的精辟概括和注解。

焦老接着说："科学本来是对实践经验的总结，现在已经扩大了概念，即代表正确理论。中国现在讲科学治国、科学发展就是这个道理。"

"中医有很多精华的东西没有传下来，很遗憾啊！现在我们传的很多不是真正的精华，而是误读经文，错误理解，变异的特殊状态。'头针'是我四十年来搞的小东西。我真正要搞的就是中医针刺治病的原理和技术……"焦老说着指着墙壁上挂的几幅字，目光突然变得深邃而悠远。

针道—文化—艺术

我的目光循着焦老师的手指移向墙面。书法和针刺治病有什么关系？我不解地望望墙上的字，用探询的目光看着焦老。

焦老说："我几十年研究针刺治病的理论，其核心和精华，有些可以用特殊的字来表达。墙上这几个字就是其中的一部分。"

我赶紧站起身，把墙上的字依次浏览了一遍。气、经脉、督脉、机、节、神，都是繁体字。虽然还说不出所以然，但站在条幅下欣赏每一个字的时候，不知为什么，这些神采飞扬、带着一种灵动的字，牵动了我内心的某种感觉……

可是我还是不太懂这几个字的意思。尤其不懂为何这几个字就变成了"道"，变成了"文化"，变成了"艺术"！

"焦老，您干脆一个个字给我解释一下，它们到底什么意思？又代表什么文化，好吗？"

焦老站起来，先带我坐到"神"字的条幅下面。

"神"

我望着"神"字，笑望着焦老师，问："'神'字也是表达'头针'吗？"

焦老说："不是'头针'，而是"针刺治病的精华……"

我望着条幅，念"神"字下面的注解："神，句中的守神，特指守经脉，实为刺躯肢神经。"我看着似字似画、出神入化的"神"字，由衷地赞叹道："写得真好！太有神韵了！"

焦老说："写字本来就是一门艺术。写字的最高境界是气沉丹田，笔随意动，只有这样才能用笔墨写情，显露精神。这个'神'字我为什么这么写呢?《灵枢·九针十二原第一》曰:‘粗守形,上守神;神乎神,客在门……’中国古代医学家早在三千年前就总结出这个来了。‘粗守形’就是低级的医师只知道在穴位扎针治病;‘上守神’就是高明的医师则知道在穴位刺‘神’治病。在当时,他们不知道刺中的是什么东西,感觉很神。下面还有一句话,‘神乎神,客在门’,意思是这个‘神’非常神奇,就像尊贵的客人一样在穴位里。他们知道穴位里有一个非常神奇的东西,被刺中后可以治病。这里讲的‘神’是经脉,实指‘躯肢神经’。神吧!那是三千年以前,世界医学还茫然一片,而中国医学家就知道针刺‘躯肢神经’治病了。这不是科学是什么!”

我好像听出了点儿门道……

我欣赏着这个“神”字,并对焦老说:“您这个‘神’字真的很有‘神’!那您把写这个字时的创意给我讲一讲。

“历代流传的神,没有这个造型。这个‘神’字,从远处看,犹如脑的解剖图,中间是空的、圆的,悬着一竖,代表‘神’贯穿于脑子中间……”焦老师指着“神”左边的偏旁说:“这是代表一个人……”

越讲越神……

“气”

从“神”韵里走出来,我们走到“气”字的条幅旁边。

这个“气”字写得更是如诗如画,非同一般。顶上那一画,向上空幽幽散发着一股缥缈的气……然后又如悬崖边垂下的流水,自上而下一气呵成地游走到躯干的最底下。这个繁体字“气”在焦老的笔下既像游龙,又像带着神气扭动腰肢的少女,极尽婆娑……

我问焦老:“您能讲讲这个‘气’字吗?”

“古人是比较实事求是的,看见了就是看见,没看见就是没看见。这个‘气’就是病人被扎针后突然出现的异常感觉。针灸师扎针时间长了手下会有特殊的感觉,刺中了经脉,他们手下会有沉、涩、紧的感觉,而且这种感觉以突然出现为特征。病人有酸、麻、胀等感觉,有时还有抽动。那时就把出现的这些特殊感觉称为'气'……"焦老说到这里用象声词形容出'气'的声音和感觉。然后又说:"'气',古人用'气至',这个'至'有高尚的、来之不易的意思。"

我开始念条幅上解释"气"的那行文字:"气至,得气实为刺中'躯肢神经'的佐证。"

焦老说:"描述'气至'和'得气'至少是三千多年前的事了,得到推广大概是二千三百年以前。现在的针灸界对什么是'气至'、什么是'得气'都说不清楚,或者说认识还不太一致。气至、得气实为刺中'躯肢神经'的佐证。因现代科学高度发展,人体解剖、生理试验等证明,人的神经系统特别敏感。用针刺到肌肉上没有什么感觉,但刺到神经上就会使肌肉突然收缩。早在四千年前中国医学家就发现了这种现象。"

我问:"那'气'的感觉在神经里要怎么描绘呢?"

"'气'的感觉在神经里就是酸、麻、胀。'气'在英文里发音还是 qi。"

我端详着焦老条幅上的这个"气"字问:"我看您这个'气'的书法,有些奇怪,虽然写得很好,但似乎不是正常的写法。您这么写到底是什么用意呢?"

袁博也好奇地问:"您这个起笔是从哪起的呀?是怎么勾画过来的?"

焦老笑着在字画上比划:"就是这个样子啊!这笔是虚的。一笔写成的,一气呵成。"

袁博也对画面最顶上那第一笔似乎是飘浮的"气"很有感觉,就说:"您这是不是罩在头上的气呢?"

我也抢着说:"您这种写法很活,我很好奇您是怎么写出这个字的?您写字的时候是什么感觉呢?"

焦老说:"当你想酸麻的感觉,或者有毛骨悚然的感觉时,身体是不是会有一种特殊的感觉……你看看这个字……"

我仔细一看,的确能表达身体有种毛骨悚然的感觉。"焦老,那是不是这个字就是您对'气'的一种特殊的感受。"

焦老师肯定地说:"对了!笔随意动。这个'气'字就是对那些特殊感受的体验。”

我说:“您这些字是一天写出来的,还是分了很长时间练的?”

“这是我多少年的科研成果,也是我的创作。”

“那您写字的时候一定很有感觉吧?就像我们写小说一样,没有感觉是写不出来的。”我感叹一个“气”能被写成这样的仙风仙骨。

焦老感同身受地说:“是的,写字的时候就是在写感觉。这个‘气’字,写到一定程度了我就有‘气至’和‘得气’那种感觉。我把这种生动、形象的形式传递给人,可以让人印象深刻。就像电视、电影把不同的形式传递给人,让人加深理解。我就想用这种形式表达我的科研成果和传播中医针刺治病的理论和精髓。我的朋友看了这个字后说,你的这些字会说话、有生命,把它们保护起来吧!申请专利就是这样开始的。”

“经脉”

“焦老,那‘经脉’呢?这两个字您有什么体验呢?”我走到墙上的另一幅字“经脉”前说,“您这个‘经脉’,解释是‘微针通其经脉,实为刺躯肢神经’。您看您‘经脉’的写法和那个‘气’又不一样。那个字带着仙气的飘浮感,而这个‘经脉’有筋有骨……”

焦老笔下的“经脉”,笔触游走间,柔刚相济。刚,象征着经脉对人体的支撑;柔,表现着经脉一生默默地为人服务,成为人体的卫士。

焦老:“本来‘经脉’里‘经’字是最重要的东西,但人们却把它当成小事没有重视,我突出了一个非常复杂的小人表示人们没有重视它。这个经脉的‘脉’这边是一个‘月’字,它的变形表明日月变迁,已面貌皆非,特别是现代人,都不认识这个‘脉’了。”

“这就像象形文字似的,您想通过历史的变迁来体现这个字。历史的变迁、生命的变迁与中医的变迁……”我把我的理解告诉焦老。

“是的。”

袁博也在努力地欣赏和理解，这时他问：“那您这个‘月’字的写法基本上还能看得出来。但这个三笔纵线像河流，边上应该是个‘永’字吧？怎么是‘月’字呢？”

焦老说：“不是‘永’字，古代的‘脉’就是这样的。早在两千三百年前古代医学家就说了，“欲以微针通其经脉，调其血气，营气逆顺出入之会，令可传于后世。即是用针刺经脉，实为刺躯肢神经。”这个方法肯定能传于后世。

“为何您这几幅字都提到‘实为刺躯肢神经’，什么意思呢？”袁博问。

“就是刺位于躯肢的神经。中国古代医学家讲的经脉就是这个东西，据此证明，中国古代医学家，早在三千年前就发现了人的躯肢神经，并知道针刺躯肢神经治病。这是多么伟大的发现和科研成果啊。我过去写过很多书，都在说明这个问题。”焦老说。

“督脉”

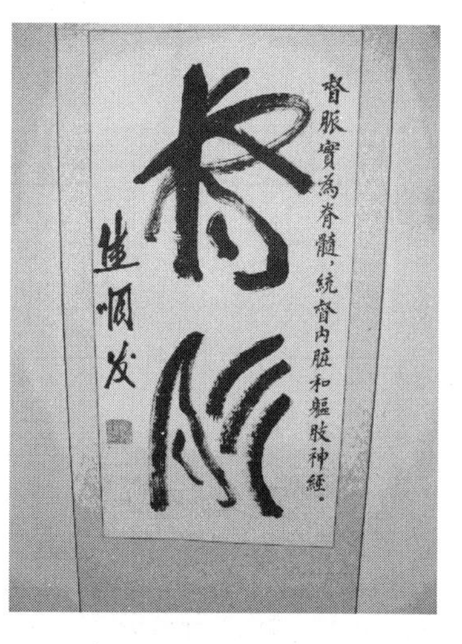

我走到另一幅字“督脉”前，念道：“督脉实为脊髓，统督内脏和躯肢神经。”

焦老说：“现在中国人都知道‘督脉’，对中医来说是耳熟能详的词。这是有据可查的三千年以前的文字。最早来源的经文，现无据确考。王冰在一千七百年前说，有一个古《经脉流注图经》，其曰：“以任脉循背者谓之督脉……”《素问·骨空论篇第六十》收集了许多不同论述督脉的文章。《难经·第二十八难》曰：“然！督脉者，起于下极之俞，并于脊里，上至风府，入属于脑……”经文记述的督脉，就是脊髓总督全身的经脉。这个很清楚。”

“您画得很像脊椎的样子。”

焦老连声说：“对了！对了！经过多少年变迁现在都不像样子了。”

“但谁也离不开督脉，尤其是男人。”我笑说。

焦老又连声说:“对了!谁也离不开这个‘督’字。没有‘督脉’,人就没有脊梁了！中医离开督脉当然不行。”

我问:“督脉”是否最重要！”

焦老说:“是的,经脉之‘督’嘛!督脉在经脉里是最重要的。督脉是‘督’全身经脉的嘛！督脉是什么？是脊髓。除了脊髓全身再没有能‘督’全身经脉的地方了。《灵枢·五音五味第六十五》曰:‘冲脉、任脉,皆起于胞中,上循背(背骨)里,为经络之海……’其认为督脉为经络之海,说明中国医学家很聪明。因中国有纳川成海、海纳百川之说,据此成文。除此之外,还有称‘髓’、枢……”

焦老说:“文艺复兴时期以后,外国人才彻底搞清楚人的脊髓。而中国医学家早在三千年前就发现了人的脊髓。遗憾的是,因读错经文,使其变异发展,令人揪心！”

“节”

我们走到“节”字旁边,这个“节”从焦老的图上看似乎是最难辨了,已经基本看不出“节”字的形状,却像一个人在旋转着舞蹈。整个“字”似乎都在灵动地旋转,动感极其强烈。头上的弧形像旋转的脑袋;左右的弧形像旋转的双臂;中间刚劲有力的一竖,像支撑人体的脊椎,像轴心一样,把四肢连成了一体。

我说:“焦老，您这幅字画得出神入化,想象不出来您是什么样的感觉才这么画的？您上面的注解:‘所言节者……’,句中的节,主要指脊髓两侧的神经根丝……什么意思呢？”

焦老说:“经脉汇于督脉,但在什么地方汇呢？就在这个‘节’,这个特殊的节就是脊髓旁边的那些神经根细丝;每一个根丝,都叫做‘节’。古人在三千年前就发现了,称‘节之交,三百六十五会’。古人解剖以后知道躯肢神经都是交叉的,多次交叉形成了躯肢神经。三百六十五会,就是躯肢神经的代名词。这个代名词，是道，是艺术，是一种文化、一种符号。经文曰：‘所言节者，神气之所游行出入也。’这个神气游行出入的地方，即指督脉两侧的细丝，特称‘节’，就是脊髓两侧的神经根细丝，因为其不仅能传出运动信息，还能传入感觉信息。”

我恍然大悟地说：“焦老师，我现在知道您为什么要这么画了，‘节’按道理应该画得很硬；但因为是丝，所以您画得就虚实相间，好像缕缕纤丝一样。”

焦老连连夸我理解得对，他激动地说：“发现这后，我兴奋得不仅吃不下饭，而且睡不着觉，觉得是天大的发现，无比兴奋。感觉中国古代医学家聪明绝顶，他们有使命感，铁肩担道义，他们追求真理，不惜一切代价……”

我指着画对袁博说：“你看中间这个像脊椎，很刚硬，但旁边像丝。焦老，其实您已经把老祖宗发明的东西带上您的理解，并把它艺术化了。”

焦老说：“正本清源嘛！中国人聪明！中国古代医家更聪明！”

“机”

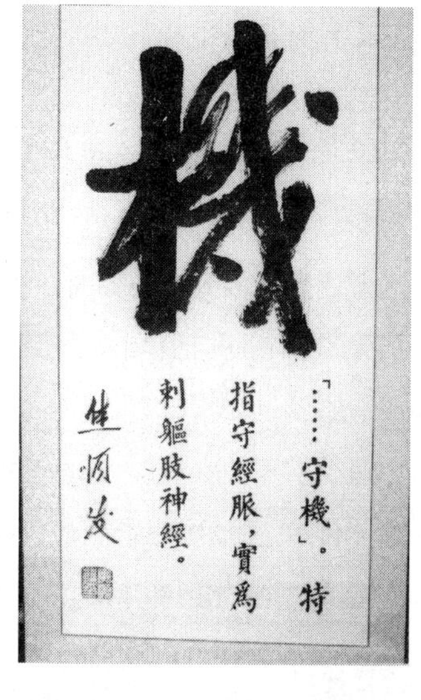

我们走到“机”字条幅前，看到这个字，感觉和其他又不一样了。刚劲有力，像个卫士。我念条幅上对“机”字的注解：“‘……守机’，特指守经脉，实为刺躯肢神经。”

焦老说：“《灵枢·九针十二原第一》在‘粗守形，上守神；神乎神，客在门’之后，就是‘粗守关，上守机；机之动，不离其空。空中之机，清静而微；其来不可逢，其往不可追。知机之道者，不可挂一发；不知机道，叩之不发。知其往来，要与之气。粗之暗乎，妙哉！工独有之。’”焦老深情地大声朗诵完这段话，接着他表情沉重，遗憾地说，“可惜！它被后人破解得乱七八糟，什么都看不懂了。‘粗守关、上守机’，低级医师只知道此穴位治病，而高明的医生则知道刺机治病。‘机之动，不离其孔’，机在穴位里是活动的，它来回出入，传递信息，都不离其空间。它是一个物体，里面有信息传递，它再快再慢都在它那个空间里。

所以叫'机之动,不离其空'。'空中之机,清静而微',表面看很清静,仅有微微之动,其实里面动得很厉害。只能通过尸解和特殊研究才能发现表面特征和里面传递出入信息。"

"那这个'机'到底指什么呢?"我问。

"这个'机'指经脉,实为躯肢神经。'守机'就是刺经脉——躯肢神经。"

"那为什么叫守机呢?是守这个神经吗?"

焦老说:"刺叫做'守',即是说,扎针就要在穴位中守住这个东西,这是我第一次公开讲的。几千年了,也从来没有人这样讲过,这个发现使我震惊。因为其证明中国古代医学家早在三千年前,就发现了人体的躯肢神经,并用针刺躯肢神经达到治病的效果。那个时段,世界的其他地方还茫然无知。这些只是中医针刺治病精髓的冰山一角,也是我对中医针刺治病的感悟……我用中国的书法表达我对中医针刺治病的感悟,已有二十几年了。就像歌唱家用歌声、舞蹈家用肢体动作表达情感一样,我就想用书法的方式来传播和升华中医针刺治病技术、理念、文化……我必须完成这个使命。"

焦老最后说:"目前中医文化传播真正的瓶颈就是没有继承中医的精髓,使其沿着变异的邪路继续变迁,如'盲人骑瞎马,夜半临深池'……形成此状,虽然有诸多原因,但最大的问题就是没有读懂书,书读错了;没有理解原文,按偏见走。有个哲人说:'一个伟大的科学家,只要在正确的方向向前走一步足矣!'言外之意就是很多人走的方向是错误的。只要方向正确,向前走一步都会有发现、有成果。还有一句话:'偏见比无知距离真理更远。'真是差之毫厘,失之千里啊!源头一错,一错到底。随之,大家跟着也就都错了,就像多米诺骨牌效应。所以弘扬中医一定要正本清源,认真读书,把错误的纠正过来,使其恢复本来的正确面貌,才能传承、弘扬中医针刺治病的精髓。这才是中医针刺治病的出路所在。医学没有国界,只有先进和落后;先进就能生存,落后就要淘汰!"

……

首次采访,为时短暂,对了解焦顺发其人其事,可能只是一个开端或序幕,但老人对祖国中医文化的深刻理解和挚爱的感情让我震撼!针道—文化—艺术,还有今天没来得及沟通的"符号",相信还有很多话题可以从焦老那里获得精髓的。

天、地、人

人法地，地法天，天法道，道法自然

四时行焉，百物生焉，天何言哉？

一箪食，一瓢饮，在陋巷；人不堪其忧，回也不改其乐

尽其心、知其性、知天矣

人体系统修复

——平衡针道

健康是一种生活态度

——走进有机生活

五行五色五声

——身心养生

逆天而行

——走入现代生活方式病

人体系统修复
——平衡针道

平衡——阴阳和谐、天人合一

平衡是人体健康的基础，失衡是疾病形成的诱因，修衡是通过针刺外周神经靶点，复衡是在中枢神经靶位调控下，达到机体新的平衡。

平衡理论核心是以心理平衡为核心，健康是心理平衡的标志，疾病是心理失衡的表现。

认识神奇平衡针

王文远，北京军区总医院专家组平衡针灸专家，享受国务院特殊津贴，兼任中国针灸学会理事，中国医促会理事，中国老年学学会平衡针灸学委员会主任委员，全军中医药学会常务理事，北京中医药大学教授。

王文远教授经过四十余年潜心研究，上万次针感体验，成功创立平衡针灸学科。北京军区总医院平衡针灸学科 1995 年 12 月被总后卫生部批准为“全军平衡针灸治疗培训中心”。2002 年 10 月被评为国家中医药管理局重点针灸专科。平衡针灸技术 2001 年中标国家中医药管理局“十五”中医药标准化招标课题；2005 年被评为国家卫生部十年百项农村与基层适宜技术推广项目；国家中医药管理局中医药科技成果推广项目；2006 年被评为国家中医药管理局第一批向全国农村与社区适宜技术推广项目……2007 年中标国家“973”计划中医理论基础研究项目招标课题；2009 年中标国家中医药管理局招标课题。

一年前，在非物质文化中医遗产保护的内部小型专家讨论会上，我第一次认识王文远教授，也第一次听说中国有一种叫平衡针的针灸法？觉得很惊讶。会上他说话不多，但为人谦逊、低调，完全没有大牌专家的架子，给我留下了深刻印象。

两个月前我因撰写人民卫生出版社的书稿《静心·健康》向精英朋友们征集幸福语录和静心感言，记得他给我发过来的幸福语录是：“幸福是我们每个人心理平衡的重要标志。”他的静心感言则是，“静心和健康有着必然的内在联系，只有心理平衡才能保障身体平衡；身体健康是心理健康的具体体现。”

两次短信里王文远教授都不离“平衡”二字。给我的感觉平衡针不仅仅是一个针灸概念，里面还蕴含着一套独特的有关“平衡”的理论基础。

完成《静心·健康》书稿后，我决定，无论如何一定要采访王文远教授。

恰好我母亲和小侄儿来北京看病。小侄儿才7岁,被诊断为哮喘,从小体弱,容易感冒,一感冒就喘。小小年纪,聪明过人,却是医院的常客。因为哮喘的帽子,父母管束很多,这个不能吃那个不能吃,孩子望着蛋糕之类食物馋得直咽口水也无福品尝。趁他暑假,我决定带他来北京看病,希望通过专家诊断把他这个哮喘的帽子摘掉。

于是我给王文远教授发了一条短信,问他小儿哮喘用平衡针能否治疗。他很快回了短信说可以治疗,但需要三个月的时间。我告知孩子只有二十多天假日,王文远说增加扎针的频率,可以改善。

于是小侄儿来到北京,第一件事就是去见王文远教授。

那天上午,我们来到北京军区总医院东院,门诊大楼一层有小半层属于平衡针专区。挂王文远专家号的病人很多,来自全国各地,很多人是看到中央电视台的节目后慕名而来的。在等王文远教授看病的时候,对面椅子上的一个病友和我聊了起来。她告诉我她是来治肩周炎的,效果挺好的。

这时我小侄儿怯生生地问了一句:“阿姨,平衡针痛吗?”

阿姨笑着说:“不痛,一点都不痛,阿姨保证!”

小侄儿半信半疑地点点头,一会儿,轮到他进去扎针了。

王文远教授穿着白大褂,笑呵呵地俯视着紧张地坐在椅子上的孩子。

小侄儿的妈妈叙述说孩子容易感冒,有时会哮喘。

我一直不同意小侄儿的父母动不动就给孩子戴上哮喘的帽子,就问:“王老师,这么小的孩子,可能是哮喘吗?”王文远教授说:“小儿哮喘是体质过敏导致的临床常见病,多因消化不良、营养吸收差造成免疫功能低下,体质弱。平衡针主要调节中枢司令部,恢复人体自我修复程序,起到调脾胃、增强免疫力的作用。胃肠的吸收功能正常了,能吃了,体重增加了,抵抗力也就增强了,身体就慢慢恢复了。”

王文远说着弯下腰笑望着孩子,小侄儿突然变得非常紧张,小身体紧缩着,小脸上的五官也快挤成一团了,看着王文远手里的银针,身体直往妈妈怀里躲。我在一边怎么哄也缓解不了银针带给孩子的恐惧。

我正担心孩子这么不配合,王文远教授怎么把针扎进去时,只见王教授问孩子说:“你哪里痛啊?”说着用手按着一处说,“是这里痛吗?”孩子忙点头说“嗯”,“嗯”声未落,王文远突然飞针进去,飞针出来,速度快得还不到一眨眼的工夫,孩子和我们都没有回过神来。孩子有点愣,乘着孩子愣劲未过,王文远又按着另一处问,“是这里痛吗?”孩子刚点头说“嗯”,飞针又瞬间进出。孩子看得傻了……乘着孩子发愣,王文远一边按穴位一边问痛吗一边飞针进出,五六针后,他直起身笑望着还没有回过神的孩子说:“好了。扎完了!”

“什么?扎完了?!就这么几下?”我们面面相觑,实在反应不过来。平时要半小时的针灸,怎么到了王文远教授手里就是几下飞针就治疗完毕?实在太不可思议了!

这时小侄儿脸上的表情完全放松了,还小大人一般故作镇静地把小手一摊说:“我没感觉,一点都不痛!”

我们和王文远告别,说尽快约见,就离开了医院。对刚才的情景还是觉得不可思议。平衡针和传统针灸怎么完全不是一码事?为什么几个穴位几个瞬间就能治病?孩子明明是咳嗽、嗓子有毛病,为何王教授扎针的穴位基本是在腿部?完全不是传统中医的穴位?我百思不得其解。

但我们却对平衡针不再犯怵了。小侄儿是个非常怕痛、什么事都容易紧张的孩子,不管情不情愿,从此除了周末,每天上午都被妈妈和奶奶带去扎平衡针。有几次还把扎针的感觉写成了日记。后来他不再怕这个瞬间进出的针了,反而在一边戏说他奶奶扎针脸紧张得变成了抹布。

一直到小侄儿他们离开北京,终于在八月下旬我约上了王文远教授。

采访地点还是约在了北京军区总医院王文远教授平衡针的诊室。

“平衡”的“针道”
——传统中医理论下创新的现代针灸学

在等王文远教授的时候,我开始浏览他面积不大、资料堆积的诊室,墙上挂得满满当当的条幅和横匾。

前国家主席杨尚昆题词:“赠王文远教授:推广人民针灸,造福人民大众。”

时任中央政治局常委刘华清将军亲自批示:“王文远同志的中医技术应该传播全军,在卫戍区成立全军平衡针灸培训中心。”

时任全国政协副主席的万国权题词:“京华王一针。”

时任国防部部长迟浩田题词:“为王文远医师‘一针法’问世而题——常见病的一针疗法体现了简便易行的特点,适用于基层部队和广大农村。”

原北京军区副司令员兼卫戍区司令员闫同茂将军与夫人王琴专门请军旅书法家苗培红书写题词:“细小银毫润阴阳,胜以华佗赛岐黄。艺术精湛德高尚,文远一绝美名扬。”

中国工程院院士、中国中医科学院国医大师程莘农题词:“平衡顽症神针济世,衡均阴阳妙手回春。”

原副总参谋长徐信将军题词:“银针创奇迹,造福天下人。”

原北京卫戍区政委许志奋将军题词:“银针情,病人情,自身扎验千次灵。军医名,战士名,研制特药一帖灵。军中笑吟吟。”

中国乒乓球队老将邓亚萍题词:“平衡神针,医林一绝。”

……

所有的历史赞誉都见证着一个医者半生事业的辉煌。

这是我认识王文远教授以来第一次走进他辉煌平衡针事业的历史长河,也是第一次走进一个身藏辉煌却淡泊平和的有修为医者的内心世界。不由得对他大半生探索平衡针后面的生命境界有了几分了解的期待。

不一会儿王教授进来了,脱去了白大褂。身穿T恤衫的王教授今天显得精神而清爽。上次在论坛上别人叫他“王老”,但我怎么看这个王教授也称不上“老”的级别。看上去也就五十多岁的样子,而且身材均匀,走路如年轻人一样轻盈。但一问年龄才知道他已经67岁了,看来平衡针给他也带来了年轻态。

王教授在我对面坐下后,我向他介绍了我正在构建的“零极限健康静心”文化系统,告诉他“平衡”二字让我的心弦有所拨动;因为“平衡”可以是健康静心的原因,也可以是健康静心的结果,没有“平衡”谈不上健康静心。

王文远认真听完我的阐述后说:“当今社会非常浮躁,人缺乏生命的指导思想,这个时候推出健康静心的理念非常有意义,伟大意义的核心是它抓住了我们的传统文化,而中医也是传统文化的核心。”话题一下被引到了中医。他说澳大利亚成立了孔子学院，但孔子的思想在国外接受起来毕竟有些难度。于是墨尔本出现了孔子中医学院,祖国传统文化马上通过中医生动地体现出来。“人的健康是一个主体,但人的健康是多因素的。从社会因素、遗传因素、环境因素,包括人的生活习惯,均能影响身体健康。但从中医的核心去讲,不管有多少致病因素,其中核心因素只有一个:心理健康。为什么我要说‘平衡’,因为这是一个人生命遵循的法则。”

我顺势把采访话题引到了王文远为何给他的针法命名为“平衡针”。

王文远说:“中医的理论体系是阴阳平衡,阴阳体现的是天人合一。社会环境、生态规律、生命科学等世间万物都离不开平衡二字,平衡是传统文化最核心的体现。《黄帝内经》构建了中医的 个完整体系,把道家的阴阳哲学导入了中医,并在实践和发展中创立了中医的理论。

“中医之所以叫中医,首先它是中国人发明的;其次中医的大小文章都是围绕平衡来做的:‘满’和‘盛’的时候就采取‘泻’的方法;‘虚’和‘弱’的时候就采取‘补’的方法。中医是国医,是几千年积累下来的,是我们的祖先在与大自然、疾病的斗争中总结出来的传统文化,是哲学加实验形成的。平衡针又在继承传统医学的基础上结合了现代生命科学，阐明了我们中医真正的科学性。平衡针的贡献就是把复杂的中医理论简单化,让更多的老百姓、年轻一代了解中医。”

“平衡针怎么把复杂的中医理论简单化了呢？”我不解地问。

“中医理论很复杂,光辨证就八九种,14条经脉引出361个腧穴和52个经外奇穴(计413个针灸穴位),一般人很难弄得清楚。老百姓看病很简单,要的是疗效,不是理论,也不是你的职称和职务。中医的起源是靠老百姓,中医的发展还是靠老百姓。怎样保护来自老百姓的中医,需要政府和社会共同关注。同时,中医也必须与时俱进,用现代生命科学来证明中医的科学性。一个学科要围绕时代的进步来发展才能真正弘扬自己,而不是口头上的弘扬。祖国中医这份非物质文化遗产如果要发展,首先要在继承中创新、在创新中继承。”王文远的话中饱含着对祖国中医深厚的感情,同时又充满着因为忧患意识而产生的历史责任感。

“那什么是中医的与时俱进呢？”我进一步问。

“我们强调中医的与时俱进，就是创新；中医的重大创新首先通过大量的临床实践才能去发现。而现在很多中医忙着赚钱，不愿意静下心来通过扎扎实实的临床去寻找创新点，这对中医危害很大。”王教授的创新、临床和生命科学核心几个关键点，把长期以来探讨中医发展的路指了出来。

“平衡针的创新和发展正是因为我几十年坚持临床第一线：门诊病人超过60万，治疗部队训练伤人数超过10万，为社区农村边疆老百姓义诊超过8万人，才从大量的临床中找到了生命科学的核心。”王文远说，“平衡针提出了生命的支点定位在大脑。那些心理性疾病，比如失眠、神经衰弱、抑郁症、心理障碍等都定位在大脑；心理性疾病也正是在大脑演变成器质性疾病的。比如你的心脏不正常了，症状反应在心脏上，但是心脏是由大脑来管理的。平衡针调理的是‘管理’心脏的地方，而不是心脏本身。”

“如果是大脑管理心脏，那心脏有病扎针是扎在大脑上吗？”我问。

“不是，心脏穴在右前臂上，前臂与脚直接到达大脑。比如治疗头痛，头痛穴在脚上；治疗眼睛，明目穴也在脚上。我找到的是病人自己治病的靶点，也就是生命的开关；平衡针找到这个开关了！关键是3秒钟见效。我们的重大创新在这里！”

“什么是‘靶点’呢？生命的开关是什么意思？”我不理解王文远表述的意思。

“你现在哪里痛？身体有没有不舒服的地方？”王文远问我。

“现在还好。但今天早上起床时肩膀感觉僵硬，很不舒服。”我说着摸摸我的后脖颈，硬邦邦的。

“你躺到外面床上去。”王文远把我带到外屋的治疗床上，让我平躺下。

他的助理走过来，准备好银针和棉球。我从小害怕针灸，从来不敢扎针，看见王文远手里的银针我很紧张。但是还没有容得我紧张的情绪蔓延，他的银针飞快地扎进我的小腿上的不知哪个穴位，瞬间我的脚趾有一种酸麻触电的感觉，我的“啊呀”一声未落，他的针已经拔出来了。与给我小侄儿扎针的方式不同在于，给我小侄儿的就是瞬间进出，而我的针还留了一两秒钟。接着他又在另一条小腿上扎了一针，然后问我的感觉。我动动肩膀觉得松快些。其实真正的感觉是发生在几天后起床时,僵硬的状态明显缓解了很多。

王文远说:"我刚才给你扎的是大脑管肩关节的'开关',那个肩痛穴也就是我说的'靶点',这个'靶点'就是治疗肩周炎的开关。刚才留针那一两秒就是找开关的提插时间。"

我问:"那您刚才给我扎针的时候,我感觉触电酸麻的是什么经络穴位啊?"

"平衡针里所有的穴位都是我发明的,所有的穴位都是我根据部位、功能、主治来定位的。治疗腰痛的叫腰痛穴,治疗高血压的穴位叫降压穴,治疗糖尿病的穴位叫降糖穴,治疗胃病的穴位叫胃病穴,治疗过敏性疾病的穴位叫过敏穴等。容易学容易记永远不会忘。刚才你扎针的那个穴位就叫肩痛穴。中医经络上没有这个穴位,就是有穴位也不是治这个病的。"

我好奇地问:"怎么叫这么通俗易懂的名字?"

"这也是我的创新。比如治膝关节病的穴位我叫膝痛穴;膝痛穴正好位于对侧上肢肘关节部位,在这个部位也有一个传统针灸的穴位叫曲池穴。我之所以这么取名字是为了平衡针的快速普及和发展,减弱针灸治病的神秘性。中医院校的学生之所以毕业很少能看病,原因之一就是经络穴位太多,法定的 413 个穴位很难背下来;其次这么多穴位遇到什么病该用什么穴位很难搞清楚。而平衡针使用的这些名字没有学过医的都可以照葫芦画瓢,只要敢画瓢,临床就见效;因为瓢的定位安全,平衡针安全。一个医生临床常见病的穴位也就十几个,非常易于传播和普及。"王文远笑着说。

"那您这些穴位'靶点'是怎么找到的呢?"

"这就说来话长了……"

王文远开始给我讲平衡针理论和机理的创新缘起——

寻找靶点、靶轴、靶位——激发人体修复系统

王文远说平衡针灸学是他四十多年来在传统医学的基础上,吸收现代科学理论,通过数万次针感体验、全国三千多家医院的临床验证创立的。平衡针

灸的理论系统通过针灸—心理—生理—社会—自然的相互适应和相互作用，达到人体自身调节、完善和自我修复的目的，是一种平衡的整体医学调节模式。平衡针灸的创新理论是靶点靶位学说，主要通过针刺位于人体外周神经上的“靶点”(靶穴)，在大脑“靶轴”的调控下，3 秒钟，90%以上病人见效。

“中医经络都有传统的穴位以及根据穴位的治疗方法，那您怎么想到要去重新创造新的穴位‘靶点’呢？”我问。

“我出生于山东沂蒙山革命老区，16 岁就师承鲁南名医刘春启，白天抄方、进药、拿药、加工药，晚上刻苦读书，通读了《黄帝内经》等多部中医经典。19 岁当兵以后，发现军队这个特殊的群体突出的是以急诊医学、战伤医学和急救医学为主，中医很难适用于这“三急”。只有研究军事医学的需求才能展示中医的优势。可是我一个乡村医生要钱没钱，要人没人，怎么去研究中医对军事医学的应用？带着这个问题我反复思考，意识到在军队里时间就是生命，时间就是胜利，于是我选择了针灸，只有针灸可以重复使用不需要投资。1960 年代部队突出的是大比武，训练伤是比较常见的，这种软组织伤西医没有特效的治疗方法，我决心以投弹造成的肩周炎为突破口。中医文献里治疗肩周炎的就有二十多个穴位，但在视时间为生命的部队这个特殊群体里，针灸时间要控制在 3 秒内。”

“3 秒啊？”我很惊讶。传统针灸留针通常要半个小时左右。

“是啊，3 秒！3 分钟都不行，3 分钟起码几百米都跑出去了。”王文远玩笑道。

“传统针灸一个病通常选 5~10 个穴位，但是根据部队的特殊情况，原则上我强调治疗一个部位就扎一个穴位。一开始我筛选了 20 个穴位治疗肩周炎肩膀疼，但用到病人身上没有一个穴位 3 秒钟能见效的。”王文远说他在走投无路的情况下，才从西医解剖的神经系统着手，开始了大胆的探索。“我通过学习懂得了现代医学基础知识解剖学，知道了大脑通过周围神经指挥我们的内脏、指挥我们的肢体，这才根据神经的分布去研究平衡穴位。人的神经分布最明显的暴露部位就是四肢，于是我在四肢上画出 20 个点，来探索有没有能马上缓解肩膀疼的穴位。当时我虽然有目的，但没有目标，能否成功也没有把握，我也不能拿官兵做试验，于是我决定拿自己来做试验。”

第一个穴位的寻找王文远整整花了六年多的时间！

王教授生动地讲述了他寻找到一个“靶点”穴位所经历的艰苦而漫长的过程：“我们书上看到的画的神经位置和真正体内的神经位置是有出入的，尤其你不知道利用什么体位，从什么部位，在什么角度，扎到体内多深能碰到神经。因为神经很细，像一条线一样，你扎 10 次、20 次、30 次可能都碰不到神经。而且我毕竟是正常人，会感到痛的。有时扎到血管上就皮下出血了，一生气就扔下几个月不弄了，然后又捡起来再实践再研究。就这么前前后后用了六年多的时间，终于在一次偶然的情况下遇到了神经，找到了触电的针感……突然间，在扎到小腿腓浅神经时，在大脚趾与二脚趾之间产生了一种很强烈的触电般针感，这种感觉是以前从未有过的。”

王文远说当时他那种兴奋啊，难以言表。经过反复试验，他发现针刺这个神奇的穴位能使臂膀的疼痛顿消。于是，第一个新穴位诞生了！王文远给它命名为“肩痛穴”。

“六年才找到第一个穴位，真不容易！”我感叹说。

“是啊，实践逼得我在没有办法的情况下跳出了几千年遵循的中医取穴原则，在神经上取穴，从经络体系跨越 2500 年进入现代神经体系，这是完全不同的一套创新思路！比如传统针灸代表性的穴位是‘足三里’，足三里代表性的针感是一种放射性的感觉。现代研究证明‘足三里’针感是针刺腓浅神经出现的。传统针灸是针刺经络，传导速度每秒钟 0.1 米，必须留针 30 分钟，就如同走人体信息的‘县级公路’；而我们在神经上寻找到的穴位‘靶点’是通过神经干、神经支传导的，速度是每秒 100 米，如同走人体信息的‘高速公路’，因此不再需要留针。这也是平衡针可以当即见效的原因。平衡针可使 90%以上的病人‘3 秒见效’。”

王文远花了 6 年找到治疗肩周炎的特定穴位“肩痛穴”以后，他将中医的心神调控学说与西医的神经调控学说结合起来研究，继续在自己身上做大量的试验，几十年如一日，经常被扎得“千疮百孔”，有时甚至扎到出现心慌气短等虚脱现象。终于，又陆续在四肢及头部找到了 38 个全新的、具有整体平衡作用的穴位，用于临床 800 多种内外妇儿五官等常见病，均具有奇特疗效。他创立了平衡针灸学，改写了几千年中医针灸史。王教授撰写了 6 本学术专著，

280 多篇学术论文,多项科研成果获得国家和北京科技成果奖。

"我不断试验,不断发现,不断否定,不断完善。比如在临床中最开始我单侧取穴多,后来发现双侧肩周炎患者,同一侧疼痛减轻了,但对侧肩膀却一点都不疼了。这才提示我大脑是交叉支配的。我们根据大脑的交叉支配原理,研究了治疗肩周炎的,治疗膝关节疼的,治疗脚疼的、腕关节疼的、腰痛的等等方法。我们发现,进行交叉治疗是有一定规律的,这个规律也就是生命的规律。就在这个基础上我提出了自然平衡针灸学的理论。

"平衡针的穴位都是从长期的中医临床实践中找到的! 通过"十一五国家 973 课题研究"才提出了三靶创新理论:靶点、靶轴、靶位。比如肩周炎,其穴位就是靶点;大脑运动中枢就是靶轴;通过大脑的应激性整合,再由大脑自己调整病变的靶位。从我们扎针的靶点到大脑神经中枢靶轴,从靶轴再到疾患的靶位,都是生命的本能反应。人体具有天生的自我修复系统。平衡针就是利用人体自我修复系统加速病人的自我修复。四十多年了啊! 我一直从事临床工作,每天接触病人,每天研究平衡针。"

"您是什么时候把您的研究命名为平衡针的?"我问。

"1988 年才命名的,二十多年单穴疗法研究,逐步发现这些穴位有明显的取穴规律和特点,特别是大交叉取穴,双侧对应取穴等,这才提出了平衡针的初步理论框架。当时称之为'整体平衡一针疗法'。1994 年 10 月第一次召开'全国平衡针灸学术会议'之后,才正式提出'平衡针灸学'。新华社、国际广播电台、中央电视台、人民日报以及其他驻京的重大新闻媒体同时公布了这个学科的创立。"

"那为什么要叫平衡针呢? 是因为中医的平衡理念吗?"

王教授说:"这是一个生命科学的综合理论。首先中医理论的核心就是平衡;其次从生命科学来讲,我们的生命本身就是一个平衡系统。大脑是由两个半球组成的人体最高级的司令部,体现的是天人合一、天人相应。同时也要体现微观平衡:血压高了高血压,低了低血压;血糖高了高血糖,低了低血糖;我们的生化指标、免疫指标都有一个平衡。系统平衡针的疗效不仅体现为症状的改善,也能体现关键生理指标的支持! 中医的科学性。平衡针可以 15 分钟让 90%的高血压病人降血压;1 个月 90%的高血糖病人降血糖;3 个月 90%

的高血脂病人降血脂;3 秒钟 90%的疼痛缓解……这就构成了中医的重大技术优势。”

“在您的平衡针治疗中一共只是用 38 个穴位,对吗?对比中医经络的几百个穴位显得太少了。”我笑道。

王文远说:“最多才 38 个穴位。其实临床上常用的不到 20 个穴位,其中有十几个穴位差不多把所有常见病都治了。因为平衡穴位是中枢调控、中枢修复、中枢平衡的穴位,所以穴位不是越发展越多,而是越发展越少;不是一穴治一病,而是一穴治多病。穴位少,好记忆,好应用。其实平衡针解决了一个中医快速普及的问题。它不仅快而且成本低,对于那些缺医少药又缺钱的贫困地区,更有非常重要的意义。”

“您寻找穴位的原则就是与效果相连接,对吗?而效果又是来源于您大量的临床实践的经验和教训,是吗?”我问。

“对啊!平衡穴位都是保健的穴位,是中枢调控穴位,调整的是本,治疗的是本。平衡针它借助人体的修复功能给人体一个良性信息,这些穴位并不是治病的。你右边肩膀疼扎左腿,左腿和右边肩膀并没有关系,但因为右边肩膀归大脑中枢管,大脑中枢通过周围神经去指挥我们的肢体和内脏。”王文远说,“我的贡献就是在神经上找到这些平衡靶点,通过平衡靶点的生物电的良性信息,瞬间整合大脑高级中枢的整体效应,达到对病变靶位的修复与平衡。平衡针的核心是通过大脑中枢指挥相关的疾患部位,进行人体的自我修复。”

我不明白,问:“比如我们膝盖不好了,因为年纪大了零件老化。您的观点是,对于不好的零件,通过某个穴位刺激大脑中枢,然后再由大脑中枢来调节膝盖的疾患,对吗?”

“是的,我们首先明确膝关节是归大脑运动中枢管理的。比如膝关节发生病变,是因为大脑中枢管膝关节的靶轴失职了,指挥系统不正常了。平衡针治疗是给管膝关节的靶轴一个信息,使失调的管这个部位的大脑中枢靶轴瞬间恢复到原来的平衡状态,按照基因修复程序加速其对病变靶位的调控,让自己去治疗自己的膝关节病变。”王文远说,“平衡针 3 秒钟可以消除疼痛,但不意味着就把这个病治好了。有的病人发病时间短,年龄小,体质好,一次就能治愈;相反的情况就必须按疗程进行治疗。因为疼痛多因为急性炎症、慢性炎症、混合性炎症、组织粘连而致。我们需要根据病人的年龄、体质、病情来决定治疗方案与疗程。疗效是由病人决定的。”

“王教授,可不可以这么理解:平衡针的机理是调节人体平衡,实现人体自我修复。”

“是的。人体平衡的最高定位是大脑中枢平衡。生命的最高修复系统在大脑中枢。”王文远说,“那健康的标志又是什么呢?健康的标志首先是心理健康。”

王文远把话题又引入了一个新的主题。

心理失衡,提前启动重大疾病的死亡程序

王文远语出惊人:“是人自己提前启动了重大疾病的死亡程序。”

“为什么是人启动的?”我问。

“启动的钥匙就一个:心理失衡。”王文远说,“人的健康首先是心理,人的不健康还是因为心理。《黄帝内经》早就讲了致病的三大因素:内因、外因、不内外因。内因是根本,外因是条件,外因通过内因而发病。内因是什么?内因首先明确了是‘七情’:喜怒忧思悲恐惊;‘七情’是心理活动的外在表现,一旦七情过激就是心理失衡,导致‘气生百病’。‘气’就是心理失衡的重要标志,‘气’能够改变基因程序,启动重大疾病的发生。”

王文远开始就“气”与心理的关系进行抽丝剥茧般的论述——

为什么是人自己提前启动了重大疾病的死亡程序呢?

就是因为一个“气”字。

“气”从宏观讲代表了人的正气和元气,是生命的本质。我们说养生如果不从“气”着手就没有找到生命的本质和核心。如果我们能保持这个“气”,正常运转它,不去破坏它,我们就能活到100~120岁。很多人提前死了,是人自己启动了这个死亡程序。人的生命基因原本有正常的死亡程序,关键是什么时候启动它。人如果是启动正常程序,应该在八九十岁、一百来岁死亡;但是大多数人不知道这个生命程序,总认为自己离死亡年龄还很远,不知道保护

自己，特别不知道保护自己的元气，在不知不觉中伤害了元气，也就不知不觉地启动了重大疾病的死亡程序。重大疾病往往又是与死亡有关系的，但是好多人还意识不到死亡问题，这是很遗憾的事情。疾病的形成程序也是有规律的。

"气"决定了人的免疫系统。基因程序正常时，我们的免疫系统和免疫指标是正常的；一旦破坏了这个"气"，抵抗力就下降了，外面的邪气就会侵入，袭击正气。尤其生气的"气"会干扰和影响人的内环境遗传基因程序，会启动重大疾病的自然程序。但这个过程也不是一步到位的，比如生气不会一下子就死，而是构成死亡的条件。这个过程一般需要二十年左右或更多的时间；在疾病未到位之前，仪器很难明确诊断。

类似癌症这样的重大疾病的死亡程序，我归纳了它的五个发展阶段：

第一，心理失衡阶段。人们因为心理失衡造成大脑的盲区，这些盲目干扰的就是中枢最高管理系统；因为人的心理定位在大脑、在中枢，所以心理一旦失衡，"生气"就会一步到位，影响中枢系统。引发心理失衡的原因很多，有代表性的首先是情感盲区。比如亲人亡故、天灾人祸等重大事件，均能造成重大疾病的发生；家庭关系尤其是夫妻关系也是造成疾病的一个最重要的原因。男人女人被中医分为阴和阳，因为遗传基因不同，构成了性格、特点等的迥异，他们的生活方式、思维方式差异也很大。阴阳对立的时候就好像水和火的关系，是遗传基因导致的。男女之间互不理解，就构成了大量的分歧和矛盾。夫妻关系其实突出的就是生命科学。其次是婚姻的盲区。我们强调道德底线，强调文化。随着社会经济的发展，道德底线在降低。虽然从生理上，比如从激素的层面上可以去理解，但婚前同居、婚外恋等的确给家庭埋下了隐患。我提出来的建议是，一方面要尊重生命本身的自然状态，另一方面要维持家庭和社会的稳定。社会的稳定需要有道德的底线，因为人是高级动物。婚姻关系的平衡是心理平衡至关重要的核心，这种平衡的维护需要夫妻之间最大限度的理解和宽容。婚姻关系的失衡从而导致心理失衡，是启动重大疾病死亡程序的根源。

在心理失衡后，人就继续进入生理失衡、生理过敏的第二阶段；随后亚健康阶段就到来了，血压升高、心脏出问题。比如高血压是世界性疾病，很难治好,因为它启动的不仅仅是高血压,而且是冠心病、心脑血管病,是一种重大疾病,一种死亡性的疾病;第四阶段就是重大疾病,比如冠心病;最后进入死亡阶段。

平衡针灸解决的是大脑遗传基因程序的问题,是要修复这个基因程序。通过平衡针修复受损的身体系统,比如高血压者降低血压,高血脂者降低血脂,这样就可以推迟死亡程序的进程。在平衡针来说,任何阶段都可以进行干预。比如早期心理失衡阶段,生气不想吃饭,扎一个胃病穴就想吃饭了;失眠了扎失眠穴马上就想睡觉了;情绪不好扎一个抑郁穴就把情绪调整过来了。心理失衡是不可避免的,但是有些事是改变不了的,不可抗拒的。改变不了就要顺其自然,这是处理情感盲区和夫妻关系盲区的有效方法。平衡的心理需要人尊重自然规律,尊重已经发生的事实,不要纠结于很多不可逆转的事物。

说到这里,我告诉他我现在往皮肤上一抓就会有划痕。说着我就在手臂上抓了几下,一会儿红色的划痕就出现了。

王文远见状说:"这是一种过敏状态,说明你的免疫功能和代谢功能变差了,很多需要代谢的东西代谢不出去,形成一种过敏体质从而产生的过敏反应,这是一种疾病的过渡状态。其引起的原因主要还是心理因素,还是生气造成的,至少是十年以上的气引发出来的病。你不是平白无故地产生这个病,这里是有病理基础的。这个程序就是生命科学。"他的话其实折射出我十年前感情生活中的纠结和喧嚣,是没有错的。

"但为何十年后才表现出来呢?"我不解地问。

"这是一个疾病的过渡现象啊!心理过敏,然后导致生理失衡引发生理过敏,包括慢性支气管炎、过敏性哮喘等都与过敏、抵抗力下降有关系。"王教授说。

"看来真是不能生气啊!我听说癌症也是因为生气诱发的。"

"癌症90%以上是生气生的。"王文远断然说,"我研究了生命的四个程序:第一是生命的正常规律;第二是生命在非正常情况下疾病启动的正常规律;第三是对自身生命启动的自我修复程序;第四是作为中医针灸修复的程序。人之所以启动了重大疾病甚至死亡的程序就是因为平衡被破坏了!平衡针的核心是使失调、破坏的程序恢复到平衡状态，解决中枢的平衡问题。它是在解决你的大脑生命程序。”

我告诉王教授有一本书叫《人体修复手册》，讲的就是人体是能自我修复的，吃药不是治你的病，而是激发人体的自我修复功能。

王教授说：“这个提法是对的。我提出来人有得病程序，同时也有修复程序，关键在于这两个程序谁是主导。如果你得病程序启动了，你还不断地刺激它，那就加速死亡；如果你得病程序启动了，但你意识到了去主动调理，启动修复程序，那你的得病程序就可能延长了。比如冠心病，该20年发作的通过修复程序变成30年，甚至终止得病程序，那你的生命就延长了。人体本身是有抗争疾病的修复程序的，得病以后人首先会用自身的修复程序；但修复程序和得病程序抗争中谁是主导，这是关键。如果人体修复程序无法抗争得病程序，人就不得不借助外在的修复程序。平衡针就是这样的修复程序，它通过良性信息，引入人体生物电，使人体最高司令部恢复正常。”

“那平衡针是怎么启动人体修复程序的呢？”

“中枢神经通过周围神经指挥肢体、指挥内脏，平衡针是在周围神经上找到这些治疗的靶点，比如治疗冠心病的靶点，治疗糖尿病的靶点，治疗胃病的靶点等等。平衡针找到的不是有病的部位，而是在神经上找到这些靶点，通过生物电的刺激，反射到大脑中枢管理这些疾患部位的靶轴，也就是司令部；通过司令部的整合效应，来调节有病的地方，让人体自己修复。重大创新就在于找到靶点，让人体自我平衡、自我修复。”

“也就是说人可以通过平衡针的自我修复系统延缓或者终止重大疾病死亡程序，对吗？”

“是的，这是一个重大疾病死亡程序的反系统。我们了解平衡理论就是要了解生命科学，了解生命密码，维护生命密码，不要人为地启动疾病程序。如果不慎进入亚健康状况，就要启动人体自身修复程序，可以用平衡针激发人体自我修复系统。平衡针的修复体现的特点就是：一平衡，二系统，三整体概念；体现的核心就是‘中枢’；强调的理念就是心理平衡第一。”

王文远教授的名言是：“心理平衡是平衡针理论的核心，心理平衡也是人类长寿的基础。”

在2007年新加坡举办的第四届国际平衡针灸医学大会上，王文远提出："平衡理论以心理平衡为核心，健康是心理平衡的标志，疾病是心理失衡的表现。"他的话旨在阐明运用平衡针调节大脑中枢系统达到心理平衡。在现场演示中，三十多人体验了平衡针的疗效，满座震惊，赞誉纷纷。

面对盛誉，一颗平凡淡泊心……

虽然王教授的脸上写满淡泊，言谈举止也平和谦逊，但是平衡针在短短的不到20年时间，从一个针灸技术变成一个国家层面推广的创新学科，引起了国内外医学界的广泛关注。王文远因此而得到的国内外赞誉也如潮水般涌来……

迄今，有三十多个国家相继建立了一百多个平衡针灸治疗培训中心，有五百多名外国专家、医学人士在从事这一研究工作。目前，美国旧金山"中平研究治疗中心"、英国伦敦"华夏诊所平衡针治疗中心"、日本"松由保健院平衡针灸研究中心"、韩国首尔"中正汉医院平衡针灸研究中心"以及加拿大、俄罗斯、新加坡、新西兰、澳大利亚等大批针灸治疗和研究机构都采用平衡针技术为患者解除病痛。

2009年5月10日，在北京人民大会堂隆重召开了"国家973课题平衡针灸临床骨干人才高层论坛暨首届全国平衡针灸特色名医标准表彰大会"，来自全国各省市的200余名平衡针灸临床骨干参加了会议。"973课题"负责人、"平衡针灸学"创始人王文远重点报告了在原有的"平衡针灸学"理论基础上提出的"靶点靶位中枢调控学说"理论。

平衡针入选国家级重点针灸专科、国家973项目，被卫生部国家中医药管理局和解放军总后勤部，分别列为农村与社区、基层与部队适宜技术推广的项目，并被广东省中医院确定为120急救首选方法。平衡针灸技术是全军唯一入选国家中医药管理局《基础中医药适宜技术手册》的适宜技术。

王文远将几千年的针灸技术上升到现代科学的层面，引发了针灸学的一场革命。平衡针灸学的诞生被认为是中医针灸、医学发展史上的重要里程碑。

《国医年鉴》、《中国人物年鉴》都有他的介绍，中外十余部词典中都有对他的记载。

……

盛誉之下的王文远教授却依然是一个低调敬业的医生：他该下部队下部队，该出诊出诊，该义诊义诊，该培训培训。看他穿着白大褂和蔼可亲地向病人问诊、给病人治病的样子，人们的眼里只有一个朴实专家的形象。

采访到尾声的时候，我的目光定在了窗边醒目的墙面上——王教授在2003年12月亲自书写的座右铭——人生长河险滩多，终日奔波是为何？济世救人为己任，何为名利寻不乐？心静意守丹田处，心身平衡揽天月。

短短几句话，把一个医者悬壶济世、淡泊名利、修心静心的生命态度淋漓尽致地表现出来了。尤其最后的点睛之句"心身平衡揽天月"，深刻点出了"揽天月"的豪情壮举，需要"身心平衡"的生命静心"底蕴"。一个身心合一的修德医者的形象跃然纸上。

40余年工作在临床一线。

数万次针感体验，60余万的门诊病人。

成功创立了中枢调控理论和中枢调控的38个平衡穴位。

一人一针、一穴多病，治疗临床800多种疾病，3秒钟90%以上见效的现代平衡针灸绿色技术。

深入全军陆海空部队以及西藏、新疆、内蒙古、黑龙江、贵州等边疆农村义诊18万人次。

培养了军内外针灸人才3万多名。

全国有4千多家医院在进行平衡针临床推广。

……

这个普普通通的军医，用一根银针，无需大型医疗设备与能源消耗，安全、绿色、低成本地把平衡针技术推广到祖国大地，推广到部队官兵和寻常百姓家。他大量的时间花在了军队针灸人才的培训和官兵百姓的义诊上；身怀绝技却没有靠这个绝技为自己积累财富。相反，他把自己的看家绝技毫无保留地奉献给社会，并且想继续奉献给受病痛折磨的广大百姓。

我问王文远，平衡针的发展有什么远景。

王文远说："首先，我从来也没想到我能创立这个学科，更没有想到不到二十年能进入国家级层面。我觉得平衡针的创立最有意义的是，它是最适合老百姓的针法，是最适合部队的针法，迎合了老百姓和官兵的需求。从西藏、新疆到内蒙古、黑龙江，到东海舰队……我在部队治疗的官兵超过10万人，正是通过对官兵的服务提升了我的技术。通过我行医几十年治愈了60多万病人，证明了技术的实用性和可重复性。同时我到社区、农村向8万左右病人推广了平衡针的创新技术。我尤其希望平衡针能普及到普通社区，普及到贫困地区百姓那里，因为它成本低、疗效好，非常适合普通大众以及缺医少药的地方。"

他感慨道："中医发展太困难了！新中国成立后国家的注册中医师是50万，到2007年国家中医药管理局公布的数字是40万。人口翻了好几倍，但我们的中医从业人数却萎缩了，这是传统文化的巨大盲区。同时也反映了传统中医没有与时俱进，没有跟上社会的需求和发展。中医是经验医学、实践医学，它的科学性是永远推翻不了的。我们中华民族能够成为世界第一大民族，中医起了不可忽略的重大作用，但中医的创新却很困难，平衡针的问世至少起了一个示范的作用。平衡针理论除了平衡针灸学，还由此延伸出了平衡心理学、平衡火罐学、平衡推拿学、平衡药物学以及平衡养生学等平衡医学系列。这是一个独创的理论体系和实践方法论。

"我的远景就是提高全体国民的健康水平。中医平衡心理应该从小学、中学、大学就开始普及，应该从娃娃抓起，学习平衡的法则、平衡的理念，解决自己的平衡；然后才是学习平衡针的技术，解决别人的问题。这对提高我们整个中华民族的整体素质是有重大意义的。人的生命只有一次，要尊重生命规律、尊重自然规律，要珍惜生命，要争取让我们的生命按照程序活到120岁，这就要靠人的心理健康、心理平衡。心理健康和平衡才能保证社会稳定、社会健康。"

王文远不无遗憾地说："平衡针其实还有太多的课题需要研究，比如治疗高血压、糖尿病的效果很好，但是它是怎么对胰岛功能进行修复？怎么干预管胰岛素的大脑中枢？降压穴怎么改善心肌功能？怎么调控大脑中枢、血压中枢？有哪些组织参与了降压？理论研究要有价值必须通过实验研究来证明！"

但是“为天地立心，为生命立命，为往圣继绝学，为万世开太平”的“大中医”精神，是这个当代军旅郎中王文远的修身立世的信条。

“医乃仁术，能用自己的技术为更多的病人解除痛苦，是我最大的幸福！”王文远在很多场合用朴实平和的语调说过这句“豪言壮语”。只不过他不仅仅言“豪”语“壮”，几十年的身体力行，朴素地诠释了他不为名利所动、言行必果的医者高洁的品格。

虽然67岁高龄还要奔波在部队和民间的临床第一线，他很辛苦；虽然他做了太多的义诊义训，放弃了用绝技挣钱；虽然他的平衡针事业还是有一些不尽如人意的发展瓶颈；虽然不是每一个人都理解他不图名不图利到底图什么？虽然还有很多虽然……

但是，他很快乐，很知足，很淡泊。

健康是一种生活态度

——走进有机生活

健康是一种生活态度

肿瘤为什么发生？为什么发生在这个人身上，不是那个人身上？为何这个人手术后痊愈了，另一个患有同样疾病的人却死了？所有这一切和人体的内环境有关。你这个地方出了问题是因为你有适合它生长的身体内环境。因此得肿瘤以后，首先要反思自己过去的生活方式，并进行调整和改善。

有机生活就是用全新的有机生活方式，把我们的身体改善成不适合肿瘤生长的环境。

胡珊：造梦有机生活

改革开放使中国经济得到飞速发展。和世界其他工业国家一样，伴随着经济飞速发展，空气污染、工业化污染以及食品污染都严重影响着人民的生活质量，并且带来很多现代疾病。尤其是食品安全已经成为老百姓谈之色变的话题。新闻媒体不时地曝光一个个知名品牌的黑幕，每一个人都担忧食品安全对自己、对家人，尤其是对孩子造成的危害。但是让人们无能为力的是，食品安全的专业性，使老百姓无法掌握具体的食品安全数据，也无法了解食品生长、生产、销售渠道的实际情况，在某种程度上，老百姓是在做无奈的食品消费。

美国环保资料提供的信息表明：一天吃一个苹果，除非是有机的，否则你吃的苹果可能用100种化学品喷了至少40次。年龄在6个月至5岁的儿童中，每10个人中就有9人在食物中同时接触13种不同的毒害神经的有机磷酸酯，它能对正在发育的大脑和神经造成长期损害。美国曾将6种天然性激素注射在动物身上，使这些动物重量增加2~3公斤。一个8岁的男孩，只要吃过两种用这些动物肉制成的汉堡，他的雌激素水平便会提高10%。

有些薯片和饼干特别好吃，让我们总想去重复消费。其原因，如同美国威斯康星大学神经学教授安·凯利研究揭示：是因为这些食品和某些毒品（比如吗啡）相似，都能让大脑释放让人感到愉快的化学物质，大脑会对某些特定的食物产生依赖。

没有人知道我们的一日三餐里埋藏着多少安全隐患。于是为了安全饮食，一个“有机”的概念这些年悄悄地孕育，一种“有机饮食”的生活方式近些年开始出现在关注自身健康的都市居民生活中。“有机生活”成为一种保证食品安全、维护健康的时尚。

胡珊，就是这种有机生活的公益倡导人。

她曾经作为一个媒体人，见证了有机产业这十几年成长的风风雨雨。

作为有机生活的倡导者，她耗费了大量的金钱和时间，如同传道士布道一样向全社会推导这种生活方式。她没有从有机里挣到什么钱,但很多人因为她的“布道”走进了有机生活,改善了健康状况。

作为有机生活的身体力行者,她游走在公益、演说、课程之间,同时应广播电视界之邀,继续像媒体人一样传播着有机生活文化。

走进有机生活,就不得不提一笔胡珊。再现有机生活,就不得不走近胡珊,听一听她为了有机事业品尝的酸甜苦辣。

有机生活关乎民众的菜篮子,关乎民众的餐桌安全,关乎民众生活品质乃至生命品质的提高。

之所以想写胡珊,不是因为她是多大牌的专家,也不是因为她在有机行业里有多权威、多专业,更不是因为她做有机十多年挣了多少钱,而是因为她是一个为了有机事业执著“造梦”的人,一个明知有机路漫漫其修远兮,却依然百折不挠地去求索。

认识胡珊是五六年前的事了,当时我在做美国微分子簇结构水,一种六环结构的细胞喝的水。胡珊在做有机食品的健康调理,对小分子水也情有独钟,我应邀去她的调理中心看看。

她的调理中心在一个社区,条件虽有些简陋,但一个下午没有断了前来调理和咨询的客人。在这里,我第一次听说了有机食品的概念,第一次听说有机食品对人体的好处。那时的胡珊已经开始在做亚健康康复和调理的工作。

但显然,胡珊不是商人。她的有机食品定价不高,利润空间很小。在这个追逐利润的商业社会,她在商业上势必举步维艰。加上人们对有机食品缺乏认知,整个社会也缺乏理念的认知,胡珊的有机食品追求之路充满着荆棘和挑战。

再见胡珊是五六年以后了。看见胡珊背着背包风尘仆仆地来到咖啡厅见我,听见胡珊依然充满热情地给我介绍从有机食品提升到有机生活的理念以及这个行业的进展,不禁佩服她的执著,感叹一个造梦的人永远对梦的痴迷和执著的追求。

胡珊告诉我她搬到了灵隐的天竺路,邀请我去看看。

不久我去了天竺路,胡珊在那里租了一个农家小楼,有一个小院子,很是清幽。胡珊为我们做了有机食品午餐,的确味美而清淡。那天,我也看见几个癌症患者过来用她的有机餐调理身体。我还看到了几个义工,有的还是有钱的太太,都是因为在有机调理中身体健康状况得到改善,并且从有机生活理念中找到了生活的目标,主动定期不定期地到胡珊老师那里帮忙。

胡珊说:“我感谢那些帮助我的朋友。多少次我经济上都撑不下去了,每当这个时候朋友们都会解囊相助,帮助我渡过难关。”

这两年,听说她为做有机排毒调理而在北京一家部队医院专门设立了食疗部;还在中国环境保护基金会的支持下,为九位癌症患者办了有机调理学习班,并把这个调理过程的三十天日志出了一本书——《有机让生活更美好》。

还听说她作为有机生活的倡导者之一,这两年把大部分时间和精力用在很多公益活动上,利用一切机会向社会推导有机生活和环境保护理念,帮助各地有机企业扩大影响,在广播电视报纸上倡导身心健康的绿色生活,成为身体力行的理论者加实践者。

2010年,在第三十八个世界环境日临近之际,胡珊向有机同行们发出了“一日有机生活——让我们与地球同健康——看得见的低碳生活活动倡议书”,呼吁每位公民从自我做起,低碳减排,选择有机生活,绿色出行。旨在向人们传递低碳生活理念,提高公众环保意识,使每一个公民、每一个家庭都成为环境保护的宣传者、实践者、推动者。

要构建和谐的社会,人们就需要和谐的身体,和谐的心灵,和谐的生活方式。

有机生活方式如何带给身体和谐、心灵和谐?如何提高国民的生存和生活质量?带着这个问题,我借胡珊老师来北京讲课之际采访了她。

有一种饮食叫“有机”

胡珊开门见山地告诉我她学医出身,之后又当过记者,进入有机生活实属偶然。

“那是十多年前的事了,我有一个朋友是在德国研究土壤改良的,那时候北京沙尘暴比较厉害。他说沙尘暴是因为土壤化肥用得太多,板结沙化,他可以用他的微生物菌改良土壤,使土沉积于壤。那个时候我才知道土地是由土和壤构成的,土就是灰,壤就是土里面有生命的东西。但如果化肥农药用多了的话,土壤里的微生物就会死亡,土地只留下了土却失去了壤,成为一块死土。如果我们不再用这些农药化肥,再通过微生物技术改良土地,这样土就会恢复壤的活性,土壤有生命力了,沙就起不来了。如果这个实验成功的话,北京周边的土壤改良将会是一个很大的市场。那时我在电视台工作,听了他的想法后觉得改良土壤解决沙尘暴这个主意不错,就真的和他跑到了北京。当时张家口坝上地势比北京高,一刮风把土全部吹起来了,刚好吹到北京的上空,于是我们就决定去改良那边的土壤。找到张北县里的领导,得知原来这个地方是风吹草低见牛羊,后来人口多,把草地分给每户人家后,他们为了提高产量,把草割了种上土豆,然后施上化肥,施了没有几年,只要种过土豆施过化肥的土地就再也长不出草了,田地里面都是流动的沙子。这时我才知道化肥对土地的伤害很严重。南方雨水多还好一点,北方比较干雨水不多,土地使用大量化肥后已经完全失去了壤,田里的土顺手可抓,手一松沙就飞起来了。”

我惊讶地说:“土地施过化肥怎么会变成这样?这样土地不就越来越麻烦了吗?”

胡珊说:“是啊!当时那个德国专家就说把他的微生物菌施用到土地里,让壤重新回来,恢复土地的活性,重新长出草来。就是那次去张北,我从德国专家的嘴里第一次知道了一个概念叫‘有机’。他告诉我,用微生物改良后的土壤,不用化肥、不用农药种出来的东西非常好吃,这样种植出来的作物叫‘有机食品’,德国专家朋友同时还告诉我,在国外农作物也分常规的和有机的,比如黄瓜,普通的黄瓜是 1 马克,有机的黄瓜可以卖到 8 马克。”

“相差 7 倍啊!”我惊叹道,“那有机食品的定义到底是什么呢?”

“通俗地说,有机食品就是空气、土壤、水源都要达到国家环保二级标准以上,在整个种植、生产、加工过程中不得添加任何人工合成的化学物质,比如农药、化肥、生长激素等,符合这些标准才能叫有机食品。”

“那绿色食品和有机食品有什么区别呢?”

"绿色食品就是允许用一些低毒高效的农药、部分化肥和其他经认可的化学物质,符合国家绿色食品生产标准允许的物质才可使用。"

德国朋友同时还说了一个现象,现在世界上大部分行业都可能会对环境造成危害,只有做有机是改良土壤保护环境的。如果有一天做有机产业发财了,那真是功德无量!

胡珊说作为一个媒体人,当她得知有机行业既能给人们带来最安全美味的食品,又能改良土壤保护环境,同时还有这么大的社会意义和价值时,她认定这个行业可以大有作为。但胡珊在真正介入有机实践时才发现做有机项目是一个极其艰苦的事业,运作过程中不知经历了多少意想不到的挫折。比如有投资商尝试过用她德国朋友的技术与资源做了一个肥料厂,把他的菌放在肥料里面,然后把肥料卖给农民,但农民说用你的肥料种的东西挺好吃的,但价格比使用化肥和农药高,要亏本了。

"我当时想得很简单,到处给人灌输有机能赚大钱的概念,说有机产品在国外价格可以是普通产品的8~10倍,你们好好种有机,卖到德国去可以赚大价钱。但农民几乎没有人相信你,说一斤黄瓜卖几十块那是忽悠,所以这个肥料很难卖。"

当时胡珊想农民不肯种有机地,干脆她自己去找块地用这个有机肥料去种,种出来去卖个好价钱,给农民做个榜样。于是,她就去咨询了一个蔬菜协会的秘书长,他一听乐坏了,说你种什么有机啊,山里面的农民根本没有钱去买化肥农药,交通也不便利,他们种的菜全是有机的。你与其去种菜还不如把山里的有机给卖出去,这样的话你就是在帮助农民,很多山区也不会因为穷而盲目引进污染企业,以致污染了山里的环境。

"我觉得有道理, 于是就从土壤改良到想种有机最后变成去卖有机产品了。"胡珊笑着说,"没有想到真到了卖有机产品的时候才发现不是那么简单,农民的有机产品产量少、产品标准不一样,而且山里面运输不方便,加上运费价格比原来的费用高得多,就没有任何优势可言了!我还想把有机卖到国外去,国外说凭什么你这个东西是有机的?有什么标准啊?我又懵了,一下子不知道这件事情该怎么做了?"

从1998年起胡珊开始参加各种各样的有机培训班, 认识了很多同行业的人，也算是正式进入有机这个圈子了。胡珊更深地了解到这个行业的艰难，发现有机产品商业操作很难。除了出口的有机基地，国内几乎所有的有机基地产品都不容易卖出好价钱。种植有机产品需要花费比普通作物更多的心思，但销量却不好。原因是有机产品的品种相对比较少，人们真正想吃的不可能一年四季都吃到；有的时候作物比如青菜又一下全熟了，吃不了。就这样多的时候泛滥，少的时候没东西卖，所以超市和菜市场也很难进去，导致很多有机基地的菜都按普通菜的价格在卖；而按照普通菜卖成本又太高了，盈亏很难平衡。所以，有机产业最大的瓶颈就是有机产品的销路，只有解决销路问题有机基地才能生存下去。于是胡珊又开始去关注有机消费的问题。

她首先把有机消费导入健康领域。

“我告诉别人要吃有机食物，因为健康的食物可以给我们带来健康的身体。十年从医的经历给了我很扎实的健康理论知识。有机食品里面的营养物质比一般食品多。因为所有的营养素都来自于土地，有机食物生长得慢，跟土壤接触的时间就比较长，有机基地的土壤又比较肥沃，所以营养素自然多。”胡珊介绍说。

“为何有机食物生长慢呢？”我不解地问。

“因为它是按照自然规律生长的。而目前的许多作物都不按自然规律生长——为了让西瓜长得大一些就加膨大素；让它红一点就加色素；让它甜一点再给它加甜蜜素；要早一点成熟再加点激素。然后你发现，很多西瓜又大又红吃起来好像是甜味，但整个味道是怪怪的。再说青菜一般自然生长可能要两个月，但化肥催一下两个礼拜就迅速长大了，它的根和土壤没有时间充分地接触，所以土壤里的微量元素根本进不去，再加上大量使用农药化肥土壤板结、沙化，变得贫瘠，各种微量元素和营养素肯定不足。”胡珊耐心解释说。

“可是胡珊老师，有的专家说：有机土壤种出来的黄瓜里面是维生素 C，农药化肥种出来的黄瓜也是维生素 C，既然都是维生素 C，人吃进去也是维生素 C，有什么不一样呢？”我问。

“有机食品里的营养素多，容易被人吸收。从德国的生物动力农业提供的照片中，我们看到有机作物的细胞结构只有一个中心，其排列顺序非常整齐，与我们人体的正常细胞排列原则相同；而用了农药化肥的作物细胞排列得非常混乱，有多个中心，其细胞排列与一些肿瘤细胞类似。尽管有机食物与非有机食物外表差不多，有的甚至连口感也相差不大，但是其植物与人体的物理信息交换作用则完全不同。”胡珊说结构不一样，功能就不一样。

胡珊做了一个形象有趣的比喻：“贝多芬音乐好听吧！我们收集好多贝多芬的音乐来研究，发现贝多芬的音乐好听是‘唻’比较多。但是如果我们只把‘唻’音提取出来从早放到晚，那你肯定要疯掉了。音符就是那么几个音符，贝多芬的曲子好听是因为他将这些音符组合得非常和谐。食物也是一样的，营养素也就是那么几种，天然种植出来的有机食品，其营养素的结构一定是最和谐的，只有和谐的食物才会给我们的身体带来和谐。”

“有机”是一种健康生活的态度

“有机之所以如此让我痴迷，是因为它带给我很多生活态度的改变。”胡珊说有机对于现代人并不单纯是食品的概念。有机其实是一种生活理念，一种生活态度。有机生活是一种追求生命品质的生活方式。目前，有机生活已经被越来越多的人所认知。越来越多的政府机关、大企业频频邀请胡珊去讲课，电台媒体频繁邀请她出演节目，可以看出有机越来越被人们所关注。

有机的概念在实践中推广还面临很多困难，因为当今社会，普遍信任危机，人们无法辨别有机食品的真假，加上对有机概念缺乏认识，所以在遇到问题时很容易选择不信任。

有机是一种生活方式，而选择生活方式首先起于认知。“人最大的劣根性就是无法突破认知局限，通常只接受自己看见的，不肯认知自己看不见的。科学再发达，对宇宙的认知也不过是沧海一粟。就像能量摸不着也看不见，但它是客观存在的。中医的‘气’也一样，看不见却主宰着我们的身体。就像今天飞机可以在天上飞，但在古人眼里一块铁要到天上飞那是天方夜谭！人容易犯的错误就是以自己认知的东西为标准，认知不了的就认为不科学。”

有机生活更是一种观念的挑战。胡珊说：“比如大家对西医比较容易接受，认为开刀把肿瘤割掉就是科学。但如果肚子里长了个瘤，你慢慢通过身体的调理改善,利用自身的免疫力和能量把这个瘤给消灭掉,可你说你没有看见、不可信。很多人对有机怀疑也是出于这种心态。有机真的那么好吗?真的会让人健康吗?我们知道,吃的东西受农药化肥污染少一点肯定没有错,但是有机不能和药比啊!药是治病的,有机是食物;药吃再多也就那么小小的两粒,可饭我们从早到晚要大碗大碗地吃,这里面的健康远远比药带来的健康多得多。而现在我们本末倒置地成了食药一族,缺乏营养素就吃营养素药片,以为这样就把营养补足了。岂不知这些营养素就好比音乐里的音符一样,把某几个音符非常不和谐地弄到身体里面,会使你的身体内部不和谐,这种不和谐会引发各种各样的疾病。

"我们现在只满足于感觉,食品专家们在研制让味蕾感觉好的东西。很多油炸食品,营养学家都说它是垃圾食品,为何还那么受欢迎呢?因为这些食物能刺激味蕾。"

现代科技使鸡二十八天就可以成为炸鸡块;而猪呢,是吃三个月的饲料,大大提前了出栏上市时间。早熟的水果和换季生长的蔬菜,人吃了会如何?早熟的鸡和催肥的猪,人吃了会如何?翻到报纸的医学科技版可以看到很多医生的无奈。我们的孩子吃了早熟的蔬菜、早熟的水果、早熟的鸡和猪的肉,按生态链的规律他们怎么可能不早熟?出现早熟现象再到医院去吃抵制早熟的药物,这让我们的孩子多遭罪啊!

对当今食品生产方式的忧患,促使胡珊的有机之路越走越坚定。有机调理对一些肿瘤患者病情的改变,使胡珊对有机生活方式的认知更加深刻了。"肿瘤患者经西医手术切除病灶后,为何很多人复发,甚至癌细胞扩散?"胡珊问我。

"癌症是不治之症嘛!"我无奈地说。

"不尽然,肿瘤为什么发生?为什么发生在这个人身上而没有发生在那个人身上?为何这个人手术后痊愈了,另一个同样疾病的人却死了?所有这一切和人体的内环境有关。不应该单纯地看病灶本身,更应该关注产生疾病的内环境。肿瘤细胞不是吃进去的,不是传染来的,是自己身体里长出来的。来自国内外的研究表明:癌症仅仅能在酸性体液中形成,一个弱碱性的身体是不会生癌的。肿瘤就像草,它也会自然脱落死亡。只要新的肿瘤细胞不长出来,对人的生命来说是不构成威胁的。要让肿瘤长不出来，就要把体质保持在偏碱性的状态。有机生活就是用全新的有机生活方式，把身体改善成不适合肿瘤生长的环境。

“得肿瘤以后，首先要反思自己过去的生活方式，并进行调整和改善。做有机之后，我不会再单一地看疾患，而是全面系统地看身体内环境的变化。”

有机生活，现代人健康的生活方式

有机生活是一种健康的生活方式，这是作为有机倡导者胡珊推广的理念。

那有机生活究竟是一种什么样的生活方式呢？医学研究显示，人类疾病中有 60% 以上与生活方式、行为方式有关，而生活方式、行为方式又都与心理因素相关，心理因素甚至起着主导的作用。

胡珊说，现在人们有一个共同的特点就是争胜好强，永不服输。尤其是一些职场女性，在外面风里雨里，在家里还要承担做妻子做母亲的责任。把阳光都给了别人，把阳光背面的阴影却默默地全盘吞下，从不宣泄。她们付出爱的阳光遭遇的却可能是误解，面对误解她们往往委曲求全、逆来顺受，独自品尝内心的伤痛和千般的不情愿。唯独没有想到这种不甘愿的处处谦让、息事宁人会长期伤害中枢神经系统，造成自主神经功能和内分泌功能的失调，使机体的免疫功能受到抑制；机体的平衡被打破，使癌细胞突破免疫系统的防御增殖起来，形成癌症。找她求助过的好多患乳腺癌、宫颈癌等妇科癌症的女性，很多都是这种情况。

“所以心理健康是身体健康的支柱，身体健康又是心理健康的基础。良好的情绪可以使生理功能处于最佳状态，反之则会降低或破坏某种功能而引发疾病。我们爱丈夫妻子，爱兄弟姐妹，爱子女，爱同事，唯独没有学会爱自己，这是一种不负责任的态度。”

胡珊说有一个实验可以证明情绪对人体的伤害——让一批志愿者先看动人的情感电影，当大家被感动哭了就将眼泪滴进试管。几天后再利用切洋葱的办法让同一群人流下眼泪,也收集进试管内。这项有趣的实验结果显示:因悲伤而流的"情绪眼泪"和被洋葱刺激出的"化学眼泪"成分大不相同,在"情绪眼泪"中蕴含着儿茶酚胺,而"化学眼泪"中却没有。儿茶酚胺是大脑在情绪压力下分泌出来的化学物质,过多的儿茶酚胺会引发心脑血管疾病,严重时甚至还会导致心肌梗死。所以我们落下"情绪眼泪"也是在排除致命的"毒素"。

同样,乐观的情绪能创造生命的奇迹。胡珊说她有一个患乳腺癌的朋友,医生说她只有三个月好活。她在三个月里把家里该安排的事情都安排了。到第四个月早上眼睛一睁开,说:"哎呀,我又多活了一天!"然后她这一天就赶快去做自己要做的事情。第二天,她又说:"哎呀,我又多活了一天!"她说,"只要每天早上眼睛能睁开,我就觉得我很幸福!我又多活了一天。"

胡珊说到这里突然停下来问我:"你知道她多活了多少年啊?"

"几年?三年五年?"我问。

"十五年!这么一天天多活着就活了十五年!现在还活着呢!因为她有良好的心态,她把每天都当成生命的最后一天在过!每天都觉得自己多赚了一天,每天都感恩自己能活着,每天都生活在一种幸福状态里。"胡珊描绘着。

"把每天都当做生命的最后一天!说得太好了!"我感叹。

"所以我们做心理调理时就有一个题目:把每天都当生命的最后一天。"胡珊说。

"心理调理在有机生活中很重要吗?"我问。

"心理调理非常非常重要!对于患病的人,尤其是癌症患者,心不放下不行。癌症患者的特点就是心态和身体都出了问题,很多东西淤积在体内,有精神层面的,比如长期压抑和愤怒,也有物质层面的,比如爱吃垃圾食品。情绪不好加上食物垃圾淤积在体内就很容易生病。

"我所认识的所有得癌症的朋友在他们的人生旅途中都刻着深深的情绪伤痕,这些情绪伤痕在肠胃器官打下了'烙印'。这些'烙印'会让胃酸增多,而胃酸增多必定会损害胃、十二指肠黏膜,引起胃炎和溃疡;这些'烙印'还会导致内分泌失去平衡、淋巴系统功能紊乱,免疫功能下降,导致肿瘤形成。要让我们的身体健康起来,首先要除去身体里因长期惊慌、惧怕、悲痛、愤怒、紧张、不满、忧虑、委屈等负面情绪打下的‘烙印’。”胡珊说，人在产生恶念的时候大脑会产生一种去甲肾上腺素，这是一种比蛇毒还毒20倍的物质。长期的怒、愤、哀、悲等不良情绪，就极易导致内分泌系统紊乱，最终发展为癌。

有机生活要训练人净化心灵。因为良性的意识和行为可使大脑产生吗啡肽类物质，这类物质有缓解疼痛、消除紧张的作用。排心毒可以让人感觉平和、宁静、喜悦，身体舒展、柔软、和谐。

“很多亚健康的人问我，有机生活要多长时间能让他们恢复健康。其实这就像是治理河道，什么时候才能真正恢复到有自我洁净的功能，完全取决于它本来的污染程度有多严重，每天的清泉流入量有多少。但不管污染有多严重，流入的清泉水量有多少，只要持之以恒，治理就是时间问题了。”胡珊说，“我们的身体也需要时间来帮助我们康复。人体最基本的单位是细胞，细胞在生命运动中摄取养分，不断地排除废物与毒素，这种现象叫新陈代谢，也就是以旧换新！比如说胃细胞，不管受损有多严重，胃壁的细胞7天更新一次。如果我们给机体创造一个偏碱性的健康环境，让胃壁细胞更新了，胃病自然得到改善。同样，我们的皮肤细胞每28天更新一次；肝脏细胞每120天更新一次，大概10个月左右全部更新。人体康复的过程，是需要耐心等待的过程。人体98%的细胞在10个月左右全部更新一次，所有非正常细胞都可以被健康的细胞更替。只要我们在此期间给机体创造一个健康的内环境，让新长出来的细胞充满活力，让不正常的细胞死亡、脱落、排出体外，我们的病就痊愈了。”

胡珊：感恩的心，造梦有机生活

胡珊说推广有机生活需要一颗感恩的心，需要一种不求回报的无私奉献精神。

对胡珊的采访引发了我的思索。其实有机生活不仅是一种健康的生活态度，也是一种人与环境与自然相处的态度。人与环境的关系原本就如同母子：人类向环境母亲索取空气、阳光、水和作物，以维持和滋润自己的生命；而环境母亲以博大的胸怀,无私奉献给人类孩子生命延续所需要的一切资源。但是孩子取之于母,却因为急功近利的私欲,做了大量对母亲釜底抽薪式的伤害。人类为了自己的享受砍伐森林,破坏生态,用现代生活方式制造污染,用高科技的手段违背自然规律……环境母亲虽然痛心却无奈,想呵护人类孩子却无力。越来越多的自然灾害,都是环境母亲对人类苦口婆心的规劝。

有机生活意味着要遵循自然规律,要让人类与环境共融共存。

有机意味着人在保护环境的同时也在保护自己。

有机意味着优化环境的生命的同时也在优化自己的生命。

有机生活是一种共赢、多赢的生活。

有机是利己,更是利他。

胡珊最后给我讲了一个故事——

日本有个木村阿公,用了三十年的时间种植有机苹果,几次耗尽其财,身无分文,欲走绝路。因为信念,全家人苦苦坚守三十年。三十年对一个种苹果的农民是整个生命的历程;三十年的努力,大自然终于给了耕耘者最高的奖赏。木村阿公用自然农耕法种出了不用农药、不施肥、香甜可口的"奇迹"苹果。在日本的一家老字号餐厅里预约用餐要等半年,其中的招牌菜就是"木村先生的苹果汤"。餐厅主厨井口久和先生面对放在自己店里已经对半切开、放了两年都没有烂的苹果甚是震惊,惊叹其生命力之不可思议:"这种苹果居然不会烂,可能是汇聚了生产者的灵魂。"

胡珊说:"有机生活要带着感恩的心,传递爱和善。"

汶川地震的时候,胡珊老师正在参加一个有机食品展览会。她提出"善是有机人的本性,爱是有机人的本能"。她们挂着"伸出善的手,把爱传出去"的红丝带, 让所有的有机人为汶川孤儿们写一句话。"当我们走到每一个展位前,大家心底里的善良和爱心很快融汇在一起,我们小小的爱心牌上印满了大家的心意。我们把这些心意整理起来寄给了汶川的孩子们,告诉他们有机人的爱。"

胡珊大部分时间用来传播有机文化。传播有机生活方式,耗去了她太多精力。她的有机生活馆至今还是小小的,没有什么大发展。对此,胡珊却表现得很坦然。她说,很多老板朋友总说我闲事管得太多,不懂商业竞争规律,不专心赚钱，影响公司的发展。胡珊每次劝说这些朋友：有机销售不能是简单地占地盘、划山头，而是让更多人合作起来一起推动整个有机事业往前发展，只有这样有机才能成行成市，从事有机行业的人都会有个好发展。

就像胡珊所说的："我觉得我真正的合作伙伴会和我一起把推广有机事业当成使命，去播撒人类对自然界所有生命的爱。在这样的大爱之下做有机，可能我们赚的钱不是最多的，但是我们一定是最富有幸福感的团队。"

说到这里胡珊感慨地说："有一天上午，我看见门外有一位近七十岁的奶奶，撑着雨伞，穿过雨幕走进我们的生活馆。工作人员问：'奶奶，您想要买什么东西？如果您想要什么只要给我们打电话我们会送上门的。'不料那位奶奶说：'不，我就是要来看看，我们有好多人想来看看，只是天天下雨出门不方便。我今天先来认认路，过几天天晴了，我们那里有一帮人要过来。你们一定要多给我几张名片，他们要我带回去的。'看着这位奶奶兴奋而自豪的神情，我当时觉得多少年来所有的痛苦和疲累都烟消云散了。这样的朋友越来越多，好像是上天派他们过来帮助我做有机的。一个比一个热心，一个比一个有爱心。他们就像一群天使，真有点让我目不暇接……"

胡珊说："有机是大众的事业，我愿意做第一个点燃烛光的人。我相信会有越来越多的人帮助我们点燃更多的烛光。有机之路毕竟是越走越宽……我推广有机生活的原则就是：只要他想听有机，我一定去讲，不论他是谁。只要他想做有机，我一定支持，不论他是谁。"

当有一天有机之梦梦想成真的时候，我们不要忘了胡珊老师十几年一直燃着的那点点烛光……

烦恼和痛苦，原来起于胸口涌动的那股气机

认识情绪的真相

人虽然遗忘，虽然失去了人生的方向，但是每个人都没有停止过生命的找寻……虽然可能会找错方向，虽然可能在找寻的过程中饱受痛苦和挫折，虽然有的人找寻得精疲力竭却还是没有找到方向，但是自性的“本我”一直就在我们的身上，静静地等待着我们去发现。

可惜人们以为“外求”才是方向，可惜人们找错了方向……

其实回家的路就在自己身上。不过就是心口这一方寸之间的气血而已。看清它的实相，不去赋予它意义，不去攀附执着，就能看到心性的本来面目。保持对心的觉察，不去改变什么，也不因为外物的影响而动摇内心的安宁，即便是在情绪的波浪中，也能在“当下”那一刻升出觉察力；去感受这种气血的波浪，并在对情绪波浪的“观照”里，感受内心深层的宁静与自在……

特色罐诊付科学

对付科学的采访是在北京东四环国粹苑的一间工作室里,工作室六七十平方米,不大,但布置得古典而清幽。黑色仿古的方桌和木凳,几株绿色的盆栽和吊兰,几幅古代圣人的画像,几个红色大中国结……满是中国元素,都是中国的韵味儿。在这房间里,你还可以发现一两套针灸用的银针、几个浑身点满穴位的经络铜人像、几套磁疗罐……那天付科学身着一件红色丝绸质地的唐装,一件黑色中式风格的马褂,神情儒雅,在古香古色的房间里更显得中医神韵十足。

付科学是几年前中医药管理局一个从事亚健康管理的官员、特色罐诊专家。听说他用十几个磁罐在病人的背部按经络走向,一二十分钟以后就能诊出病人的痼疾,并能预测出未来可能发生的疾病,然后对症下药进行调理。

认识付科学以后一直没有时间和他沟通。直到 2010 年 1 月文化部艺术服务中心在国粹苑组办了一个非物质文化遗产民俗文化节展览,我负责中医养生文化展馆。我组织了二十多个特色国学和中医专家进行了 13 天的特色中医技术和国学文化交流与展览,并邀请了付科学来做“付科学悬磁罐诊疗技术表演”。

那天,付科学也身穿唐装,儒雅淡定地为前来参观的人进行悬磁罐诊疗技术表演。只见他动作娴熟地把十一个悬磁罐摆在体验者背部的重要穴位上,十五分钟后,拔去悬磁罐,然后根据拔罐后皮肤的颜色和表面形迹分析体验者的身体状况。我听见体验者一个个惊讶地说:“是啊,是啊,没错啊!”“您怎么知道的?大夫,您太神了!”后来他在分析一个五十岁左右,打扮时尚的女性时问:“你这半年生过大气,你为什么发这么大的火啊?”女士愣了一下说:“唉,都是为我儿子,在学校不好好读书,我三天两头被老师叫到学校去。当然气死了!”我当时好奇地问:“你怎么看得出她这半年生过大气?”付科学指着女士背中间的两块紫黑斑痕说:“生过大气的人在肝区和脾区是最明显的,拔出来的是紫黑色的,如果是满灌紫黑表示生气已经超过一年了,如果半罐紫黑,那差不多半年。这都是我们实践中总结出来的经验。”付科学说完对趴在床上的女士说:“所以你肝淤得厉害,再不疏肝会出毛病的。”没有想到小小的拔罐还能看出人的情绪!出于好奇我也趴在床上,让付科学也给我罐诊一回,发现他的诊断很神奇。

那次展览付科学的罐诊疗术给我留下了深刻的印象。

这次为写这本身心灵书要采访他,我专门带了个身体处于亚健康状态的朋友一起来,想现场看看付科学能否把他的病预测正确。

采访开始了,朋友坐在我的旁边,饶有兴趣地观摩我们的采访——

付科学自白:中医之路缘起奶奶

说起我行医的缘由要从奶奶说起。小的时候,奶奶就是我家乡一位有名的“郎中”。奶奶从十八九岁就在黑龙江省四丰乡行医,邻里邻居谁有个小病小灾包括接生等都去找奶奶帮忙。我还是一个小孩子时就听奶奶诊断、治病,耳濡目染地喜欢上了中医,我看着奶奶用一些看起来并不复杂的方法治愈了困扰病人许久的病症。十几岁的时候,诊所里来了一个中风的老人,奶奶的方法就是在他十个手指尖放血,然后放耳垂的血,这人的症状很快就缓解了。之后被送到医院抢救,急救医生很奇怪,一般中风这么长时间送到医院就“够呛”了,但那个人因为抢救得及时,保住了性命,且反应比其他人还要灵活。后来,我奶奶又用中医的刮痧、拔罐、刺络等方法对他进行调理,加上药物治疗的配合,病人第三个月就可以活动了,半年多以后就能够说简单的语言。这件事让我觉得中医治病救人简单且方便,让我感到做中医的一种成就感。

还有一个类风湿患者,手指已经变形,生活不能自理,奶奶给他放血、扎针灸治疗。记得当时刺络放血,出来的瘀血都是黑的。但那个患者放血后胳膊就能抬起来了;患者还出了很多水疱,奶奶把这些水疱给挤干净了。之后,奶奶给他做了二十多次的治疗,患者的病情很快就好转、关节也逐渐消肿了……

兴趣是最好的老师,因为感兴趣,我经常会从报纸、挂历收集一些“秘方”,粘了很大一本作为自己的“收藏品”;每发现一个新秘方、新知识我都如获至宝。奶奶虽然没有写书,但是留下了许多中医药的典籍;从小的阅读让我形成了比较完备的中医知识体系。我跟着奶奶看病大概有两三年时间,在实践中慢慢理解中医。不仅加深了对中医的喜爱和理解,更为我积累了丰富的治病经历。总的说来,是奶奶让我喜欢上了中医。对于中医的这份“爱”一直深深地藏在我的心里。也正是这份爱,才让我后来兜兜转转却还是做了中医这个“祖传的老本行”。

1992 年,我响应国家号召参军。填报志愿的时候,我特别写明了我在中医方面的特长。在军队里,我做过卫生兵,对中医也进行了系统的理论学习。领导有个什么头疼脑热就会来找我给瞧一瞧;部队医院里有验血、扎针这样的任务也分配给我一些;我在军队也进修、学习了一些西医的知识,像化验指标之类的。这段经历给了我全面了解医疗科学的机会,让我对西医有了一定的认识,这对我以后从事中医工作非常有帮助。

1997 年,从北京军区转业以后我放弃了分配的工作。由于放不下对中医的热爱,同时理论知识和实践经验也都比较充分了,我正式开始了一名专业中医康复医疗养生师的生涯。后来中华医学气血通研究会(悬磁疗法中医协会)招讲师,我参加了考核,并顺利地通过,成为一名中医养生讲师。

神奇悬磁罐诊疗术

付科学从事中医以后,把主攻方向转向了罐诊。

他从小跟随奶奶行医,看见奶奶用罐疗的方式治好了无数的病人,有些还是疑难杂症。中医传统的罐疗来自于民间,原始社会时期,人在捕猎时常常被毒蛇咬伤,刚开始时人用嘴把毒液吸出来,被毒蛇咬的人得救了但吸血的人可能就会中毒。那用一种什么方法可以让血出来又不让人中毒呢?后来人们发现把动物的角磨平,可以产生热,形成负压能把瘀血吸出来。但后来究竟是哪位古人使用了罐作为中医的一种治疗技术,目前还没有发现文字记载;但老百姓普遍使用罐疗史书医书都提到过。《黄帝内经》中,罐疗指的是把火罐覆在皮肤表面,起到活血化瘀排毒的作用,这就是罐疗法的起源。

后来,牛角发展成陶瓷罐,之后又有了玻璃罐。玻璃罐出现后,因为是透明的,我们就可以看到罐中皮肤的颜色变化了:有的皮肤拔完发紫,有的是发青灰,有的发白,有的发红。主要是玻璃罐透明,你可以看里面有没有风湿、雾气以及皮肤颜色的变化,这就为罐疗的诊断和发展打下了临床数据分析的基础。一些中医老前辈把拔罐的心得总结出来,也为后人的临床治疗提供了很好的经验和数据。

付科学在继承奶奶罐诊技术的基础上,又借鉴了当今的一些科技。他使用的是悬磁罐诊疗术。

悬磁疗法以中医的罐疗为基础,把中医罐的技术和磁疗技术结合。磁疗,是以磁场作用于人体治疗疾病的方法。磁场影响人体电流分布,使组织细胞的生理、生化过程改变,产生镇痛、消肿、促进血液及淋巴循环等作用。最早提出悬磁疗法的是中国科学院院士、中医药学家、气血通发明人向跃军先生。付科学一直跟向先生学习,边学习边实践边讲课,发现用磁疗罐确实会比火罐效果好。悬磁疗法就是在罐的基础上把磁加入到罐中。因为有磁,人会感觉像针灸一样有一种麻麻的感觉,同时也有罐的感觉。人体在真空的情况下会产生一些负压,负压后就会产生局部充血;充血可以起到活血化瘀、通经的作用。又在罐壁开口,可把药液通过罐壁注入罐内,起到体外注射,毛孔扩张吸收的作用。

付科学说他在罐诊的实操中有不少心得。有的患者吃了许多药解决不了的问题,通过罐疗就能驱散体内的寒气、化解瘀血。曾经有一个 12 岁的小男孩高烧不退,到医院输液输了很多天都不管用,他给孩子做了两次罐疗就见效了。因为孩子其实是内火过盛,光吃抗生素、消炎药是不起作用的,只要把他体内的火发散出来就好了。

“中医讲‘通则不痛,痛则不通’,如果人体有血块,就会阻碍血液的正常运行,产生疼痛,就像交通堵塞,前面的车如果不走堵住了通道,后面的车就无法通行。若是让他身体通畅,自然就好了。”付科学说人生病是一个漫长的过程,我们并不能说罐诊能治所有的病,但它在保健、强身、散瘀驱寒、打通人体经络方面效果明显。罐疗对风湿、腰腿疼痛、脂肪肝、便秘都有比较明显的效果，尤其对一些经久不愈的顽固老病效果更明显。病在深层，而罐疗能把多年淤积的气血疏通；如果再和传统的刺络疗法相结合，患者的病症就会有所缓解。瘀血块越黑，沉积的毒素就越多。

付科学说罐疗讲究的是方法，所以技师的作用很重要。寻经取穴，关键看怎么施"压"。身体很弱，就不能施太大的压力；如果身体瘀血严重，就可以用强泻。还要掌握调理的时间和强度的变化。比如刮风下雨，就不太适合罐疗。罐疗比较讲究时辰和季节，讲究子午流注。比如到了冬季就以补为主，罐疗的时间要拉长，不要太勤。

我问："上次民俗文化节上，您给拔罐看出那个女士半年生气的事情，我觉得这种诊断法挺神奇的，不仅可以看出身体方面的疾病，还能看出心理和情绪方面的问题。"

"是的，这都是我们在老祖宗的中医理论基础上，通过我们自己的实践逐渐总结出来的宝贵经验。"付科学说，"情绪导致的淤滞如果不及时疏导对人体的伤害会很大。比如有一个患者半年前生过一场大气，伤到肝了，那段时间他心情一直不好。如果一直延续这种坏心情，他这个部位就会黑得更厉害。所以我就为她采取了泻法，把这个淤滞给泻掉，泻掉后她的血液就通了。用罐泻的时候我们也要配一些食疗的方法。"

付科学说，祖国中医罐疗的作用其实不仅长于治疗，还可以解决很多亚健康症状，比如解除疲劳和缓解疼痛。"悬磁疗法不是用来治什么大病和绝症的，像一些小的问题，比如发烧、感冒、头痛，效果还是非常明显的。还有当你累的时候，在疼痛点，我们也叫阿是穴做一个定罐，流罐。再比如白领坐的时间久，患腰肌劳损、颈椎病、肩周炎的比较多，如果做一个悬磁疗法罐疗，马上就可以缓解疲劳了。"

付科学说，罐诊可以成为疾病预测的一种有效手段，根据拔出来的斑痕的颜色可以预测出身体发生的亚健康状态或疾病。"我们在做罐疗亚健康检测时，都会在他的膀胱经上拔上十一个罐。因为膀胱经上是俞穴最多的，扣拔的位置不同代表我们检测的脏腑的位置也不同，这十一个罐从上到下分别代表肺、心、胆、胃、脾、肝（脾区、肝区并排在第三、四罐之间的位置即胆区和胃区间的两侧，左脾右肝）、大肠、小肠、左肾、右肾、膀胱。检测时一般给七个压，就是用真空抽气，泵抽七下。马上患者就会觉得麻麻的扎扎的，是一种放射的感觉。”

付科学说，拔罐完后根据皮肤出痧的颜色变化可以非常准确地诊断这个人是热证、虚证、寒证或是瘀证。“拔完罐所有颜色都发红的人一定是热证，做不了假的；如果一个人身体很虚，甚至有贫血，拔完罐后所有的颜色都是白色的。我们正常人掐一下手指都会变色，但气虚或者贫血的人你给他拔半小时颜色都是白的，而且还总掉罐。说明这个人的磁场很弱，能量很少；那些有瘀血的人或脂肪肝的人，一拔完在他的肝区出现的就是紫黑色；而拔完罐后出疱的人，如果很难刺破那个疱，他百分之八十是糖尿病……这些都是几代人整理总结出来的经验。今天我们已经是站在祖宗巨人的肩膀上看世界。从玻璃罐诞生之日起，前人就积累了很多经验和规律，现在都比较完善了。”

付科学说，罐诊和罐疗对亚健康预测和防治是非常有意义的。“生活中你可以通过这种方法发现自己的问题，然后及时做出调整。比如风证、寒证等，可以提前把症状遏制并将身体恢复到最佳状态。我们说预防亚健康首先就是要把病消灭在萌芽状态。利用罐诊这种比较准确的检测手段，就可以避免人体得亚健康疾病的几率。”

付科学独特养生术：五行五色五声养生

付科学说悬磁罐诊疗法虽然是一个很好的疾病预测、诊断和调理的方法，但是在实践中罐疗仅仅是他五行五色五声养生法中有效运用的一个手段和方法。

那什么是五行五色五声养生呢？

付科学说：“我们在调理中采用五行配五声的养生法。五行来自于《黄帝内经》，它是讲世间万物都分为木火土金水五种状态，有相生和相克。而五声就是宫、商、角、徵、羽五个音律，五个音阶分别被中国传统哲学赋予了五行的属性：木（角）、火（徵）、土（宫）、金（商）、水（羽）。”

传统中医认为“百病生于气而止于音”。《灵枢·邪客篇》里说：“天有五音，人有五脏；天有六律，人有六腑。”中医的经典著作《黄帝内经》两千多年前就提出了“五音疗疾”的理论。《左传》中更说，音乐像药物一样有味，可以使人百病不生，健康长寿。

古代宫廷配备乐队歌者，不纯为了娱乐，还有一个重要作用是用音乐舒神静性、颐养身心。“通过不同乐器演奏出来的音乐会有不同的振动频率，对人的心情也会产生不同的变化。”

我问付科学：“那到底什么是五声呢？”

付科学打开电脑，分别给我们放了宫、商、角、徵、羽音乐，我们一边听音乐，一边听他娓娓道来——

角调为春音，角音乐曲，有大地回春，万物萌生，生机盎然的旋律，曲调亲切爽朗，有“木”之特性，可入肝。对于脾胃不好者、郁郁寡欢者，常听角调乐曲，可疏肝理气，消除忧郁，倾泻肝火，保肝降脂。此时如揉按太冲穴、期门穴效果更佳。

徵调为夏音，徵音乐曲，热烈欢快，活泼轻松，构成层次分明、性情欢畅的气氛，具有“火”之特性，可入心。对于心慌、胸闷、失眠、多梦等人群，常听徵调乐曲，可以心情愉悦、精力充沛、益气安神、提高睡眠质量。此时如揉按心俞穴、内关穴效果更佳。

宫调为长夏音，宫音乐曲，风格悠扬沉静，淳厚庄重，有如“土”般宽厚结实，可入脾。对于肥胖、便秘、食欲不振、消化不良等人群，常听宫调可健脾和胃、消食散积、消除思虑，轻身降脂。此时如揉按天枢穴、胃俞穴、足三里穴、中脘穴效果更佳。

商调为秋音，商音乐曲，风格高亢悲壮，铿锵雄伟，具有“金”之特性，可入肺。对于面色黄白、咳嗽气喘、免疫力低下等人群，常听商调可养阴保肺、润肺化痰、美容养颜、提高免疫力。此时如揉按曲池穴、合谷穴、迎香穴效果更佳。

羽调为冬音，羽音乐曲，风格清纯，凄切哀怨，苍凉柔润，如天垂晶幕，行云流水，具有“水”之特性，可入肾。对于腰酸腿软、面色晦暗、精神不振、记忆力减退等人群，常听羽调可以补肾强身、滋阴壮阳、提高活力、增强记忆力。此时如揉按命门穴、肾俞穴、关元穴效果更佳。

付科学说：“比如‘羽’就非常悲壮凄婉，你会有一种行云流水的感觉；仿佛冬天的寒冷，一听身体的燥热就降下来了。我们知道怒伤肝，如果患者发怒，我们会让他听一些悲伤的歌，让他的怒随之发泄。不同的声音可以活跃不同的经络。再比如徵调是夏，偏热的，如'我的热情好像一把火'。我们有不同的欣赏音乐，有催眠音乐，有疏肝理气的音乐，也有抑郁的音乐。音乐能改善人的健康状况。在国外，奶牛听音乐可以多产奶，鸡听音乐可以多产蛋，人听音乐身体就容易放松、血液循环就会更好。"

听完音乐后付科学说："中药分主热、主寒；音乐也一样，我们给音乐不同的节奏，使用不同的乐器，达到的效果也是不同的。中药需要配伍，音乐也需要配伍。音乐与歌曲有归经、升降浮沉、寒热温凉，具有中草药的各种特性。同样的歌曲和乐曲，可以使用不同的配器、节奏、力度和声等等，彼此配伍，如同中药处方中有君臣佐使的区别一样。通过不同声波频率振动，以此打通受阻经络，调节气血，平和心情，改善身体健康状况！"

我问："那您如何把五行五声运用在您的中医调理中呢？"

付科学说，古代记载的"生于气而止于音"，就是通过不同的声音达到愉悦和放松的效果。古代皇帝经常歌舞升平，我们认为是奢华，其实他们也是通过音乐来放松养生。毛主席在晚年做白内障手术时就让人给他放《满江红》音乐，只用了六分钟，手术非常成功。后来有人问他是怎么熬过来的？主席说他感受着《满江红》的壮烈，完全感觉不到疼痛。

道家有吐纳法，气入丹田。比如发出一个"啊——"字，平时可以多练练，让自己的气先通，血才通；因为气是推着血走的，气不通血液循环也不会通畅。比如丹田的气我们可以找一下，发一个"啊——"音，让它滚动起来流畅起来。这个方法很简单，白领坐在办公室自己就可以练，让这个声音从丹田起，从印堂打出来。肺主皮毛，气通畅的人肺就比较好，呼吸和声音也会好，皮肤会发亮。音在丹田最低，在印堂最高，这样由低到高，循环一圈，就可以把你身体里的浊气、秽气和废气都赶出来。

付科学说到这里给我们做了演示。只见他先气入丹田，然后"啊——"音伴着一股气仿佛火箭喷发一般，瞬间就由低音蹿入高音，然后带着十足的中气在高音上空盘旋了四五秒钟，又徐徐旋落，声音袅袅的，仿佛气又回到了身体，韵味十足。

“您一口气能连这么长时间啊！”我佩服地说。

付科学笑着说，如果多练习，越练时间会越长，让气连上。过去老人常说找对象要找声音洪亮的、气足的；气足说明他血液循环好；血液通畅，经络就通畅，思维也会活跃，做事就比较有方法，容易成功。比如肺和大肠相表里，一个肠道蠕动不好的人，宿便堆积比较多，他的呼吸道也不会好。所以一个长期便秘的人，容易口臭。肺主皮毛，皮肤缺少光泽，气色不佳，让人感觉运势也不佳！所以我们给患者调理的时候，要先让他发出声音，然后用音乐入他不同的经，在他不同的经络上去扣拨。

付科学说中医里不同的声音可以表现出五脏六腑不同的问题——

“肝音为呼”。发“嘘”音。如果肝血亏虚，人容易发脾气，会发出喊叫声。有的人生气后会发出叹气、叹息声，像吹气的嘘嘘声，这是肝气被郁的表象。其实，发出类似声音是身体的一种自我保护，可以卸除或舒缓肝经的压力。

“心音为笑”。呵呵、哈哈声的震动可以让心血循环起来。但这种笑声又分为正常和非正常两种：如果一个人心气足，他的笑声就代表他的心气运行没有阻碍；但如果平时总是无意识地坐在那呵呵乐或梦里笑醒，《黄帝内经》讲“心气动泄也为笑”，那是一种心气将散的症状，比如心慌、气短、胸闷，甚至出现心肌缺血。我们可以通过声音判断出人的很多疾病。大喜和大恐都对健康无益，有句成语叫“乐极生悲”！

“脾胃为歌”。“呼”即像唱歌一样。正常的脾胃之象应该是歌声广大嘹亮，可以传播四方，就像脾的四方输布之象一样无所限制，但是如果脾胃有病，在唱歌上也会有表现。

“肺音为哭”。发“嘶”音，可令肺气足。小孩子如果肺气足哭的声音就特别响亮。孩子的哭声通常升中有降，哀而不伤，并不动情，只是告诉家长我需要你了。《黄帝内经》曾经专门探讨过哭的问题，认为从一个人的哭声里面，能听出很多东西。比如一个人要是流眼泪了，就说明他动了肝气，因为肝主木；如果哭得满头大汗，说明他动了心气，因为汗为心液；如果哭的时候流鼻涕，说明这个人动了肺气等等。

“肾音为呻”。发“吹”音可以补肾，我们都知道元气藏于肾，如果一个人发出呻吟之声，那就说明动了“老本”。一般人在疼痛、受伤、兴奋、过度虚弱的时候有可能发出这种呻吟的声音。所以如果平时配合不同的声音来调整自己，我们的身心灵将会得到一个更高层次上的和谐统一！

说到这里，我招呼一直在茶座边静静地坐着听我们采访的朋友老袁上来，我笑着对付科学说："可不可拿我朋友做一个案例？看看他有什么病？"

老袁站到付科学面前，按照付科学的要求发出"啊——"音。老袁由丹田向上迸出的声音不是很顺畅，到最后好像是强行从嗓子里挤出来的声音，完全没有付科学声音的那种圆润和蕴含的能量。

付科学指着老袁的嗓子说："你的声音在这个部位摩擦得很厉害，说明你的咽喉有炎症。如果能够每天练练刚才那个音，再练练这个音……"付科学说着从嗓子里发出低低的"啊——"的颤音，声音仿佛含在嗓子里一般。"像气泡音，放松，血液循环就会加快。"

"你发出上面'嗷'的音声时明显卡住了，说明气不通。所以要练习，通过练习你的气就通畅了，然后再通血，让血液通畅。"付科学笑着说，"气通、血通、经络自然也就通了。"

付科学说："现在很多人太躁了，或者感觉压抑，长期得不到发泄，可以采用我们这种五声的方法去释放和调理，你哪个地方不好就发不同的声音。比如有的发"嘶"的声音、"呼"的声音、"嚯"的声音，都是可以调理不同脏器的。"老袁频频点头。

"另外你还要注意心脏的问题，刚才这里面有点杂音。你心事重，有事压在心里不跟别人讲，慢慢会出现心脑血管方面的问题，会影响血液循环。未来还要注意血压方面的问题。"付科学对老袁说，"你要敞开心扉，学会释放。"

"可是在外企那种环境很难有沟通的渠道。"老袁说。

"你可以通过音乐，通过唱来宣泄。眼泪也是一种排毒，运动出汗也是一种排毒，拔罐则是把毛孔张大，把毛孔里毒素类的东西代谢出来。"付科学建议老袁适当慢跑和爬山。

付科学说："中医养生是综合的，除了五声养生，还有色彩养生。比如你最近心里很烦躁，就不适合穿大红大紫的；如果你最近生活很压抑，感觉自己很累不想动，你就少穿黑颜色的；如果你想平衡，那我们就搭配颜色。以后的家装如果能懂得色彩养生的理念，比如你适合用什么颜色的窗帘、床罩、地面，要根据主人的身体健康状况来定,那健康元素也就走进寻常百姓家了。

“在亚健康调理中,您是怎么把五行五声五色和罐诊进行结合的呢?”我问。

“在治疗时,我们一般让患者试唱,让他练发不同的声音;之后根据他的身体状况给他选不同色彩的房间;对应他不同的经络,配合刮痧和推拿、罐疗。这样在不同色彩的房间播放适合他身体状况的对应不同经络的音乐,加上罐诊治疗效果就是加倍的,而且还能修身养性,静心安神。患者在调理中不仅身体能得到改善,身心灵也会获得和谐和宁静,进入完全放松的状态。未来我们还将着重用五行五色五声调理人的身心,根据每个人出生的时间:如春、夏、长夏、秋、冬,以及身体的不同症状:风、寒、暑、热、躁、湿、邪,来选择和定期调换五行养生静心环境,让人身心平衡与和谐。”

逆天而行

——走进现代生活方式病

理念：享受时尚，但不逆天而行

所谓生活方式病，就是随着经济水平和生活水平的普遍提高，人们因为衣、食、住、行、娱乐等日常生活中的不良习惯和行为，以及在社会、经济、精神和文化生活中的不良因素所导致的身体或心理的疾病。这些因为现代生活方式产生的疾病，我们也称之为“现代文明病”。

科学家预言，大约在2015年，一组被称为生活方式疾病的新病将成为导致人们死亡的头号杀手！

世界卫生组织的专家也指出：目前因生活方式疾病而导致死亡的人数在发达国家占死亡人数的70%～80%。高血压、心脏病、中风、癌症、呼吸道疾病等，均与生活方式有关。

遭遇现代方式病？

不知从什么时候开始，我的身体不再任由我潇洒地享受我率性的生活方式了。当我遵循自然规律和身体规律按时吃按时睡，不超负荷工作的时候，它依然给我充足的能量，我的脸上依然泛着健康的光彩，我可以神采奕奕不知疲倦地穿行在职场。但是一旦我想任性一点，比如熬夜看几晚垃圾片、放肆地连续暴饮暴食几次火锅什么的，再比如和朋友偶尔多喝了点红酒，甚至连续两天从早到晚谈事，曾经很皮实的身体，居然会很"适时"地出现不适。连续熬夜了，早晨起来就觉得乏力困倦气虚；连续多吃了，就觉得上火甚至便秘；连续超负荷工作了，就觉得身心疲惫……在感觉岁数不饶人的同时，也深知身体在对我曾经潇洒随心所欲的生活方式发出了警告。

于是，虽然对晚睡、贪吃之类的恋恋不舍；虽然工作没有完成很难按"停止"键，但作为从事健康行业的一员，我也不得不开始调整自己的生活方式。毕竟我贪恋青春，希望尽可能挽留青春的步伐；希望自己的年轻即便不能永驻，也能延长十年、十五年。于是很有趣的是，身体成了我生活方式的晴雨表：我的脸完全能折射我的生活状态。

很多白领都和我一样经历过这样的场景——

熬夜、过度工作，加上不知道风湿寒热躁里的那个诱病原因，五脏六腑突然不协调了。

我的身体怎么啦？一会儿胃酸，一会儿便秘，一会儿头痛，腰酸背痛脖子也僵硬。我生病了吗？可是我的体检指标很正常啊！我没有生病嘛！可是这些不舒服确实每天缠绕着我，让我很难受啊……

我的心情又怎么啦？我的心灵怎么啦？心烦、上火、易怒，晚上睡觉噩梦连连；经常感觉不安、焦虑。我不想承认自己有心理疾病，可是这些负面情绪和负面感觉确实实实在在每天缠绕着我，我的情感很困扰，心情很郁闷啊……

我一个在外企工作的朋友，是市场部主管，不久前工作时突然天旋地转，到医院也查不出明显的病，但一上班又晕倒了。有一次，朋友来电话催她办一件事急了一点，她控制不住在电话里就哭了起来。因为她一个礼拜要主持三个沙龙，工作强度已经把她逼到了崩溃边缘。在晕倒几次后，医生警告她必须休息一段时间调理身体，否则后果不堪设想。

我的另一个近17年失去了联系的朋友，曾经是儒雅的外企首席代表，再见面时他已经是一个成功人士，钱只是数量的增加而已，房子里的家具一件几十万上百万，但是他的脸上写满了纠结、焦虑和不快乐。他随时都可以怡然自得的生活，但是他的心情可以被任意一件他内心排斥的事纠结，怡然自得的生活与他很难结缘。

而我自己，在半年多的时间里经历了突击写作和连续出差的身心劳累后，前一段时间突然感觉身心无比的疲惫，稍微一动就虚汗淋漓，话说多一点就感觉气血耗得很厉害，思虑时间长一点晚上就噩梦连连。

我请教过不少专家，几乎所有的专家都告诉我：这是典型的生活方式病。不调整生活方式，即便这次帮你治好了，如你仍沿用旧的生活方式工作生活，还会周而复始地发病。

一个医生朋友建议我用温灸的方法调理一下身体。于是我认识了国防大学医院中医门诊部负责温灸调理的李本强，在他那里调理几次身体后，他建议我认识一下他的师傅，中国中医科学院西苑医院从医三十多年的中医专家肖守贵。

于是我采访了肖守贵，采访的主题就是白领的生活方式病。

逆天而行，现代生活方式病的起因

世界卫生组织将“生活方式病”列为21世纪威胁人类健康的“头号杀手”。所谓生活方式病，就是随着经济水平和生活水平的普遍提高，人们因为衣、食、住、行、娱乐等日常生活中的不良习惯和行为，以及在社会、经济、精神和文化生活中的不良因素所导致的身体或心理的疾病。这些因为现代生活方式造成的疾病，我们称之为“现代生活方式病”或称“现代文明病”。

比如由于环境污染、饮食营养结构不合理和吸烟饮酒人数增多等诸多因素，导致的心脑血管疾病、糖尿病、恶性肿瘤等；由于现代生活节奏加快、市场竞争激烈，导致人们精神压力大、心理紧张，从而引发很多心理情绪反应性疾病；再比如时尚人士穿着打扮不妥引发的许多疾病，如化妆品过敏引发的接触性皮炎、染发剂过敏性皮炎和戴耳环引起的感染等；还有性解放导致的性病、艾滋病等。

有科学家预言，大约在2015年，一组被称为生活方式疾病的新病将成为导致人们死亡的头号杀手！世界卫生组织的专家也指出：目前因生活方式疾病而导致死亡的人数在发达国家占死亡人数的70%~80%，高血压、心脏病、中风、癌症、呼吸道疾病等，均与生活方式有一定的关系。

肖守贵说："很多疾病的病因与生活方式、行为因素、环境因素、保健服务因素等紧密相关；其中生活方式和行为因素占50%以上。很多现代病过去是没有的，但生活方式的巨大变化使病种也发生了很大的变化。"

"典型的现代生活方式病都有哪些啊？"我问。

"比如高血压、高血脂、高血糖、高尿酸、肥胖、脂肪肝，还有心脏病、癌症等，这些疾病比例的急剧上升，都与高压力的生活和不良的情绪有很大关系。几乎所有的疾病都和现代生活方式有关，包括冰箱病、空调病、电脑病……"

"什么是冰箱病啊？"我打断肖老师的话，不解地问。

"老吃凉的东西，喝冰镇啤酒、冰镇饮料，吃冰激凌等等，会导致胃寒！你想身体的正常温度是37度，你吃进去零度以下的冰坨子，它需要融化，需要热力把寒转化，这不是消耗热力吗？如果偶尔吃凉东西还可以，但成为生活习惯，经常吃凉东西，胃就吃不消了！就要损伤人体的阳气。"肖守贵说，"胃寒会导致消化不好，全身乏力，拉肚子，大便不成形……当然现代病的增加和医学检测手段的先进也有关系。过去没有症状就算没有病，而今天有高科技检测设备，偏离了检测指标，也就算病了。比如高血压，过去不能量血压的时候，有按头痛治的，有按头晕治的，有按中风治的……其实都是高血压，但当时老百姓不知道啊！还有胆结石，过去要出现上腹部绞疼，发烧，牵及后背疼；现在不同了，一做B超就能看见你的胆内有结石，可能还没疼呢。因此从某种程度上说，病种增加的原因是检查手段先进了。也就是说现代生活方式病增加的原因有两个：一个是现代科技能让人们在未病状态早期发现潜在疾病，并及时治疗；第二个是真正因为生活方式不良导致的疾病。"

"那导致现代生活方式病到底有哪些具体的原因呢？"我问。

肖守贵说,导致现代生活方式病的原因有以下几点——

首先,最主要的是饮食无节制,暴饮暴食;膳食结构也不合理,天天生猛海鲜,摄入过多动物性食品……导致与饮食相关的现代生活方式病。

其次是生活起居无规律。该睡不睡,该起不起;夜生活、电视、网络、酗酒、通宵达旦地娱乐,半夜吃夜宵,喝酒到天明,这样无度无节制的生活方式必然导致疾病。

第三是精神压力过大。现代社会竞争激烈,人们为了追求功名利禄天天奔波,人心浮躁,物欲横流。很多人长期处于精神紧张、焦虑、忧愁之中,导致免疫功能低下,引发各种身体和心理的疾病。

第四是缺乏运动。以车代步,远离步行,导致骨质疏松、肥胖之类的疾病。

还有,比如现代科技文明干预自然导致的疾病:比如气候,我们过去顺应自然,该天热时天热,该天冷时天冷,而现在外面三十多度,回到家里空调开到十七八度,这样冷热交替,人极易生病。

肖守贵分析到这里说:"为何山西内蒙古慢性支气管炎、哮喘病患者比较多?就是冬天家里面太热,外面太冷。现在有空调,当时是很舒服,但是你出去后会觉得浑身酸懒,没有精神。再比如过去稍微吃点辣椒很舒服,哪里像现在麻辣火锅、香锅的,吃得大汗淋漓。这些都是人为的生活方式造成的。"

"那怎么避免现代生活方式病呢?"我问。

肖守贵说:"远离生活方式疾病要从以下几点着手:克服挑食、偏食等不良的饮食习惯;避免过量饮酒,最好戒烟;适量摄入维生素A、维生素C、维生素E和膳食纤维;注意少吃过咸或过热的食品;不吃烧焦的食物,尤其是烧焦的鱼、肉;避免过度阳光曝晒;性生活要有节制;避免劳累过度;注意身体自洁。其中少吃动物脂肪、动物内脏、低盐摄入、控制饮食、避免肥胖及加强身体锻炼是防范'现代生活方式病'的关键。"

失眠,典型的现代生活方式病

"失眠是最典型的现代生活方式病之一,主要是由焦虑导致的。"肖守贵说，“我从 2004 年就开始研究失眠了，发展到现在门诊以治疗失眠为主。中医对失眠原因的归纳，主要是脏腑阴阳失调，气血不和。最常见的分类有肝气郁结，肝胆火旺，心脾两虚，心肾不交，胃中不和等。但我认为，现在的失眠种类已经超出很多了，比如现在气滞血瘀越来越多。”

“那您认为失眠最重要的原因是什么呢？”我问。

“因为社会的进步，竞争的激烈，贫富的悬殊，使人们的压力越来越大。很多人失眠是因为焦虑。现代人失眠很重要的原因就是肝气不舒，由思想引起的比较多。”

“那肝气不舒又是什么原因呢？”

“情绪不好啊！比如工作不顺，家庭矛盾之类的。肝气不舒基本都是因为情绪的因素。肝主疏泄气机嘛！”肖守贵说。

“有的人情绪不好会发脾气，有的人却把情绪压抑下来了。您说的肝气不舒是哪种情况呢？”我问。

“肝气不舒有的叫木气过旺，肝气过盛；还有一种是肝气比较虚，影响到脾，叫木不疏土，是一种虚证。肝主疏泄，比如消化系统、泌尿系统等都可以归到肝里。肝气亢盛，说明功能过盛；还有就是肝气不足，功能不足。怒伤肝，无论发泄还是压抑都会造成肝郁。比如人吵架就吃不下饭，思虑过度也会茶饭不思。肝郁已经成为现代生活方式病了。”

肖守贵说：“肝郁大都和现代人的心态紧密相关。现代社会经济发达，财富分配不均，人们的欲望与日俱增。《黄帝内经》说‘美其食，任其服，乐其俗，高下不相慕’，就是说你比我好，比我差，我就是我；你高我不羡慕你，我低我也不妄自菲薄。《黄帝内经》还说‘提挚天地，把握阴阳’，讲的就是天与人和谐相处，天人合一，起居饮食都顺从自然。而失眠者生活方式经常逆天而行，比如起居无常，饮食无度，嗜欲劳其目，淫邪惑其心，夜生活过盛，白天疲惫焦虑……典型的现代生活方式病。”

“失眠在白领中比例很高，是不是因为他们工作压力大，精神紧张呢？”我的很多外企朋友普遍睡眠不好，经常失眠，容易做噩梦。

“失眠一般分三种：一种是入睡难，躺在床上翻来覆去睡不着；另一种是早醒；还有的是容易醒，或半夜醒来再难入睡。有的短期失眠，有的长期失眠，但失眠的原因大部分是因为焦虑。”肖守贵说，“从中医讲有很多原因，比如心肾不交，肝胃不和，气滞血瘀等等。过去可能虚症多实症少；现在实症多虚症少。现代人不会因为营养不够而气血不足，气血不足往往是因为肝气郁积引起气血循环不畅，气滞血瘀。”

“为何肝气郁积会导致失眠呢？”

“肝气郁积会导致很多系列症状，可导致气血循环不畅、心血供不上来；思虑过度，总想不高兴的事儿，不平静，做梦多。子时丑时是调养肝胆的时候，但现代人尤其是白领都不肯睡觉，所以失眠、焦虑就成为白领阶层最容易出现的疾病了。”肖守贵说。

“您前面说失眠主要原因是疏肝，要调理情绪，那您看病的时候除了开中药，还进行心理疏导吗？”

“是的。肝郁通常与情绪和心理有关。除了看病，我们要对病人进行适当的心理点拨，比如‘不要生气，要多想高兴的事’。其实很多道理都很明白，但情绪一上来就做不到了。这就需要调理了，针对不同的病人和病因，该疏肝的疏肝，该平肝的平肝，该补肝的补肝，该泻肝的泻肝。肝气不舒的治疗方法也是因人而异的。”

“真正能顺天而行，顺应自然规律，天人合一，才是防治现代方式病的根本方法。”肖守贵说。

现代人看中医的五个误区

肖守贵老师说现代人看中医进入了五个误区——

误区一：号脉的误区。以为号脉就能诊出所有的病，岂不知中医讲求望闻问切，少一样都是不完整的。中医四诊合参，切在最后。民间亦有“病人不开口，医生难下手”之说。

误区二：在看中医前进食、化妆、刮舌苔。虽然现在对上午看中医以空腹为好的规矩不大在意了，但是对就诊前进食会影响舌苔的食品还是要注意。比如紫米粥、咖啡、豆腐脑里的韭菜花、水果中的杨梅、桑葚等均可引起舌苔的变化。有些人喜欢在刷牙的时候刮舌苔，这会严重影响医生对病情的判断。

我认为舌苔比脉象还重要,能比较客观地看出体内的问题。还有爱美女士化妆,这会掩盖本来面貌,给医生造成错觉,这些都是应当注意的。

误区三:在中医院看病同时挂两个科室的号。在门诊中有不少患者同时挂两三个专家号,如头痛挂一个神经科,胃痛挂一个消化科,或者失眠挂一个失眠门诊,这都是错误的。人体是一个统一的整体,辨证施治是中医诊疗的特色。比如失眠的患者同时有慢性咽炎,可能致病的共同原因是阴虚火旺,使用滋阴泻火的方法则二者均可获效。

第四个误区:认为夏天天气热,不宜服中药,这是一个错误的认识。夏天有夏天的辨证。中医辨证施治的特色是因时因地因人制宜,即在诊断治疗时要考虑到季节的因素,加一些相应的季节用药。冬病夏治其实很好,气喘、咳嗽、哮喘等都是在夏天治疗效果好。

第五个误区:认为中医慢,只能治慢性病,这是一种误解。中医药在很多疾病的治疗中疗效并不慢,如退热、止痛、止喘、止泻等,如果用药对症,均可收到立竿见影的效果。比如退烧,我认为中医比西医快。西医退烧后可能还会复发,但中医退烧后就不会再复发了。古人称"覆杯而愈",就是说杯子翻过来了病就好了。汉代医圣张仲景在他的《伤寒论》里就有一剂知,二剂已的描述,意思是治愈和见效都很快。我在失眠门诊中,治疗许多顽固性失眠患者,只要认证准确,药后当晚即可安然入睡。效果不亚于安眠药,且无任何副作用。

"走出这些中医的误区其实与我们医生在物欲横流的现代社会能树立医德,树立为老百姓治病的责任心有非常大的关系。"肖守贵说,"对医生来说,最重要的是要把患者的病治好,要有效果。现在有些医生很关注宣传效应,想上报纸、上电视。我经常对他们说,搞宣传可以,但首先要把人的病治好。不要在电视、报纸上制造轰动效应,把全国各地的患者忽悠来,结果病却治不好。"

"现在的医生最需要静心。现代社会很浮躁,有时候医生也受不了利益的诱惑,做了一些违背职业道德的事。"肖老师说,"我认为医生首先应该真心实意地给老百姓治病,不要考虑太多个人利益;其次医生要实事求是,能治的病就治,能治到什么程度就治到什么程度,不要夸大治病的效果。我个人认为治病疗效能有60%就不错了,不能说什么病一治就好。"

孙思邈的《大医精成》说:"凡大医治病,必当安神定志,无欲无求,先发大慈恻隐之心，誓愿普救含灵之苦。若有疾厄来求救者，不得问其贵贱贫富，长幼妍媸，怨亲善友，华夷愚智，普同一等，皆如至亲之想，亦不得瞻前顾后，自虑吉凶，护惜身命。”

“作为医生，存在的前提就是要解除患者的痛苦。如果一个医生心里没有患者的定位是不可能把病看好的。虽然病人分有钱没钱，地位有高有低，但就病痛而言是一样的。不能说有钱人头疼是病，没钱人头疼就不是病。一个医生应该像孙思邈说的不管病人贵贱、老少、丑俊，都要一视同仁。要有患者有病就好像自己有病的心态。”

肖守贵又说到《伤寒论》的序言对医德的论述：观今之医，不念思求经旨，以演其所知，各承家技，始终顺旧。省疾问病，务在口给，相对斯须，便处汤药，按寸不及尺，握手不及足，人迎、趺阳，三部不参，动数发息，不满五十，短期未知决诊，九候曾无仿佛，明堂阙庭，尽不见察，所谓窥管而已。夫欲视死别生，实为难矣！

“这段话的意思是讲，那些医生不研究和掌握医学经典知识，只是秉承家传的一些医技，沿袭旧法。察看疾病询问病情时经常花言巧语，应付病人；对病人诊视了一会儿就处方开药；诊脉时只按寸脉，没有接触到尺脉，只按手部脉，却不按足部脉；人迎、趺阳、寸口三部脉象不互相参考；按照自己的呼吸诊察病人脉搏跳动的次数，不到五十下就结束；病人垂危还不能确诊，九处诊脉部位的脉候竟然没有一点印象。鼻子、两眉之间及前额，全然不加诊察。就如同‘以管看天’，以偏概全。这样看病实在是很难呀！”

肖守贵说：“我们的医生们天天在看现代生活方式病，但很多医生自己却很难以医德为本，身心合一，甚至自己也难以抵挡现代生活方式的诱惑，浮躁不已。这种状况不也是一种中医的现代生活方式病吗？”

用中医精髓实践现代生活

——肖老师谈师承经典

肖守贵老师的本家叔叔是中医，肖老师受叔叔影响，八九岁就背汤头歌诀等中医四小经典,他经常跟着叔叔看病,耳濡目染,对中医产生了浓厚兴趣。后来上了中医中专,学了三年,毕业后跟随叔叔继续进行中医实践。肖守贵先在镇医院工作,1970年代末国家为解决中医后继乏人问题,经全国统考后按本科生待遇,选拔到县医院工作了十多年,当时除临床工作外,亦曾带徒。1990年代初调入中医科学院西苑医院工作至今。

"不过现在我已经到退休年龄了。除了看病,我还有一个重大任务就是带好徒弟。"肖老师指指坐在一边的李本强说,"这是我的师承徒弟,把他们带好,也算是为祖国中医做点实实在在的贡献。"

我是经由李本强认识肖老师的,而认识李本强是因为他负责的国防大学医院中医门诊部艾灸室吸引了不少来来往往的病人,也吸引了正好处于亚健康状况的我。十多年来,我第一次踏踏实实地去他的温灸室调理自己的亚健康症状,每周都去一两次,亲耳听到病人身体改善和痊愈后的感想,因此我对祖国艾草有了一种特殊的感觉。

今天得知李本强是肖老师的师承徒弟,不由得我有些好奇。

我在中医行业里待过几年,和中医药局官员、中医权威专家以及民间特色特技专家有过很多沟通。中医界一直在探讨"师承"问题。中医学院毕业的学生很多不会看病也一直折射出中医西化、中医教学理论和实践脱节的问题。这些年中医"师承"似乎是一个比较敏感的问题,毕竟挑战的是中医学院派正规的教学体制,所以我对"师承"问题有很大的探讨兴趣。于是我把话题引向了师承。

肖守贵老师说:"国家现在已经逐渐意识到,中医培养——师承也是一条不可缺少的路。现在的中医学院很多还是延续西医的教学方法,从教材到设施很多都是按西医设置的。什么内科、解剖、病理都有。现在本硕连读出来不会看病的大有人在。"

"那肖老师,您收李本强这个弟子的师承是国家允许的正规师承吗?"

"是正规的师承,拜师磕头的,是卫生局和公证处公证的,整个拜师仪式国家中医局领导亲自参加。"肖守贵说。

"那国家支持师承是出于什么考虑呢?"

"主要是解决中医后继乏术的状况。"肖守贵说。

“肖老师,您为何叫后继乏术,不叫乏人呢?”我好奇地问。

“中医人很多,但是乏术啊!很多中医学院毕业的学生不会看病也不爱看病,所以叫乏术。师承是从下面选拔一些中医干得很好,有中医专长,但不是从医学院毕业的没有“名分”的年轻人;或出身于中医世家、由父母和亲戚教的,或者自己拜民间中医为师的人。国家给他们一个机会,通过跟正规专家系统地学习,通过考试毕业后,再给他们一个名分。”肖守贵不无遗憾地说,“现在中医很多,但是真正干活的人很缺啊!所以,通过正常渠道和正规系统的学习,培养一批师承的有真才实学的新一代中医非常重要。”

“那您的徒弟是您自己挑选的吗?”

“不是,是他们先去报名,通过审核,然后和老师见面,老师通过面试觉得可以才同意带这个徒弟。”肖守贵说。

“那带徒弟的老师是自己报名的还是安排的呢?”

“是通过我们医院的教育处安排的,其实也是双向选择,师傅愿意带,徒弟愿意学。徒弟都要通过统一考试。三年完成师带徒,然后通过国家统一毕业考试才能发给资格证书。考试先要做实际技能考试,通过了才能参加笔试。收徒弟的标准第一个是要踏实;第二个是对中医确实喜欢。有兴趣才能钻研,才能学好。”

我去找肖老师看病的时候,发现每次都是李本强在抄方。我问:“抄方本身也是学习的方式吗?”

“是啊,学会怎么用药。有些典型病人我会让他搭脉,然后领会我用药的方法,用药的思路,根据什么症状怎么用药?用药效果如何。”肖守贵说。

“那三年能带出一个好徒弟吗?”

“只要用心努力没有问题。”肖守贵说像李本强两年来风雨无阻,每次出诊他一定在场,“这样的学习态度,进步就非常快!”肖守贵说着笑吟吟地望着坐在一边的徒弟说:“这样边学理论边在实践中学习的学生绝对比中医学院5年的效果好;因为学校学习和实践是脱节的,而李本强他们这种学习是硬碰硬地在实践中摸索出来的。要老老实实地学。不用强迫,不用给压力,他能学的自然会悟到学到,能把握的他自己把握,把握多少是他个人的悟性和能力。”肖守贵说,“我觉得国家培养中医应该多走这条路。”

掌握中医方法论
——艾灸防治现代生活方式病

我问肖守贵为何让李本强去做温灸？

“中医看病开方是一个方面，我认为一个好中医除了会诊病，至少还要掌握一两个中医治疗调理的方法，比如艾灸就是一个中医传统的预防治疗疾病的行之有效的方法。我希望徒弟除了能诊病之外，还能掌握一个治病的持续发展的特色技能。”肖守贵说，“现在大夫太多了，看病的病人也太多了。你必须有一个特色才能适应现代中医的发展趋势。这种特色就是既有效又有特色，在方法论的研究上能拿得出去的，但是又有创新的。”

祖国的中医源远流长，“一针、二灸、三方药”为其主流。

艾草，一草可治百病。艾草是多年生草本植物，叶芳香、苦、辛，性能纯阳；归肝、脾、肾经，祛寒湿，通经活络，大补元阳，驱邪祟浊气。现代药理研究认为：艾草具有平喘镇咳、祛痰、强心、镇静、止血、抗过敏、抗肿瘤、增加胆汁流量(助消化)、提高免疫力和为空气消毒的作用。艾灸时弥散的烟气可有效杀灭空气中绝大部分的细菌和病毒，自古以来对大面积流行性疾病有显著的预防和治疗作用。早在宋朝时人们已深谙此道，专设灸科。

医圣李时珍著《本草纲目》盛赞艾灸之法：“可逐一切寒湿。转肃杀之气为融合。灸之则透诸经，而治百种病邪。起沉疴之人为康泰。可以回垂绝元阳，其功亦大矣，妙不可言。”

医圣扁鹊在《心书》中向世人揭示了延寿百岁的最简易之法：“人无病时常灸，虽未得长生，亦可保百年寿矣。”

用艾灸治疗和预防疾病，运用的是大自然对人类的厚赐，帮助人们治病和养生保健；而且艾灸成本低，能满足普通老百姓，尤其是农村百姓的需要。

“艾灸是一种用自然赐予的艾草来顺其自然地为老百姓健康保驾护航的祖国中医文化遗产。取之于自然，用之于人类，能体现天地人合一的理念。”肖守贵说，“但是艾灸现在也进入误区了，艾灸做得太泛也太滥，很多使用者已经脱离了老祖宗艾灸的经典。过去艾灸是一炷一炷的,现在有的人当暖炉用了,疗效受到了影响。”肖守贵望望徒弟李本强说,“所以我就建议小李要在艾灸这个祖国中医经典领域里研究一些新的东西。”

我问:“艾灸不是很普遍的吗?您说研究艾灸新东西的定位是什么呢?”

“要重点研究方法论。第一要有效;第二要方便;第三要对症。灸也要辨证,现在在艾灸实践中辨证。我希望小李做成个性化的东西。比如肝郁脾虚怎么灸?心火躁怎么灸?而且要做到不痛苦,无烟味,要求比较高。”肖守贵说。

“那你们做艾灸的方法有什么和别人不一样的特色呢?”我问李本强。

李本强说:“我们用中医的理论辨证施治,用行之有效的辨证治疗方法,要做出自己的特色和个性。我们不是千篇一律地来了就给你一个大艾条,对不同的患者我们会使用对症的不同的艾条,效果会比千篇一律的好得多。让艾灸治疗个性化、人性化:个性化就是对症,是根据你的身体决定用什么方法,用什么穴位;还可以根据你的体质专门为你制作加中药的艾条。人性化就是不难受,还可以教会患者自己如何给自己治疗。”

李本强介绍了一种他们研究实践的方法,用火柴头粘一点艾绒,放在穴位上,点上火,两三秒钟熄灭。无烟,基本无痛苦,但是效果很好。

“艾灸非常适合白领预防现代生活方式病。”李本强说,“艾草温经散寒,舒经活络,适用于寒湿导致的颈肩腰腿疼痛、胃痛;可温养气血,补虚升阳,可治疗体质虚弱所致的头晕乏力、失眠、记忆力减退、月经不调、痛经。艾灸还可以用于白领的日常保健,补气养血,可以提前预防办公室综合征。白领女性还可以美容养颜,抗衰老。”

如同《伤寒论》序里说的:自然界分布着五行之气,而运转化生万物。人体秉承着五行之常气,因此才有五脏的生理功能。经、络、府、俞,阴阳交会贯通,其道理玄妙、隐晦、幽深、奥秘,假如不是才学高超,见识精妙的人,怎么能探求出其中的道理和意趣呢?

艾草之普通,轻易可以获得;

艾草之神妙,可以治百种病邪,起沉疴之人为康泰。

千千万万的中医,如艾草般平实无华,可以一生淡泊名利;也如艾草之神妙,救天下苍生无数。

身·心·灵

——净心、静身、境界

烦恼和痛苦，原来起于胸口涌动的那股气机

净心，解铃还须系铃人

——走进心灵深层沟通

撬动冰冻关系的杠杆

——走出无效沟通

河洛国学，关系的解读和相处

静心，实现天地人合一

当“灵性”天使张开隐形的翅膀……

烦恼和痛苦，原来起于胸口涌动的那股气机

认识情绪的真相

人虽然遗忘，虽然失去了人生的方向，但是每个人都没有停止过生命的找寻……虽然可能会找错方向，虽然可能在找寻的过程中饱受痛苦和挫折，虽然有的人找寻得精疲力竭却还是没有找到方向，但是自性的“本我”一直就在我们的身上，静静地等待着我们去发现。

可惜人们以为“外求”才是方向，可惜人们找错了方向……

其实回家的路就在自己身上。不过就是心口这一方寸之间的气血而已。看清它的实相，不去赋予它意义，不去攀附执著，就能看到心性的本来面目。保持对心的觉察，不去改变什么，也不因为外物的影响而动摇内心的安宁，即便是在情绪的波浪中，也能在“当下”那一刻升出觉察力；去感受这种气血的波浪，并在对情绪波浪的“观照”里，感受内心深层的宁静与自在……

纠结烦恼中，遇到黄庭禅

似乎大半生都在与情绪争斗，一直到今天。

我的人生似乎都很顺利，要风总能得风，要雨也常有雨露滋润。我的职场和事业似乎无心插柳却总是柳树成荫，情感生活无心栽花也从来不乏护花和想护花的人。但是我半生一颗为情所困的心却过得跌宕起伏、潮起潮落……

因为太渴望一份如同琼瑶小说里的那种纯美的爱，那份男女之间的灵犀写意，那份爱人之间的身心交融，那份你中有我我中有你的亲情……

说起来，对一份爱情理想的渴望和对这份渴望的执著追求无论对于一个男人还是一个女人，实在没有什么错。但是，不仅是我，多少情路中"正当"的苦苦追求爱情理想的男人和女人，却在美好的初衷下把一份美好爱情理想追求得血泪斑斑，甚至情侣间相见宁愿不相识……为了获得这一份美好，结果却毁掉美好，丑陋成了爱情路上的主题歌，唱到喉干嗓哑，最后发现就是一个错、错、错。不管你再好的动机，如果走出来的是这样的结果，人生如此的演绎过程，想来实在是错之又错。

相信每个人面对一个事与愿违的情爱结果都会悔不当初。

但是，悔之晚矣！

你会说，后悔当初认识他/她。但茫茫人海偏偏是他/她与你结缘，那是几世的因缘；他/她是你命中要趟的河，要翻的山，要过的坎。过了河，前面有好美的鲜花绿地；翻过山，那边是广袤的美景；跃过坎，一生平安和幸福。但是，偏偏你找不到过河的舟船；你在情天恨海中耗掉了太多的精力体力，爬到半路，再也没有了能量；你想过那个坎，但是找不到方法。起起落落，一只脚在外了，另一只脚却怎么也跨不过那道坎。

于是，人生悲欢离合……

而那个小舟，那个能量，那个方法，可能是你一生在寻找的，但是似乎两眼路茫茫。有时候小舟在你的身边等待，能量在你的周围环绕，方法绽开着笑脸向你招手，但是，你却浑然不知。

于是你为过不去河而纠结，你为翻不过山而沮丧，你为一个小小的坎都跨不过去而痛苦。

梦里美好的情路上，幸福和快乐与你渐行渐远，而痛苦仿佛成为你永远绑在心上的红字。

几千年人类文明，蕴藏了向幸福彼岸载舟、翻山、跨越的无数“法门”，但是当一个人感官世界里充满喧嚣的时候，他失去了用一颗纯净的心去感知世界的能力；他的眼耳鼻舌身意所看到的、听到的、感觉到的都不再是真实的世界。我们因为喧嚣而随时滋生的百味情绪扭曲了感觉，扭曲了世界，扭曲了别人，更扭曲了自己。因为喧嚣，幸福的“法门”近在咫尺，却擦肩而过；很多人一生寻觅，却纠结终老。

不幸，我是那想载舟，想翻山，想跨坎，想到河对岸、山顶上、坎那边去获取幸福的人，却苦苦挣扎找不到走向幸福情感归宿的“法门”。

庆幸，我又是那个无数次掉落河里，困在山上，摔到沟里，被摔得痛苦不堪、摔得不想再摔了的人，终于懂得静下来，坐在河畔、山间、沟坎，静静地痛定思痛，静静地第一次翻阅过往，去反思为什么总是摔？为什么总过不去？

于是，某一天重新从书架上取出落了灰的那本美国人写的书《改变，从心开始——情绪平衡理论》，不知为何，读着读着，感觉头顶仿佛给打开了一扇窗，一种顿悟开始出现……从那一刻起，心灵书籍成了我最亲密的朋友。每天，再忙，哪怕只是短短的十来分钟，我也要看这些书。两年多的时光就这样伴随着这些心灵书籍，使我痛并快乐地过着……感觉一束束智慧的光被宇宙徐徐地送进了我的大脑，送进了我的身体。在这些心灵智慧的滋养下，一种因静而产生的能量，让我的心灵一天天变得强大……

我懂得了心的安宁“在内”不“在外”；

懂得了外面的世界里只有你自己，没有别人；

懂得了人要百分之百地为自己负责，而不是把人生的挫折和命运的坎坷归结于别人。

幸福是你的事，和别人无关；

不幸也是你的事，也和别人无关。

当你认为你的幸福与别人有关的时候，别人就成了你的地狱。你将满世界寻寻觅觅，寻找为你的幸福负责的人；如果别人不肯为你的幸福负责，不肯接受你的责难，你就压抑或爆发，陷入更深的纠结；在追寻幸福的路上和幸福更加无缘。

当你认为你的幸福与别人无关的时候，你便开始走向内心，去“向内”寻找幸福的“法门”。

但“内求”的路比“外求”更加荆棘。因为“外求”可以为你自己的失败到别人身上找寻你不必负责的无数理由——你不爱对方是对方不善待你；你婚外恋是家庭没有温暖；你经商屡屡失败是因为合作伙伴不好；你挣不到钱是因为别人坑了你；你和老板搞不好关系是老板个性不好；你能力得不到发挥是调不上伯乐；你今日不想再为爱人家庭付出是因为爱人过去伤害了你……任何一个理由都会让你在“外求”的路上从别人身上找寻自己失败失意的原因；都会让自己活在继续责怪别人、原谅自己的纠结中，于是会继续让原本不和谐的“关系”更加不和谐，然后你继续失意和失败。

于是人生陷入厄运、恶道的轮回。

但“内求”者原因永远都是自己。每一个失意和失败的注解是你与人相处的关系模型是否出了偏差——对方没有善待你是否因你没有善待对方？对方婚外恋是否因你没有给他/她家庭的温暖？经商屡屡失败是否因你选择了不适合的合作伙伴或你没有和合作伙伴处好关系？挣不到钱是否因你在经营管理上欠缺某些能力？和老板搞不好关系是否因你还不了解老板的个性和工作模式？能力得不到发挥是否因你没有用好的方式展示自己，错过了伯乐？爱人今天不想为你付出是否他/她曾经为你付出的时候你错失了他/她、伤害了他/她……“内求”没有借口，责任在自己身上；“内求”不改变别人，只改变自己；“内求”宽容别人，却苛求自己；“内心”不怕失败，挫折是你进阶的老师；“内求”的幸福感从内心深处而来，不受外境变化的影响。

人生因为“内求”去寻找载你过河的小舟，助你翻山的能量，教你跨坎的方法。“内求”中，我走进了黄庭禅。

我们的"心"去哪里了？

走进黄庭禅的时候，我并不知道黄庭禅是什么？

但是我知道我为什么来到了黄庭禅。

我来寻找一种方法论，可以来守住自己的"心"。不管风吹浪打，我自闲庭信步。

选择黄庭禅是因为：人即便意识到是自己的内心出了问题，想修心修为，但是当固有的具有杀伤力的旧问题产生的周而复始的冲突一次次席卷而来的时候；当你的耳朵不想听见对方的责怪、不想被对方带入不堪回首的"过去"而对方偏偏要控制不住地把你强拉入"过去"的时候；当你静心修心后准备以一颗全新的心去告别"过去"拥抱"未来"的时候，你的爱人偏偏为"过去"伤透了心，沉溺于"过去"的不平，根本不与你携手"未来"。于是你一次次为了"未来"不得已地与"过去"进行筋疲力尽的纠缠；而当你想和爱人沟通、清理"过去"，却发现这种沟通因为价值观差异，最后又演变成了对与错的论战，产生了更深层次的伤害……最后旧痕未清，新伤又起，原本平静的心被刺激得再掀波澜……而波澜掀起的时候，尽管空中依稀回响起一个声音在警示你的理性，但你发现这点理性在情绪一浪压过一浪袭来的时候，你平静时感同身受的心灵哲理，在当时就是一个毫无力量的微弱颤音，根本阻止不了你情绪的波涛汹涌……

而且让你难受的是波涛过后，在痛苦中收拾残局的时候，因为你是静心人故而对不静心行为的重复发生内心会自责和后悔，问自己情绪来袭的那一刻，为何静心的理性之光变得这么微弱？为何情绪下那颗狂乱的心一时间就没有了方向？为何没有控制住这颗心的力量？

再问自己不是读了这么多心灵的书吗？不是因为书中所引发的感悟才走向心灵成长的道路吗？为何情绪上来的时候，所有心灵书里的东西都发挥不了作用了呢？然后才明白，看这些心灵书籍的时候，因那一刻没有什么烦扰的事，一颗心也像水面一样宁静，因此会有很多的感悟。但是当现实生活中的问题激发了你的情绪的时候，才恍然发现，在情绪席卷而来的当下，如果你不能把那些心灵的理论知识和感悟化为一股可以控制情绪的力量，这些知识和感悟是发挥不了作用的。

于是意识到，真正的静心除了理论上必须要自我认知和自我清理，还需要去找寻一种当不静心袭来时能以“静”制“动”的力量。所以我从北京飞到了苏州的黄庭禅课堂，希望能帮我找到这股力量。

……

当晚课程就开始了。我早早地在台下第一排席地而坐，期待地望着台上。

一个很瘦但浑身带着能量的女子穿着一件奶白色的麻质唐装飘然上台，说今晚的第一课是请黄庭禅创始人张庆祥老师通过声音给我们讲第一课。她是张讲师的大弟子瑞穗，头两天的课由她来引领。

会场灯光暗下，一段仿佛发自仙山野谷带着花香鸟鸣的音乐悠然响起……

紧接着屏幕上出现了两行字：“本来无一物”清净真境，重见古人“以简御繁”的安心。我的心一下被这富含底蕴的字句吸引了。

然后屏幕上出现“黄庭禅”三个字。

当张讲师祥和的微笑与充满着磁场和能量的声音充诸整个课堂的时候，不知为何，我的心很快被他带入了醇厚深邃的国学画卷里……

也许我才疏学浅，迄今我还没有见哪个人，把有关“心”的论述从中国历代圣贤的著作那里一一摘录出来，并一一讲解得那么清楚。让我全然忽略了张讲师没有到场，忽略了我们只是在面对他的声音。

何谓“黄庭”？张讲师开篇先提问。

“‘黄庭’是人身的感应中枢，它是人身体中气机感应最为敏锐多变的一个位置。当人们的六根与外界接触的时候，黄庭中都会有一些微微的气机起伏与变化。例如我们眼睛看到亮光心情会为之开朗，这个开朗的感觉，就是在黄庭的气机起伏中上演的。”张讲师说，“黄庭是身中一股敏锐之气的感应点。因它的起伏多变，有时反而成为扰乱人心安宁的根源！例如我们升起感动、生气、忧伤等情绪时，实际上都是由黄庭一窍的气机起伏所引发出来的。人们的烦恼其实不过是黄庭一方寸内的变化，却主宰着人们的情绪、想法、行为以及人生自在与烦恼的源头。”

为何叫“黄庭”？

张讲师说：“‘黄庭’的位置就在胸口正中深度约两三寸的地方，它并非一个有形的器官，而是气机起伏的感应位置。它是人身精气神的感应中心，也是天地人的交感中心，更是人们情绪的战场。人们误以为以这里为心，这里一有起伏，人们便觉得不能自已了！”

张讲师解释说黄庭有很多名称，一般人俗称它为“心头”，中医称之为“膻中穴”，修行家称它为“灵台”，佛陀称它为“烦恼根本”，老子则称它“黄庭”。老子之所以称它为黄庭是因为“黄”居五色之中，以此比喻心境上的天然污染、不堕分别取舍的意思。“庭”是元神所居之所，人身一股五元未判真气的感应中枢，该处是元神所居之家庭，故称为“庭”。

说到底，守住“黄庭”的气血能量并与“黄庭”的气血能量和睦相处，就是黄庭禅修炼的核心。说到底，黄庭禅修的就是一个“心”字。

“心”又是什么？

我们的“心”一会儿在这里，一会儿在那里；一会儿因为这件事情绪高涨，一会儿又因为那件事情绪低落。因此，人们说“心不在里，不在外，不在两边及中间”，或说“心无所不在”了。

张讲师分析说人们情绪一起伏便会不能自已，因此情绪变成了主轴。此时人们便会以情绪的起伏为“心”。而情绪在哪里起伏？在哪里挂碍？透过内观可以证明，它只发生在胸口正中的“黄庭”一窍。“其实当黄庭内的挂碍真相被内观者彻底认清时，原来它只是小小的气血起伏而已。原来情绪的真相竟是这么微小！如果人能够‘观’到此时黄庭内的种种起伏变化，便无挂碍了。悟透这个关键的智者便可以任情绪自由地来去起伏而不再有烦恼。经典中称这种现象为‘自在’或‘无心’。”张讲师说，“所以‘心’字的定义有很多种，视当下的重点不同而有差异。人们之所以要修心，就是为了降伏烦恼和挂碍；此时‘心’字的定义，指的便是情绪与挂碍的发生地‘黄庭’了。”

听到这里，我感觉“心”和“情绪”这两个一直以来看不见、摸不着，但时时刻刻会因为任何原因浮现，并且稍不留神就能把我们的生活搅和得一塌糊涂、说不清是虚无还是实在的东西，渐渐地以一个清晰的脉络、可见的影像浮现了出来……

“我们修黄庭禅，只是让你去‘感受内心本来具足的那份纯净’；感受到了你便立即获得安宁。你可以同一秒中同时拥有人的情感，并且享受觉者的安宁；你也可以在同一秒中同时拥有脑袋的思维，也享有觉者的无念。”张讲师说，“所谓‘明心见性’，妄念不生，正念不灭，现出天真活泼的赤子心，明朗自在，谓之‘明心’。不使心头一窍的气机有所起伏，不让一丁点儿好恶攀附于其中，我们的习性脾气毛病不与气血起伏共舞，我们的心念便不再受到感觉和情绪的烦扰，这才叫‘明心’。而‘明心’了我们就能‘见性’，就能显现与生俱来的造化规则，看见你的自性和本性。”

以前无数次听说过“明心见性”这四个字，从来没有一次像今天这样让我通透。

是啊，“心”并非我们胸膛里的肉团心，而是我们对“境”升起来的念头和思想。太多贪瞋痴的念头随欲望攀附“心”中，于是我们便再也看不见自己的本然和自性了。

拨开情绪的迷雾，能在情绪搅动气血的当下，练就“明心”的能力，不被情绪干扰得失去本性，不要因为情绪扭曲自己和别人的本性……我想，这可能就是黄庭禅能带给我、带给所有渴望宁静幸福的人们的东西。

胸口方寸间的气血是怎么涌动的？
——找到情绪的真相

当老师明确指出我们的情绪就发作在胸口正中深度约两三寸的地方时，有些同学有些茫然。于是瑞穗老师花了一个上午让大家找自己情绪起来的时候是不是这个位置在缩紧。瑞穗拿着打气筒在七八十个同学身后随机给气球打气，并且随时爆炸，一轮下来大部分同学手捧着胸口正中处表示找到黄庭的位置了。

而有着丰富职场经历的我对一个气球可能随时在我背后爆炸完全没有恐惧，因此胸口处平静如水，没有感觉。但对瑞穗老师说的“黄庭”的位置我是确认的。因为我每次和爱人发生冲突以后,他会习惯性地陷入冷战并且耐力极强,每次都需要我去率先打破僵局,但每次我要拿起电话机时,非常明显的反应就是膻中穴的位置迅速缩紧再缩紧。而你主动打过去电话却发现爱人不相信你的解释还继续拿过去指责你的时候,这种缩紧的感觉压抑得要让人窒息……因此我知道情绪发生的位置就是在瑞穗老师说的黄庭的位置。

很快,我在瑞穗播放的一个外国电影短片里找到了黄庭起反应的感觉——

一个高尔夫球手被对手打得一塌糊涂,几乎丧失了信心。他睿智的球童贴近他,告诉他要找准视野,要忘记自己,要天地人合一……这时他的对手上场了。电影"蒙太奇"画面用巨大的特写镜头,再现了这个对手表情的淡定和专注,以及当他挥杆打出可以和周围万物合一的漂亮一球时,我的肩膀、胸口上方一大片仿佛被电波掠过一般。我知道我的黄庭被震撼了,电波瞬间消失。紧接着,那个受到球童点拨的高尔夫球手上场,只见他凝神,定睛,忘我,自信;在找到一种球可以和天地万物合一的感觉时,他仿佛带着神的力量挥出了有力的、有着神韵的漂亮的一杆……那一瞬间,已经消失的那股电波再次向我的胸口袭来,强烈得仿佛闪电雷击一般,准确地打中我的心口正中,然后电波迅速向上弥散,掠过我的肩膀……就仿佛石头击中水面泛起的涟漪一样……我在震撼中,再次找到了我的黄庭……

下午一上课瑞穗告知要听几首歌,要我们去真正体会黄庭的潮起潮落……

听歌能听出黄庭的潮起潮落?我窃笑,觉得瑞穗有点夸张。

瑞穗说:"孔子曰:'无听之以耳而听之以心,无听之以心而听之以气!听止于耳,心止于符。气也者,虚而待物者也。唯道集虚。虚者,心斋也。'"她让我们用心体会何为"无听之以耳而听之以心,无听之以心而听之以气"?听歌时去找"动之以心"然后"动之以气"时黄庭的感觉。

瑞穗先让我们体验"无听之以耳而听之以心"的感觉,要我们摒除杂念,专一心思,不用耳去听而用心去领悟……

第一首歌是王菲的《传奇》。不知为何,当王菲凄婉的歌声一响起时,我就感觉到情绪的涌动一波一波地上来了。伤感的歌声让我有心伤的感觉,脑中不时闪现我爱过恨过的画面，我黄庭处的情绪像浪潮一样被推来逐去……我努力专注于我的黄庭，我“观”到“听之以心”时我的黄庭出现的情绪。

瑞穗让我们再听一遍《传奇》，去体会“无听之以心而听之以气”，要我们不用心去领悟而用凝寂虚无的意境去感应。我闭上眼，全心关注着黄庭。歌声起，虽然是第二遍了，我居然还是被好几句歌一波一波地推动着感情。我用一种觉察者的感觉，努力打开我的黄庭，在忧伤中接纳着我的感情。我心里想着爱人，感觉着他在我身上的印记。

当听第二首我说不出名字的情歌时，随着歌声我的大脑出现了一片荒漠……我仿佛看到一个孤独男人在孤寂的荒漠里行走着……一边伤感无奈地唱着想忘却爱人的歌。听这首歌的时候我黄庭的感觉减弱了一些，但脑中还是不时地浮现爱人的影子。我觉得内心深处还是和他连接着一个忧伤的爱情故事。我一直觉得我不能再爱他了，我用对他的怨恨压抑着我对他的在意；我用结束感情、放下感情来逃避他的伤害；我一直在抗拒他的冷漠、抗拒他不接纳我；我的心没有与他共存，我的气血能量没有与他和平共处……但内心深处我可能还是深藏着太多割舍不下的东西。

第三首是老歌《童年》。我听着，感觉黄庭一片宁静不再波澜起伏了。可能我生活中缺乏青梅竹马的感情，而我身边的女学员却哭得很伤心。

第四首歌是一支瑶族舞曲，节奏感很强，并且由慢变快，震荡着我的黄庭。我努力打开黄庭，放松黄庭，去接纳越来越快的节奏……后来我的黄庭与之共舞……

分享的时候，一个儒雅的“海归”男学员上台，当说到他对《童年》的感觉时，因控制不住而泣不成声。他说歌声让他想起了他小时候一起捉鱼摸泥鳅的小伙伴，有的已经不在人世了……当他怀念他们的时候却不能和他们分享这种怀念……

小组分享时每个人对每首歌引发的感觉都不一样，因为他们各自经历了属于自己的创伤、失去、痛苦和快乐；正是这些属于各自的经验和经历，才在每个人的黄庭之处，激起了与别人不一样的情绪能量起伏……

联想起我们的痛苦和纠结，我突然理解了张讲师对黄庭的经典概述——进入黄庭的“气”本无意义，是我们赋予了它意义，是我们对“胸口一股能量的起伏”有了贪瞋分别的心,才出现因为外境而产生的那股喜怒哀乐的情绪能量,才出现了无穷无尽的痛苦和烦恼。

于是理解了在听之以心和听之以气以后,“听止于耳,心止于符。气也者,虚而待物者也。唯道集虚。虚者,心斋也”。是说我们耳的功用仅在于聆听,心的功用仅在于跟外界事物的交合。清明虚无的心境才能迎接宇宙万物;只有大道才能汇集清寂虚无的心境。虚无空明的心境就叫做“心斋”。

而另两个人际关系互动的游戏让我更深层次地理解了这份感悟——

第一个游戏里,瑞穗让每个人蒙上眼睛自己往前跑,跑到不能跑的时候会场那边要有人拦住我们。

我打量了一下这个大大的会场, 起跑处距离会场另一边大约二十米,已经站了几十个学员,形成了一个密度虽然不大,但足以拦住跑过来的人的“人墙”,因此这个游戏是安全的。瑞穗让我们一定要关注自己黄庭的感觉。

我排在第五。第一个人蒙上眼睛信心满满地张开双臂快步向前跑……但有趣的是这个男学员跑了大约七八步后突然停住脚,接着拉开眼罩,惶惶然看看四周。大家哄堂大笑,他距离“人墙”还有好远呢!

不料第二、第三、第四个人也是跑到三分之二的地方停下不敢跑了。

我和大家一起笑他们,心想,到我的时候一定大胆地往前跑。这么多人呢还能拦不住我?!

轮到我时,我蒙上眼睛就开始跑。我突然发现才迈出一两步我的黄庭处就变得虚虚的、空空的,心里惶惶然,我往前迈的脚步变得一点自信也没有了。我的步子放缓,意念里像电影里的慢动作,我跑得小心翼翼的。但更逗的是,我跑了大约七八步以后,黄庭突然有一种没着没落的感觉,使我陷入一种莫名的恐慌。心想:怎么还没有人拦住我?他们是不是不管我了?我会不会撞墙啊?那一两秒钟我想出了无限的担忧来。最后,我的脚再也迈不动了,我自己停了下来,拉下眼罩,一看怎么离前面“人墙”还有这么长的距离啊?我比前面那几个人跑得还短。我自己都不好意思地笑了,大家也哈哈大笑起来。

然后我站在“人墙”的一边当看客,发现非常有趣的是,六七十个学员,绝大部分都和我一样,跑着跑着脚步就缓慢了,然后自己就停下来了,即便暂时没有停脚但脚步也在犹豫。只有少数几个“勇者”愣着头往前跑,仿佛豁出了一切,直到“人墙”挡住了他们。

我一边看一边沉思:这是为什么?是我们不能信任别人,还是我们不能信任自己呢?可是我们明明看见安全的“人墙”,也笑那些半途停下来的学员;但为何当我们被蒙上眼睛以后,绝大部分人的黄庭处都浮上了恐惧和犹豫?明明知道别人能保证自己的安全,为什么还会恐惧和犹豫呢?是我们内心的什么给我们的黄庭赋予了恐惧的意义吗?

另一个心理剧更让我们无法逃避自己的内心感受。

瑞穗要求我们去一个一个问别人:“你信任我吗?”同时要求我们必须大部分回答“不信任”。这是一个面对别人是否信任你时内心的期待、尴尬、失望的情感体验游戏。

我心里对自己说这是假的,这是游戏。我故作无所谓,也无暇关注我的黄庭。但是当我一连被好几个熟悉和陌生的面孔回答“我不信任你”时,我感觉很尴尬。尤其有几个平时关系很好的朋友,当他们用冷漠的表情不信任的态度审视我七八秒钟以后,冷冷地说“我不信任你”时,我发现我的黄庭变得难以放松。我故意让自己的表情变得似笑非笑,充满游戏的感觉。但是我发现,说不信任我的人更多了。同时我发现当我听到别人说不信任自己时,其实我的内心是有反应的,而我在问对方“你信任我吗?”的时候,其实我的内心在期待对方说“我信任你”。听到别人说信任我,我内心是平和的;反之强作镇静地离开。所以整个过程中内心总是有点揪着,有点紧张。

游戏中我发现有些人终止了游戏;有的人甚至在一边哭。

我也提前退出了游戏,站在一边反思:其实我内心里特别希望别人认可我、信任我,如果遭遇不信任我会忘记关照黄庭。事实上,现实生活中当我感觉到家人朋友表达对我的不信任时,我的黄庭经常波涛汹涌。我和爱人发生冲突也经常是因为感受到对方的不信任。

可是对方真的是不信任你吗?蒙眼跑步的体验告诉我不是,是我们自己不信任自己!

即便是对方不信任你,你就要陷入黄庭的纠结吗?游戏告诉我,人的期许不一定就能“在外”得到满足。如果“外”没有满足你,难道你就要纠结?

我突然意识到这一个个精心设计的黄庭体验游戏,是为了让我们能认清自己当下的情绪，感觉心情的位置，看清情绪的组合(酸痛麻痒冷热起伏)，看清心头气机的无相(听之以气)，就能让心头的能量得自在(观自在，而非观不在)。让我们在愤怒、焦虑、恐惧、忧郁等心情中依然保持淡定，拥有内在的平静。

人活着是不可能没有念头和情绪的。了解了黄庭的运作机制，我们就能把情绪化成的气血看成一股能量，去内观自己的情绪反应，去接纳这股能量，不去做好坏的评判，并把能量化成养生。有念头有情绪不去压抑，而是与念头和情绪产生的气血能量和平共处。

古人云，“天君泰然，百体从令”。这“天君”所指的就是心，也就是身中气机的感应中枢黄庭一窍。在这心窍上用功夫，便能如古人所说的“直指人心，见性成佛”了。

痛并快乐着——静“观”黄庭方寸气血

知道了黄庭在哪里我就能摆脱情绪的困扰，放下纠结，得到人生的自由和自在吗？

当我通过一个又一个游戏和心理剧明白了情绪真的起于胸口中方寸之间的气血时，我非常渴望得到这个答案。

一个站桩加静坐一个半小时的体验，让我突破了我人生的极限。

过去我没有站过桩，静坐也没有超过10分钟，往往腿一麻我就放弃了，从来没有去体验过身体酸麻以后黄庭的感觉。因此前一天听说要站桩和静坐一个半小时我就忧心忡忡的，担心自己做不到。觉得一个半小时实在太恐怖了！但当进了学员的角色，我内心再担忧和恐惧也要做，没有放弃的道理。我花了钱干吗来了？不是来放弃的。

我闭上眼睛，双腿弓步，双手做抱球状，内观黄庭，听从着张讲师的录音引导……可是没几分钟我的双腿就开始颤抖，抖得停不下来。更难受的是汗，顺着脸、脖子、前胸和后背一条条地流了下来，非常痒，一种百爪挠心的感觉，简直难以忍受。在那种静止状态，痒的感觉被无限地放大了，汗流动触到皮肤的感觉居然是那么真切和清晰，平时毫无感觉的汗，在身体静止状态下其难受的感觉居然远远超过了站桩时双手抱球以及双腿双脚的酸和颤抖……我真想伸出手狠狠地抓几下！我真的想把脸上、脖子上、前胸口没完没了地爬下来的一条接一条的小汗虫子抓掉。在忍耐那种无法忍耐的感觉中，我一次一次地提醒自己：双肩放松，黄庭放松……每当我黄庭放松的时候，马上感觉脸上的痒、腿上的酸都缓解了很多。但是这种缓解是暂时的，很快一波一波的身体的难受感又会席卷而来……

虽然我身体如此难受，但奇怪的是我静静地内观着黄庭，感觉着一种从来没有体会过的痛苦中的宁静……

不知不觉中站桩站了 30 分钟，瑞穗让静坐。

开始静坐，站桩时发酸、发麻的腿脚坐下后居然没有太大的感觉。其实前两天已经挑战了两次 30 分钟的创纪录的静坐体验，左腿左脚的酸麻也如今天的痒一般无法忍受。但今天经历了 30 分钟破纪录的站桩后，静坐了很长一段时间我的腿脚居然没有酸痛的感觉。我觉得很奇怪。难道是气血打通了？头一天还酸痛得痛不欲生呢，怎么今天没有啥感觉？

在一种深深的宁静中，我的黄庭平静地“端详”着我的腿和脚，我的腿脚相互宁静地“对视”着……我感觉到一种惬意……但这种惬意只持续了一会儿，腿脚麻酸的感觉又出现了。虽然不至于像头两次静坐那么痛不欲生，但是身体同样不舒服。有一阵子，我的黄庭显出焦虑，希望快点结束！

我很快觉察到自己的焦虑情绪，努力地让黄庭打开、让肩膀放松，努力去“观照”我的酸麻。每次松开黄庭，腿脚的酸麻感都会松一点；每次感觉不太舒服了，我就往上提一提脊椎，也借机抬抬臀部和松一松压着的腿脚，酸麻的感觉就会减轻一点。但是依然还是那么不舒服！那种酸麻下仿佛腿脚都不是自己的了。过去在家里但凡有一点酸麻我马上伸腿；但今天即便觉得这条腿不是我的了我也不能动！因为我在修黄庭！我岂能输给我的黄庭！

瑞穗说的对，没有人因为打坐把腿脚坐残的。我的大脑其实十分清醒，我的黄庭今天一直忠诚地“观照”着我的情绪，在我身体感觉忍受痛苦到了极限时，我也第一次体会到了一种痛并快乐着的深刻的宁静。到后来，我的黄庭终于能和我的身体和平相处了！身心合一时，我完成了人生中第一次站桩加静坐共一个半小时的极限突破!

随后的“能量桩”,我宁静的黄庭同样宁静地“关照”着我,让我再次突破了身心的极限。

“火中采莲”,高举着双手的静坐,我虽然累得应该高举的手变成一部分缩紧,胳肢窝底下的酸痛减缓了一些,但50分钟也算打了些折扣坚持下来了。

突破情绪忍耐的极限以后,新的问题跑了出来:回去以后,没有这些极限训练,我的黄庭还能这么尽职尽责地用无比的宁静包容我不知何时何地因为何人引发的情绪吗?

送“众生”消除习性——人生自在

仿佛为了解答我的问题,进阶班的最后一个上午张讲师主持了一个“度众生”的仪式。

张讲师说这里的“众生”不是芸芸众生的意思,而是埋藏在我们心中的不良习性,比如我们的贪瞋痴。

窗台上放着一排排红色的小塑料盘子,里面倒满了水。老师让我们每人拿一盘水,然后站成椭圆形的几排,吩咐我们要小心翼翼地捧着走路,不要让水洒出来——因为每一滴水就是一个“众生”。我们要在这个仪式里把这些“众生”送走,也就是说将我们身上的“习性”送到彼岸。

张讲师说这不是一盘水,而是你们这半生积累的因为这些“众生”导致的恩恩怨怨。有的人会感受到捧着小小的一盘水肩膀重千金啊!

我捧着这一小盘水站到了队列里。开始觉得有些搞笑,心想这能有什么效果呢?

所有人都低着头,小心翼翼地捧着一小盘水,小心翼翼地迈着脚步生怕溢出一滴水;每个人的脚步都变得这么迟缓,每个人的表情都变得这么凝重。我站在队列里随着大家围绕大厅慢慢地走着,走着……我开始把专注力放在我眼下捧着的这小盘水,我望着水,开始想我捧着的是我的什么“众生”?我应该送走我的什么“习性”？

我开始想我的先生，想我的“习性”对他的伤害，眼前浮现一幕幕惨痛的画面。我第一次用“是我的习性在伤害他”的念头去想我们之间的冲突，而不是纠结在“他的习性怎么伤害我”的时候，我感受到了很多过去没有感受过的内疚；感受到了他因为我的习性受过的痛苦和伤害……

然后我想我的弟弟，想我的女儿，想我老妈，甚至想堂弟，包括想到我的前夫……

不知从什么时候开始，我的胸口潮起潮落，我的黄庭被一股股情绪的气浪袭击着，我的眼泪流了出来……

我想起我的霸道、我的坏脾气、我的自我让我的亲人们因我受到的伤害；我想起我经常难以自控的情绪让我的爱人有多么压抑、让我的亲人们为我付出了太多的辛苦，让他们吃了很多的苦，我觉得很难过很内疚。

借着这股情绪，我又想起了我剪不断理还乱的婚姻，想起我至今还在为“习性”和情绪而纠结，想想真是错得离谱……

周围不时传来抽泣声和哭声。

我则做了人生中第一次“无我”的完全彻底的忏悔……

最后我们虔诚地把自己的“众生”习性倒进了大盆里，与它们告别。抛掉“习性”后，能够随时“关照”胸口方寸的我将是怎么样的我？

几天的黄庭禅仿佛一面心灵的镜子，让我照见了我虽然在“时时勤拂拭”但镜面依然是蒙垢的；让我看见了“关系”中所有的问题其实还在我自己身上，别人只是做他们自己而已。就像我的爱人，他只是在做他自己；是我容忍不了他做自己的方式，我希望他用我喜欢的方式来和我相处，而他不愿意，继续执著地做他自己。一次次因为感觉他的冷漠、逃避、不关心激发了我黄庭无数次的气机气血涌动。今天我发现，我让他做不了他自己的时候，我也做不成我自己。几天的内观让我看见其实他的问题不是我能够解决的，我只能解决自己的问题。我们都在深受各自“众生”的习性之苦而不自知不自觉。

可否与他身上我过去不能容忍的存在和平相处？这恐怕是我回去以后要认真考虑的功课。

我们每天不停地奔忙只是为了我们和家人以后过得更好。然而这种奔波中一颗心因为欲望得不到满足，因为追求过程中遭遇挫折，一日日变得越发喧嚣，一日日地失去了自性本然的宁静。渴望中的安详自在离我们越来越远！如何找回心中的安宁，已经成为无数现代人最奢侈的渴望！古人在身处颠沛流离的时候，也可得一份心头的自在和逍遥；而现代成功人士即便身处舒适安逸的环境，内心却百般空虚倦怠。

是我们改变了世界？还是世界改变了我们？

每个人都在找寻回家的路——回归本源，回归本我，回归内心的安宁喜悦和自在——之所以要找寻，是因为攀附在我们心上的习性“众生”，让我们遗忘了回家的路……

虽然遗忘，虽然失去了人生的方向，但是每个人都没有停止过生命的找寻……虽然可能会找错方向，虽然可能在找寻过程中饱受痛苦和挫折，虽然有的人找寻得筋疲力尽却依然没有找到方向，但是自性的本我一直就在我们的身上，静静地等待着我们去发现。可惜人们以为“外求”才是方向，人们找错了方向……

所有的“外求”原本也是为了得到内心的自在和安逸、得到一种解脱的喜悦。很多人认为，只有实现了自己设定的、想要的成就才能得到自在、圆满和喜悦；却不知，内心的自在、圆满和喜悦，是不会因为追求外界的人或事物而得来，即使有短暂的快乐和满足，也是昙花一现。否则为何这么多拥有金钱、地位、名誉的人会不快乐呢？为何有这么多的名人明星选择自杀呢？

其实回家的路就在自己身上，不过就是心口一方寸之间的气血而已。看清它的实相，不去赋予它意义，不去攀附执著，就能看到心性的本来面貌了。

我们要的是心的自由和自在，要的是生命的意义。保持对心的觉察，不去改变什么，也不因为外物的影响而动摇内心的安宁。即便是在情绪的波浪中，也能在当下那一刻升出觉察力，去感受这种气血的波浪，并在对情绪波浪的“观照”里，感受内心深层的宁静与自在。

消除习性，观照黄庭，人生可以很自在。

净心，解铃还须系铃人
——走进心灵深层沟通

修复的功课

要修复破碎的关系不是一件容易的事，因为相互间伤害得已经太深了。这么多伤害的钉子钉在心上，拔出来没有不留痕迹的。因此，无法再强求什么，也无需把太多的心思放在如何挽回上。能否挽回关系要看缘分，看天命。尽好本分，善待自己，也尽可能善待对方。

修复关系，先要修复内在的心灵。

如果不能智慧地意识到那些导致今日深重痛苦的生命深处潜流的变化，不能从根本上改变潜流的方向，无论在面上下多少功夫恐怕也是治标不治本。

劫后余生的晓蕾

已经两年多没有见好友晓蕾了。

这次来上海出差有点空闲时间,就约她到咖啡厅坐坐。

当她一身白纱裙飘逸地从我身边掠过的时候,我都没有认出她,直到她笑盈盈地在我的对面坐下。

我有些惊讶地打量着她……没错,是晓蕾,打扮装束一贯地潇洒和飘逸。只是感觉她身上好像有些变化,多了些什么,又少了些什么。但不管多什么少什么,她给我感觉是神清气爽的,和一年前憔悴、沮丧、纠结的晓蕾判若两人。

“你怎么了?美容了?瑜伽了?还是保健了?”我好奇地问。

“是美容、瑜伽、保健了。只不过不是身体的,而是心灵的。”晓蕾平静地说,表情中带着淡定。

“哦,那就是心灵瑜伽了?”我笑道。

一年前我刚刚着迷地探讨身心灵的时候就给她推荐过这类书籍,但是当时的她好像深陷在和先生的婚姻纠结中不能自拔,满世界地寻找解决方案,我把心灵之路引给她的时候,她却无法从对与错的纠缠中抽离,因此我说我的,她说她的。

我听说她也找过心理医生,但还是难以解脱。这一年多我忙于采访写书做静心文化传播,渐渐地,关于她的信息也越来越少。但今天的晓蕾让我耳目一新。

“你的心灵瑜伽看来效果不错啊!你看你越来越年轻漂亮!怎么样?和先生的问题解决了?”我给她续上茶。

“还没有。”她笑笑。

“没有?那你怎么……”我惊讶地望着她,想说没有解决那你怎么脸上没有纠结,这么神清气爽呢?

“呵呵,我们之间的问题是还没有解决,但是我的问题解决了不少,所以我很平静了。”她仿佛猜到了我要说的话,笑着解释。

“解决了你的问题?”我心说你的问题不就是他的问题吗?都十多年了,周围的朋友谁不知道啊？

“亲爱的，别卖关子了。咱不也是心灵研修中人吗？说出来，让我也学习学习、参考参考。”我调侃道。

晓蕾笑着说：“其实很简单，就是我看到了自己的婚姻模型和关系模型，看到了父母的模型是怎么复制到我的婚姻里的，也看到了他父母的模型的复制，所以很多过去不理解的纠结我渐渐理解了。”我点点头。

“还有最重要的一点就是，我关注的着眼点现在是我自己的这颗‘心’，不再是他那颗想如何待我的‘心’了。他的‘心’是他的事，由他自己负责；我的‘心’我也要负起责任来，不应该让他为我的幸福和安宁负责。”晓蕾说出的这番话让我对她刮目相看。两年不见，这个小女子真的心灵成长了，已经不再是那个白领小怨妇。曾经那个固执、纠结，紧守着心理防线大门不让人靠近的小女子，那个冲突起来倔强并且强势逼人的女人，仿佛真的经历了一场心灵蜕变。她是怎么找到那把打开心门的钥匙的呢？

晓蕾接着说：“其实人痛苦到了极致以后就必须得摆脱，因此必须找到摆脱的路。我运气不错，遇到了一个朋友，推荐我做了一个心灵深层沟通，一下找到了一把开锁的钥匙。因此这大半年我也和你一样，走上了心灵修行之路，所以你才会看到今天正在修复的我。”

“那你真的不在意你先生怎么样对你了吗？”我小心翼翼地问。

“不是不在意，而是暂时先放下。先清理自己的问题，先把自己的心毒排干净。先静自己的心，再去论别人的心。过去我弄颠倒了，才把生活搞得七颠八倒。”晓蕾说到这里笑了。

“能给我讲讲你是怎么拿到这把开锁的钥匙的吗？”我饶有兴趣地问。

“我给你讲讲那场深层心灵沟通吧，你听完这个过程就会明白我的意思了。”晓蕾开始讲半年前她走进“水爱”，经历了那场心灵沟通——

内心回溯：痛苦凝结的那一刻

晓蕾说，她遇到的沟通师是台湾人，几十年来一直行走在心灵的路上。在台湾做心灵导引已经十多年了。

“心灵导引？是不是催眠啊？”我问。

“不是催眠。十个多小时的沟通过程虽然需要我闭上眼睛，但都是处于清醒状态，我清楚我所有的表达。沟通师也不允许诱导、分析、做仪式什么的。”晓蕾解释说，“沟通师就是引导你回到过去的一个个时间点，调动你的潜意识，让你自己看到自己的潜意识。这些潜意识平时都深藏在身体和内心，被压抑着，加上人习惯外求，很难静下心来内观，所以看不见。”

晓蕾再现那个晚上的第一次沟通——

我走进那个不大的小屋，小屋的墙面都是海绵装饰的，窗帘是绿色的，靠窗放着一个精致的绿色躺椅。我躺在上面，感觉屋子里很宁静，很安全。

沟通师坐在离我一米远的地方，她的气质很宁静、淡定。她的宁静淡定让这个屋子的氛围更加安全。

沟通师对我做了保密承诺，之后让我闭上眼睛，做了几个深呼吸，全身放松；让我观想一束光，从头顶处射进身体，让光透过全身，从头顶到胸部、腹部、大腿、脚、脚底……想象光洗涤了我头脑的细胞，身体的细胞，排除了里面的毒素；然后让我承诺我愿意真实地面对我的身心灵……

沟通师问我：“最近发生过一件什么事？”

不知为什么，听完她的问题我的大脑马上出现了两个月前的一个画面。

那段时间，我感觉自己气血不足，很虚，我就去看了中医，做了两个小时的艾灸治疗，浑身大汗淋漓，感觉很虚弱。回到家里我先生还是照常坐在电脑前忙着他永远忙不完的事情。我走过去和他打招呼，和他讲了看病的情况。那段时间我们关系处得还算平静，有和缓的趋势。那天，我真的很虚弱，当时又是傍晚，到做饭的时间了，我心里挺想喝他做的多种蔬菜烩在一起的蔬菜汤，就对他说：“亲爱的，做个蔬菜汤吧，我有点虚。”我发现他的脸马上阴下来了，不高兴地说：“家里什么都没有，拿什么做呀？”看见他的表情，我的心瞬间就沉了下来，勉强说：“那就到楼下小卖部买点菜好了？”他没有说话，但也没有起身，而是继续看着电脑。我的情绪开始在胸中起伏，心想这几个月为了表达我的贤惠以及和好的诚意，我基本承担了做饭的工作。今天我偶尔身体不舒服,想喝口他做的蔬菜汤他却不乐意!他一向就这样,只要我向他要点什么,他马上进入本能抗拒的模式。不管我付出什么,付出多少,都似乎换不来他对我的关注和呵护。于是我不高兴地说:"我今天不舒服,想请你做个汤,看你不愿意的样子。最近一直是我在做饭,我做饭时有不愿意吗?"

家里的气氛马上变了。他不情愿地穿上衣服去买菜,但我再也没有情绪了。讨来的关心有意思吗?我自己做了面条。他买菜回来看到我做面了,肯定知道我是在用行动谴责他。但他也压抑着,问了一句:"你做的是一个人的还是两个人的?"我说两个人的。吃饭的时候气氛很沉闷,我们都在压抑。终于,饭后这种压抑因为一言不合爆发了。

结果就是"一碗汤引发的血案"。我砸了他喜欢的物品,他则离家出走了一天。刚刚缓和了几个月的关系陷入更加难以梳理的纠结和冲突中。两个月过去了,我们的关系没有丝毫改善。这也是我走进心灵沟通的原因。

我向沟通师讲完这段经历后又给她讲了一些我和先生纠结的故事,感觉讲得很辛苦,很没有逻辑,很多地方前言不搭后语,时空也是随意穿越的。讲的过程中感觉嗓子很累很累,很不舒服,几次喝水,而且有身心疲惫的无力感。感觉说了很多很多话,但又好像只说了一点点,说得很辛苦很辛苦……

等我说完了,沟通师没有做什么评判,接着问:"你和先生生活中最深刻的一幕是什么?"

一瞬间我的头脑里出现了很多堪称夫妻生活中"血腥"的画面。太悠长的历史,太多的画面,我的脑袋乱糟糟的。

晓蕾,你和你先生生活中最深刻的一幕是什么?沟通师又问了一遍。

我的脑中突然定格在一个画面上:他双手握拳,血红着眼,愤怒地过来推我……

我随即把画面描绘给沟通师。

沟通师问:他为什么过来推你,你说了什么?他为何这么愤怒呢?

我慢慢地回忆起当时大致的情景:好像是我指责他不给我家庭生活,谴责他不愿意满足我的感情需求,指责他无情无义……他听了这些话很生气,说我就是满足不了你的要求,谁能满足你找谁去!我说我会去找,找谁都比你强!找谁都比你像男人!我说完这句他就疯了!"

沟通师这时再次重复地问：晓蕾，他为什么会愤怒？

我的脑中突然跳出一个答案："哦，我明白了，可能是因为我指责他。对，是因为我指责他。我每次一指责他他都会愤怒。"

沟通师又问我：当你说了这句话以后，发生了什么？

我说：他双手握拳，血红着眼，愤怒地过来推我。

沟通师就让我重复了几遍我看到的这个场景。又问我从他的表情里看到了什么？

我说看到了愤怒、仇恨、想把我吃了。

沟通师又反复让我重复这几句话。又问我什么感觉？

我说我被他像布袋一样扯来扯去的，我也很生气也很愤怒，但是我没有办法，因为他力气大，我很无奈。但是我不害怕，我一点也不恐惧。我知道只要我不再去激他他就不会再伤害我。我知道他拿我也没有办法。

当我把"他拿我没有办法"的话脱口而出的时候，沟通师就让我反复重复这句话。

而这个念头是我现实生活中从来没有被提炼出来的观点。但是在深层回溯那个场景的时候居然从脑子里冒出这样的念头。然后他无奈地喘着粗气瞪着我，却在我的平静中不能再做什么。后来远远地退到屋子的另一端，背对着我站着。望着他的背影我突然觉得他很可怜，怎么把一个阳刚的男人弄成了这个样子？

那晚沟通到9点半，我感觉嗓子很累很不舒服，我很不想说话。但那晚我述说了三个多小时，把我和先生的历史断断续续地说给沟通师。

"那你做完第一次深层沟通有什么感觉？"我连忙给晓蕾续上水。

"就是感觉嗓子很干很累很不舒服。可是以前我和人谈事，谈六七个小时也不觉得累。沟通师说这是正常的，因为我正在释放很多负面能量。"晓蕾说。

"那晚你感觉到点什么吗？"我继续追问。

"我意识到了我先生愤怒的原因就是我指责他，意识到我的确对他有很多的指责，意识到他拿我没有办法，也许这是他远离我的原因……"晓蕾表情平静地说，"不过第二天的回溯让我更真实地看到了很多我的人生模型。"

我看到了"悲情影片"后面的"制作"……

次日上午10点我们开始沟通。

还是半躺着,还是一样的宁静心情,还是闭上眼睛。

沟通师让我先"观想"我先生,让我先浮现一个他的影像,可我努力了半天,"内观"浮现的还是他的侧脸和背影,他怎么也转不过脸来。沟通师说没有关系就定格侧脸吧。

于是我就定格了先生坐在电脑前侧脸对着我的形象。

沟通师说:把他装在一束光里,把你自己也装在光里。

我按沟通师的要求把我和他分别装在一个光束里。

沟通师说现在用你的心去感知他的心,感觉到他要对你说什么?

沟通师话音刚落我就脱口而出:他说离我远一点。

沟通师问我:你和他要说什么?

我说:转过脸来。

我话音刚落,先生侧脸坐在电脑前的椅子突然飞到了七八米外的地方停下,远远地和我对峙着。接着我和他中间突然冒出了一个半高的屏障,他在屏障那边还是侧脸坐着。我把浮现的情景告诉沟通师。

沟通师说:用你的心去感受,他想告诉你什么?

我脱口而出:保持距离。话音刚落,所有的影像突然消失了,消失得无影无踪。

紧接着,有一个遮蔽了天的厚厚鼓鼓的屏障突然向我的头部压了过来。我告诉沟通师这个影像,她问我看到了什么?还没有容我说看到了什么,这个鼓鼓的屏障如黑云压城般逼近了我的脑袋。不知为什么,我胸中突然涌出一阵强烈的情绪,眼泪控制不住地夺眶而出……

沟通师一边递给我纸巾,一边再次问我:你看到什么了?你感受到什么了?

我说:我感到压迫。

这种压迫感居然让我的情绪一波一波地在胸口涌动,我居然哭了好一会儿。当情绪平复了一些后，头前鼓鼓的屏障退去了。紧接着另一堵厚厚的墙静静地矗立在我的眼前，和我保持着一段距离，静静地对峙着。

沟通师问我：晓蕾，你感觉到了什么？

我说：距离。

紧接着静止矗立的墙突然撤走了，又一堵墙出现。可奇怪的是它下半截和我保持着距离，但上半截却拼命地伸向我，竭力要碰上我的脸。不一会儿这堵墙又换成上半截离我有距离，下半截又伸过来碰到我的脸，我感觉它要抓住我。

沟通师问：你感觉到了什么？

我说：纠缠。

一会儿墙隐去了，我眼前出现了一个像是用薄薄的奶白色壁布罩住的如帐篷一样的空间。我好像置身在这个空间里，我被这个帐篷罩住了。

沟通师问：晓蕾，你有什么感觉？

我说：宁静、安全。

很快，这个空间又消失了。接着又是左一堵墙右一堵墙向我扑过来。但奇怪的是，每一堵墙都不和我静静地对峙，每一堵墙都有一半的顶部或底部和我的脸连接着。

沟通师不停地问我有什么感觉？

我回答感觉都是纠缠或者抓住。

就这样不知过了多少时间……

后来沟通师说让我重新想象他的影像。我脑中出现的还是他的侧脸。沟通师问能不能转过去看他的正脸？我说看不见。沟通师说没有关系，再把他装进一束光里去，让我也进入一束光，然后我的心进入他的心感受他想对我说什么？

我还是说保持距离。

沟通师问：你想对他说什么？

我说转过脸来。

沟通师又问我感觉到他要和我说什么？

我说离我远一点。

沟通师又问:晓蕾,你想和他说什么?

我说:我知道你的一切。我知道你,你不要装,没有用。

其间沟通师又让我回到他推我的那个场景,问我看到了什么?我说悲愤,无奈。她再问我看到了什么?我说他拿我没有办法。沟通师反复让我重复他拿我没有办法。

沟通师慢慢问我他为何愤怒?是什么事使他这么愤怒?

我慢慢回忆起很多冲突的场景和感觉,我难过的时候,他永远都是孤立地站着,永远不会安慰我。慢慢地,沟通师通过提问让我自己通过回溯说出了原因:他不能接受指责。他一感觉受到指责马上就会陷入很大的情绪;如果我继续指责,他就会升级为愤怒;他一愤怒就马上收回了爱。而我就马上感觉失去了我和他之间亲人一般的链接;而我一感觉断了和他的链接我就马上失去了安全感,我就本能地要去抓;而我的哭闹就是抓取他感情的方式。可是我一抓他就跑,就躲,就冷漠;他冷漠我就愤怒同时恐惧,就会更加奋力地抓。

这就是我在这次回溯中看到的我和我爱人的爱情模式。

其实这些推理分析我以前也零星有过,但这一次确实是在脑中一幕幕有关"过去"发生过的景象的观想中,我看见活生生的自己,得出有关自己爱情模式的结论。在观想中我看到了他的无奈,他对我也没有办法;我看到了我了知他的一切,他在我面前是透明的;我看到了他害怕在我面前透明,故而他要躲避要抗拒挣扎,他不想让我了解他;我相信我在现实生活中对他形成了压力,我让他觉得无处可逃。因此,表面上他对我的躲避可能也蕴含着无数无奈、恐惧、逃避的意义。

沟通师又问:什么是你应该对你先生做的但是你却没有做?

这个问题是清理我作为一个妻子应尽可是却没有尽到的责任。

沟通师把这个问题穿插着反复问了十几遍。

沟通师一遍遍地重复问,我的大脑一次次不由自主地在回溯中升起潜意识的念头、感觉和画面……比如他承担着经营中负债的压力,他经历过还债过程中的屈辱,他需要我这个做妻子的默默地理解他支持他,但是我都因为他不能满足我的感情需求和他争吵,没有给他这种支持;包括他在经济上很难的时期我没有抵押房产倾尽所有去帮他,因为我怨他,同时因为我对财务上的强烈不安全感让我不敢倾尽所有，没有给他想要的不遗余力的支持。沟通中我发现，我在财务上没有安全感，也就是说我对他挣钱的能力没有信心。也许我这种没有信心也会伤到他？

回溯中我讲到我一直感觉丈夫的心早就游移了，但同时我发现其实自己并不是十分在意他曾经心落到何处？我更在意的是他的心离开我以后，对我的淡漠薄情。我也发现我和他的模型永远是他不能被责怪，责怪了他就愤怒，愤怒了他就不要我。

同时发现我感觉他疏远我，冷落我，中断了和我的链接，我就要去抓，去追，去讨，去闹……结果他离我越来越远。直到我伤透心，要走开，要放弃了，而他一觉得我真的要放弃，又会回来找我。

沟通师又问：晓蕾，什么是你不应该对你先生做的，可是你却做了？

我又回溯了一大堆以前很少去从这个角度想的事……

然后，沟通师让我把他装进一束光里，给他祝福，把他送走，送走了要让沟通师知道。

我就努力观想他在一束光里，然后在光中徐徐上升。可奇怪的是，我能把他装在光里，但是他升到半空的时候就停住了，再也上不去。我怎么努力用观想送他也送不走。突然，光的前面出现一座山，山只有半截高，他突然掉进山下去了。山挡着我，我看不见他。然后整个影像再也看不见了，

沟通师问：晓蕾，你感受到了什么？

我说：他不愿意离开。

沟通完，我和沟通师坐在楼下的咖啡吧吃饭。我问她为何现实生活中都是我追他而他躲我，刚才的观想却是他不肯离去？是他不断在链接我？我们不断地在纠缠着？沟通师说外部世界都是虚幻的，内心世界才是真实的。

我就想难道潜意识里他和我有斩不断的链接吗？他不愿意离开我吗？难道并不是我单方面在需求他纠缠他？

沟通师淡淡地笑着说：有的时候你抓紧了他自然就跑，这是他的模式；但是你一松开，他感觉威胁小了自然就回来了。不是吗？

我点点头。在和我先生纠缠的十多年生活中，的确演绎过无数次我抓他他就跑，我放他他就回的情景。也许过去我对待他的模式错了？

我们的爱复制了谁的模型？

下午开始回溯。

沟通师问：你为什么不能容忍你先生的冷漠呢？

不知道为什么，我突然说：我想是因为我恐惧……我居然冒出“恐惧”这个词。

沟通师问：恐惧的时候你看到了什么？

沟通师的话音刚落，我的脑中就跳出我童年时住的那个筒子楼，眼前浮现出隔壁那个恶婆婆隔三差五欺负我的画面。

沟通师问：这个老婆婆对你做了什么？

我说：很多我已经不记得了。但记得她乘我妈不在的时候骂我，吓唬我。她和我妈吵架，给我家水龙头倒尿，弄灭我家的煤炉等等。我很害怕，每天都害怕她……

我说，妈妈和那个恶婆婆吵架我感觉很丢人。这句话在清醒状态我是不会说的。

没有想到我回溯我妈妈的时候，居然回忆起了那么多负面的东西。我想起小时候我为了买中国古代散文的书和她吵；想买一条花睡裤和一件汗背心和她吵。我忘不了的场景就是有一晚很晚了她和我爸还在我家附近一个小广场吵架。我半夜悄悄地起身来到小广场，远远地听到我父亲大声数落她。小时候，我感觉不到妈妈的宠爱，感觉不到妈妈的温暖，感觉不到妈妈的慈爱。全部的印象就是她天天不停地洗衣服。所以我才发誓要找一个以后帮我洗衣服的男人。沟通师问我对妈妈的印象，我说我觉得她控制欲强。在回溯中，我回忆起父母很多的争吵都是因为父亲在文化大革命期间受到迫害，心情不好，身体也不好，因此在家总是不开心；而妈妈总是因为父亲不开心而生气、吵架。她总是向父亲讨要开心，但她的方法是纠缠，给我感觉她要死要活的，但我父亲还是没有给她。

回溯到这点的时候我突然对沟通师说：“我有个联想，我好像也是在向先生要感情要关注。虽然我没有我妈那么夸张，但是我得不到先生的感情我也是会发脾气，会歇斯底里的。难道我把我父母的情感模式复制到我的婚姻里来了?!”

沟通师马上说：很好。

在回溯中我发现，其实我妈妈有很多东西，比如讨要感情，不讲理，歇斯底里，没安全感等，在某种程度上我都继承了。其实我先生对我的厌恶也基本集中在这些模块。

在送我妈走的时候，我在光束里面看见妈妈两张脸：一张是笑嘻嘻的，好像在说“我很高兴，你不用担心”；另一张就是我不爱看的那种受委屈的无奈的脸，仿佛告诉我“我没有办法，我要怎么对待你？”

沟通师问：你想对妈妈说什么话？

我说：“我希望你过得好，你也可以过得更好，但是如果你不听我的，我没有办法。这是你的命。”

我发现送她走的时候也很不顺利。

沟通师让我回溯我的父亲。我把一束光装在父亲身上，很容易就“观”到父亲站在光中对我慈祥地微笑。

沟通师说：晓蕾你用心地体会一下父亲要对你说什么？

我马上脱口而出：父亲说我很爱你。

沟通师问：你想对父亲说什么？

我说我也很爱你。

沟通师问父亲还想和你说什么？

我说：父亲说我很好。

沟通师问：你想说什么？

我说我知道。

然后沟通师就反复问我那两个问题：“你有什么你父亲希望你做而你没有做的事？”“你做了什么你父亲不希望你做而你却做了的事？”

我回顾了很多我对过世的父亲的内疚，不温柔，不体贴，尤其伤心的是父亲想去海南没有去成。后来我说其实我一直知道父亲要什么？他要我陪他说话，陪他旅游，和他亲近，不要总给他讲道理，但是我却没有做。

沟通师问:为什么知道却不做呢?

我居然说我害怕做这些事。因为父亲身上负面信息太多,总和我“讨”安慰。从上大学开始,老爸给我的信大多是表达思念担忧等等,我回忆起,有一天下午要考试,我上午给在云南度假的父亲去电话。父亲一接电话就叹气,搞得我当时非常难受,问他:“老爸你怎么总不开心啊?”我父亲不开心是我心里永远的痛。我这几十年每次打电话都是在劝他开心点。记得有一段时间他一打电话就说我弟弟不好,我生气了,说以后来电话别再说负面的东西好吗?记得后来再通电话我爸爸就不再说负面的东西了。现在看来他把负面信息藏在了心里,不敢说给我听,而是长久地压抑着,或者把负面信息给了我妈。我说一直以来无论是写信还是打电话永远的主题都是我劝他开心……

说到这里我突然对沟通师说:“我就像一个小妈妈。”紧接着我马上联想到,“我对我先生也像一个小妈妈。”

沟通师就让我重复:“我是我爸爸和先生的小妈妈……”

原来我一直在沿用我对我父亲的模式对我的丈夫。我总是教育我父亲,教育我先生。我父亲向我妈妈嘀咕过说我总在教训他;我丈夫索性躲我、烦我、逃避我。曾经也有一个心理专家说她听了我的诉说感觉我先生就像一个无措的孩子,而我则像一个小妈妈那样教训他,他不服气,但不敢和我顶,就只有逃避。

我在说到我父亲需要我,而我却因为害怕他的负面信息不愿意走近他时,我突然对沟通师说:“我有一个联想。我突然意识到我先生不是不想对我好。他是这些年能力不够,不想面对我。他一直想好好做事,想成功,想把事情做好了再好好地对我好。”

我也不知道脑子里为什么冒出这样的念头。

我对爸爸的歉疚是能为他做更多却没有;能更关注他的身体却没有;能给他更多的温柔却没有。但我对父亲基本还是心安的,内疚的东西不多,因为我们父女一直有心与心的链接。

沟通师问:你父亲是怎么走的?

我回溯了父亲走前的场景。当说到我在父亲遗体前哭着说我会照顾妈妈和弟弟时,我伤心地哭了。

沟通师反复让我重复这句话，我重复了十几遍。

重复中我才平静下来。我也回溯了父亲在太平间时嘴合上后，脸上非常平静。太平间工人说我爸爸手脚都是放松的，说明他走得还算安详。

沟通师让我把父亲装在光里送走的时候，问我父亲想和我说什么？

我说：父亲说他很好。

那你想对父亲说什么？

我说：爸爸走好。

父亲在光里依然笑容可掬地望着我。而且光束里的父亲在我的祝福中很快地升上了天。

……

沟通结束前沟通师问我通过这些沟通我意识到什么？

我说我了解了父母的情感模式被我复制到了自己的婚姻中。其实我还是继承了父母的一些性格。同时我意识到我和丈夫的婚姻不完全是我想象的那样，他似乎也不是我想象的那样对我不好。也许他有他深重的痛，也许他内心至今充满着恐惧，也许他有内疚……

我需要清理自己，给他、给自己更多的时间。

净心靠自己，解铃还须系铃人

“这就是我的故事。”晓蕾笑着说，“那次心灵深层沟通是彻彻底底地帮助我清理了一次内心深处深藏的，表面似乎已经被我遗忘，但其实依然在主宰着我的命运的东西，也算排了一次毒吧！这次沟通把我带进了一种深层次的反思，我突然安静了下来，开始阅读那些你以前给我推荐的书。我也理解了你为什么要让我看这些书。”

我轻轻地拍拍她放在桌上的手说：“没事，我也是这么走过来的。那你先生现在的态度呢？”

“暂时没有什么实质的变化，但我想他在观望。我和他谈过这次沟通，他用心地听，但没有表态。我知道他在看我的表现，他内心在审视我。”晓蕾说，

“说实话，他的确让我很伤心，今天也依然伤心。此时此刻我也觉得他这么对我是不对的。但所不一样的是，过去，委屈、伤心和不平衡会让我纠结和愤怒，天天在心里讨伐他；今天，我试图去了解我自己做了什么，才会让他这么对我。我今天还能做什么，能让他不再这么对我。”

晓蕾说今天她才明白，净心和静心都靠自己，解铃还须系铃人。她说她需要把自己亲手结下的人生关系的死结先解开，先把自己的心搞纯净了，把内心郁积的毒素排干净，再论其他。

晓蕾说，她知道要修复和丈夫的关系不是一件容易的事，因为相互间的伤害已经太深了。这么多伤害的钉子钉在心上，拔出来没有不留痕迹的，因此她其实也无法强求什么。她也不想再把太多的心思放在如何挽回上；她努力了一辈子，也累了，能否挽回看缘分。对她而言做好自己该做的，善待自己，也尽可能善待他。如果他不能智慧地意识到这些导致两人现今深重痛苦的生命深处潜流的变化，不能从根本上去改变潜流的方向，她在面上下多少功夫恐怕也是治标不治本。

所以她说：我很坦然。

她又说：我也很无奈。

我对她说：静心路上我这个朋友永远与你同行。

撬动冰冻关系的杠杆

——走出无效沟通

创伤与疗愈

每个人都是带着创伤来到这个世界的。治愈创伤的过程使我们更加坚实和强壮，创伤无时不在，但修复也无处不在。创伤要自我修复，不能靠别人。人首先要为自己负责。改变情绪的过程是人一生中疗伤的过程。

改变你的情绪模式首先要认清你的情绪模式来源于什么？如果来源于你的思维模式，那就通过静心去认知自我和认知世界，修正你的思维模式。

而人的情绪模式和思维模式都源于自己独特经验的价值体系，那是属于自己灵性的东西，别人是无法修改的。每个人的价值体系只有由自己修改，这样我们就能“放下”和疗愈很多“关系”里的纠结了。我们理解了对方只是在他的价值体系里运作，并不是对我的不尊重；我也是在自己的价值体系里运作，不是小看他。萨提亚说：人因为相同而连接，因为不同而成长。

冰冻的关系源于无效沟通

“我们的关系冻住了！”一年多不见的好友李双萍见到我时情绪沮丧、神情憔悴，说话时带着哭腔。

“你和张铭康的问题还没有解决吗？”十来年过去了，这对怨偶打了好，好了打，感情被伤得一塌糊涂。但不知为何，好不了却也离不掉。我是亲眼见我这个女友在外职场风光，在内灰头土脸。一个天生丽质的白领硬是让那个自然科学家折腾得五迷三倒，痛不欲生却无可奈何。

“你们就不能坐下来好好沟通沟通吗？”

“他拒绝和我沟通。偶尔他在我的强迫下坐下来听我诉说，但他紧皱的双眉，抑郁的表情，散乱的目光使我知道他只是在履行‘听’的动作，什么也听不进去。这些年，为了挽救婚姻，我说啊说，他‘听’啊‘听’，却什么也没有听进去，该干什么还干什么，该不理我还不理我。这两年更恐怖了，冷战一打可以几个月。即便关系还算缓和的时候，如果他出差在外，十天半个月可以无声无息，当我这个妻子是空气。可以说我们不沟通就是冷暴力，可是我们沟通更是一场灾难！”李双萍痛苦地说。

“这不是无效沟通吗？怎么会弄成这样？”换位思考，我也经常经历李双萍的情形，真是无着无落、无可奈何，因为有所顾忌有所顾念。

我和李双萍是在一个party上同时认识张铭康的。他强壮朴实，我们当时一见他就把他当成一个可亲的大哥，而他认识小他十岁的李双萍后就认认真真地陷入了爱河，果真像一个大哥不时地找出点花样哄李双萍开心，我则经常当灯泡。这个生物学家还真有浪漫的一面。听李双萍说他有时晚上10点、11点忙完工作以后开着车跑到她那里，软磨硬泡地带她去看月亮；有时在瓢泼大雨中带李双萍在北京环线上驾车狂奔，看车轮溅起的美丽水花；有时带李双萍在公园拍照片过生日；有时给李双萍吟诗论文……让李双萍幸福极了，天天体会着一个大男人对一个小女人的欣赏、爱惜和呵护。

浪漫的故事上演了一年多后，他们走入了婚姻的殿堂。

婚后恩恩爱爱延续了一年左右，李双萍突然发现他们完全是两个世界的人！生物学家的工作狂癖好和文学爱好者永远的浪漫情怀在进入婚姻后真的是走进了“坟墓”。男人认为结婚了安宁了就踏实了，不必再花心思在风花雪月上，而事业应该在家庭港湾的支持下攀登一个新的巅峰；女人认为爱情永远需要经营，家庭生活也应该保持浪漫的情怀，爱人的心需要默契和灵犀的呵护。其实男人的想法正常，女人的想法也不过分，但偏偏赶上男人在事业上出现了一些不顺利的变故，因此，男人性格中深藏的不达目的不罢休的固执和执著以及女人遇到价值观之争时职场白领一板一眼的较劲和不服输都出来了。都处在强势状态下的双方突然发现对方怎么成了陌生人？于是男人宣布他的肩臂扛不动女人的浪漫，男人的事业野心因为逆境突然迸发，没有时间精力和兴致再照顾李双萍要求的带着小资情调的柴米油盐。双方矛盾迭出，并且越演越烈。

面对矛盾，科学家的处理方式和文学爱好者又是灾难性的迥异。科学家喜欢言简意赅，直奔主题，不屑多解释；而浪漫主义的文学爱好者喜欢寻找心灵的默契和灵犀，希望有问题就及时沟通，不希望一丝一毫的心灵相悖。于是男人的少言和后来的沉默被解读为漠视和不再爱了；女人执著地解释沟通以及对家庭生活不降标准的渴望被解读为纠缠、喋喋不休和欲壑难填。男人觉得女人从天使变成了魔鬼，女人觉得男人从爱心大哥变成了冷酷魔王。

生活除了争吵已经远离宁静，更无浪漫可言。

然后就是迭出的冷战。一开口沟通就是大战。

“我一次次去挽救我的婚姻，爱的信心的潮水刚刚升到希望的浪尖，很快就被他打入绝望的低谷。冲突、和好、再冲突、再和好……一次一次周而复始，恶性循环，看不到头，望不着边。每一次冲突都让我陷入痛苦和困惑，让我陷入深深的绝望。因为我深深体会到了面对他的坚硬和永远不变的正确，我如同在用手指钻一块坚硬无比的岩石。我穷尽了全部的心力和能量，但是却无法在岩石上留下任何痕迹。时光一天天飞逝，我一天天变老，我一颗对爱充满渴望的心，捏碎了又抚平抚平了又被揉碎，我好累！挽救婚姻的路为何如此艰难又如此无奈？多少次我想放弃，多少次我痛下放弃的决心，可我还是不甘心啊！他曾经给过我的月光、月影和温柔总是带着酸楚纠缠着我的心。我想念他当年的柔软和善良，我留恋他宽厚有力的怀抱……"李双萍的哭诉是发自心底的，带着一种让人听着酸楚的诗意。"那他呢？他还爱你吗？他想离婚吗？"我问。

"他爱不爱我我不知道，但是我知道他不想离婚。我们吵成这样了，他也天天回家。虽然他变得很冷漠，但是他没有离开这个家。在我伤透心了想放弃了时他似乎也会过来拉我。"

"那好像他对你还是有感情的。否则你们这么吵架，不离去才是奇怪。"

"可是我真的忍受不了他的冷漠，忍受不了他对我的屏蔽，忍受不了他把我当空气。"李双萍痛苦地说。

"你为什么这么感觉呢？"

"因为他表现出对我无话可说，因为我说什么他都听不进去，因为他想干嘛就干嘛，完全不顾及我的感受我的渴望。我的婚姻关系就像冰一样冻住了！"李双萍说的情况我深有体会。爱人视而不见、听而不闻比锣对锣鼓对鼓的吵架更伤人，冷暴力指的就是这种情况。

"李双萍，我带你去见两个心理专家吧，也许她们能帮到你。"我决定带她去见见李燕燕和张丽，她们是资深的心理专家，也是我的两个大姐。我也正好需要采访有关有效沟通的主题，也许就一并完成了。

无效沟通源于情绪

"你这是陷入一种长期的无效沟通了，而无效沟通首先是源于情绪，然后又会加深情绪。"李燕燕听完李双萍的情况一针见血地说，"因此要改变你冰冻的婚姻关系，你先要学会解读情绪，解读你自己的情绪和你先生的情绪。"

李双萍服气地点点头，说："李老师您说得太对了！我们心里的确积累了太久的负面情绪，因此每次沟通说不了几句就变成对过去的控诉和指责。而只要一方听到另一方指责自己马上就陷入更深的负面情绪；最后我们吵架都会忘了为什么主题在吵，而变成了双方发泄当下情绪和过去情绪的灾难了。什么事情也处理不了，反而旧伤未愈又添新伤。"

“是的，负性情绪是一种毒素。这种毒素不清理掉淤积在心里也会导致疾病的。”李燕燕说。

“可是我和先生谈恋爱、新婚时他都不是现在这个样子的。他是生物学家，在外面待人处事温文尔雅，科研上严谨执著，头两年对我就像大哥哥一样百般呵护，而且为我们的爱情营造出很多激情浪漫的东西。可是现在好像完全变了一个人，就像一个冰冻人一样，你怎么做也化不了他身上一点点冰碴……”李双萍难过地说，

“冰冻三尺非一日之寒。你先生今天的状态不是一天两天形成的。根据你的描绘他应该是属于A加B型行为特点的人。这类人具有领导力，做事有极高的目标和精力，特别注重结果的品质，但常常会有‘敌意’，具有攻击力。外表和言谈举止是温文尔雅的，和他的地位很相符，但有内在的强势。同时，他具有担忧和多疑的特点，会用完美主义的观点看待事物，尤其细节上会执著保留自己的观点，在思维过程中常常享受的是‘自我攻击’的结果。当他冲动起来的时候和他的儒雅可能就不画等号了。如果你不和他发生冲突，顺着他的话茬讲话你就可能看不到他这一面；你静静地听他说话，他可能就容易平息下来，才有可能听进去你说的话。任何有效沟通都是在一种平静状态下进行的。但是如果你们隔三差五起冲突，冲突的情景在身体和意识中留下深深痕迹，一句话和一个动作都会激发出负性情绪。负性情绪如果没有处理完，要实现有效沟通是很难的。”李燕燕说。

“我们的确长期处在负性情绪中，即便冷战时也是一种压抑情绪、随时等待爆发的状态。”李双萍点点头说，“可是到底是什么引发了他这么深重的情绪呢？仅仅是女人的浪漫要求吗？”

“一个原因是你在他工作压力大无法承受你要求的状态下提出要求，而且当他不能满足你时你就责怪他；另一个重要原因是他的自尊，这个类型的人有时候把自尊看得比性命还重要。当他不能满足你的愿望时，你毫无顾忌地责怪他；而他又习惯于强调自我的价值和你对他的认同。你反思一下，你是不是在自尊方面伤害过他？他是否抱怨过你不尊重他？”

“是啊！您说得太对了！他多次愤怒地指责我不尊重他的工作，不尊重他对家庭的付出，说他在家里没有地位，说我不把他当男人，可我哪里有啊？难

道呵护妻子,多营造二人世界,不要把全部时间精力都放在工作上,就是不尊重他吗?"李双萍的表情十分郁闷。

"他这么说话本身就带着情绪,但我们要意识到人有情绪是正常的。情绪是生活中的重要色彩,是思维的表象,是身体和心灵的一种表达,人要没有情绪就没有灵魂了。从心理学角度来讲,情绪是思维的一面镜子。我们平时的语言表达,行为表达,都可以包括在情绪之中。我们的思维也和我们的状态有关。思维模式来源于父母遗传、家庭文化、社会环境的影响以及你个人的人生体验……一个人不可能没有情绪,否则就是白痴。但是一个人的情绪要调整到有利于健康,包括你身体的、关系的、环境的健康。所以管理好情绪就是静心和自我认知的过程。"李燕燕说。

"那管理情绪是不是一个净心的过程呢?干净的'净'?"我插了一句话。

"一个人当他通过自我认知了解了'我是谁'之后,当他知道自己的不良情绪的来源,他一定会进行修饰。不良情绪是有毒的,不仅毒害自己的身体,还会毒害人际关系。但有毒的情绪也非一日形成,是长期积累的。要想完全摒弃也需要认知和修饰过程。人即便懂得经常去净心,也不可能没有一点不良情绪。但要学会把自己的愤怒分解和消散,而不是靠压抑,压抑会损害身体。我们要尽可能让有毒的东西生成得少一些。"李燕燕说。

"可是我先生现在似乎很难控制自己的情绪。要么就沉默屏蔽我,要么一沟通就愤怒。当然他一愤怒我也会愤怒,这都成为一种恶性循环了。李老师,我真想知道我应该怎么中止这种循环?"李双萍问。

"中止恶性循环应该先从你的情绪开始。我们要求别人改变是很难的,只能自己改变;然后通过自己的改变去影响别人。不管你先生处于怎么样的情绪,你应该先学会情绪管理。"李燕燕说。

"双萍,李老师说得很对。其实我们只能先改变自己的情绪模式,自己不变想让对方改变是不现实的。我这两年是很有体会的,我先生其实没有大的变化,他的情绪反应模式也没有改变,有些东西甚至比以前还过分;但是我的情绪模式发生了变化,他的情绪已经很难影响我了……"我笑着插话说。

"是的,过去你先生一不理你就会本能地易怒。因为你觉得你先生不理你,是他不在乎你。其实他不理你也不见得他就不在乎你,也许这就是他的模式;也许他小的时候没有被父母太多地关注,习惯了怎么想就怎么做。他很难把在意别人放在他思虑的中心点。现在你通过静心认知到你情绪里那些有毒的东西在毒害你和他的关系,你把自己的情绪和你的成长史包括性格特点结合起来,找到你自己需要修饰的东西。所以现在你不把他不理你当成马上会反应发作的负面情绪开关了,至少你发作的时间延长了,发作的力度变小了,你的情绪宽容度增加了。"李燕燕望着我笑着说。

"是啊,可是过去只要一感觉他不想理我,我的火就会控制不住地蹿上来,我马上就会像一个斗士那样要去和他理论,结果肯定是乌烟瘴气的冲突。"我摇摇头,叹了一口气。

"是的,那是你的焦虑情绪,但背后一定有论点的,论点就是:他不在乎我。你会无限地遐想,把他的一点点问题无限放大,这是很害人的。一方面你非常沮丧,非常焦虑;同时你也会把他的情绪搞得很恶劣。"李燕燕直言分析道。

"我怎么觉得你们说的就是我啊……"李双萍叹了一口气说。

"其实我们有很多相似的经历。可能每个女人在要求先生上是有共性的。"我笑道,"所不一样的是,不管是共性还是个性,痛苦是没有人想要的。痛苦太多了就想摆脱,就想要心灵的自由。今天对我而言,对也好错也好,如果生活痛苦纠结,那对也是错的。所以爱情关系里,对与错都是相对而言,因人而异的。你要先生的爱情没有错,但是你先生不肯给你也是他的感觉和选择。关键是如何打破冰冻的僵局。"我以一个静心行路人的观感分析着我的感受。

李双萍说:"今天和李老师的沟通我已经意识到了我应该首先清理自己的情绪。对他别的都还能忍受,我最不能忍受的就是他不理我,把我当空气。"

"其实他不理你也不见得是把你当空气。他不理你可能是因为他不知道该怎么来对待你?他担心他答应你一个要求你会有一连串的东西等在后面呢!他害怕担待不了,所以他宁可把自己暂时冻住,离你远一点,逃避你,不惹你,这也是在保护他自己。"

李双萍听着李燕燕的话,若有所思地点点头说:"也许是的。我对感情长期执著的追逐,追逐不到就和他吵架可能让他产生恐惧的情绪了。所以他不敢惹我,离我远远的。可是这几年我已经在努力调整了,吵架的频率、力度都在改变。我也努力想做一个好妻子,经常主动给他做饭。但是他好像还是那样,经常一周、十天出差一点消息都没有。我无法相信他心里还有我,我觉得他已经把我驱逐出他的生活了。”

李燕燕望着李双萍说:“这正是他当下情绪的一种表现。我相信他不会看不见你的变化,但是你这些变化还不足以消除他的恐惧。他害怕和你沟通,因为他可能担心他什么话说错了又会成为你们冲突的导火索。如果你们过去主要是靠吵架沟通的,那他现在这种情绪表现是很正常的。再说,你说你变化了,你先生会在一旁审视你:你不是说你变了吗?我看看你怎么变了?看看你能忍多久?他在看你的忍耐力的同时也提高他的忍受力。”

“李老师,在对我先生的情绪解读上,好像我和您有很大的差异啊?”

“是的。我们站得位置和角度不同。你从自己的角度看得多一些;而我是站在你们中间,我不会偏向你也不会偏向你丈夫,所以相对会比你客观很多。你只有正确地解读你先生的情绪才有可能舒缓他的情绪,为实现有效沟通创造条件。”李燕燕说。

“那到底应该怎么做才能正确解读别人的情绪呢?如果我正确解读了先生的情绪,是不是就会缓和我们之间的矛盾呢?”李双萍用期待的目光望着李燕燕。

破冰:解读别人的情绪,并为自己的情绪负责

“情绪是一个人特质的表现,每个人都有自己的情绪特质。所以我们要学会去修饰自己的特质,使自己的情绪更良性化。”

“这个特质是指什么呢?”我插了一句。

“指的是每个人的性格、气质。这些都是来自于家庭、教育背景、个人经验的。每个人的经历和经验不同,对事物的情绪反应模式也不同。有的人把芝麻当西瓜,很容易受到惊吓。他遇到芝麻时使用对付西瓜的方式来反应情绪,这样的人通常聪明、多疑、防御,容易受到攻击。这样多疑也会导致很多疾病。为什么现在甲状腺的毛病这么多,甲状腺癌这么多,就是和这样的情绪模式有关。怀疑、防御、敌意都会增加自身的压力感和紧张度,导致不良情绪的出现,影响身体健康。”心理专家李燕燕又是具有二十多年临床经验的医学专家,因

此她深知情绪和心理对人体疾病的重大影响。“要解读对方的情绪,先要学会解读自己的情绪。因为你自己对情绪的体验才是对情绪真正的了解。比如你的愤怒,你的沮丧,你的羞涩,你的内疚等等在什么样的状态下出现?你就会知道你的特质和你的思维模式有些什么问题。”李燕燕说。

“那为什么人经常控制不住情绪呢?其实很多时候我情绪上来想发作的时候我也知道不对,但就是控制不了。”李双萍苦恼地说。

“那是因为你身体里已经习惯于用这样的情绪反应模式,已经形成痕迹变成下意识了。如果做行为调整的话,在这种时候你舌头绕三圈,你的愤怒情绪反应就会迟缓一点。你可以把舌头绕三圈当成你的情绪开关,提醒自己我的情绪和行为是可以控制的。第二种方法就是深呼吸。当你脾气上来的时候你马上做深呼吸,在深呼吸中你的身体会放松,紧张度会下降,你的自主神经都能得到调整,肾上腺素会相对降低。”李燕燕说。

“还有就是要消除自己内心对这份关系的恐惧情绪。过去我想给先生打电话时因为担心他拒绝我,我胸口会本能地紧缩起来。其实还是因为我对他有所欲求,希望他满足我的情感需要。但是我越紧张也越给他强迫感,他就会越抗拒,他的抗拒又会引发我的反抗。所以现在我让自己慢慢放下恐惧,尽量不要患得患失,尽量不过多欲求。我发现当我们关系缓和的时候就是我不给他压力的时候;只要我一给他压力他马上逃跑。”我笑着分析我的经验,然后问李燕燕,“这是不是说明我的情感宽容度增加了?”

“这是说明你对你先生有了一个新的认知,你爱的宽容度可以拉宽了。”李燕燕说。

“静心下来我慢慢看到了一个模式,对我先生无论我想说什么做什么,如果他不愿意听不愿意做,我是没有办法的。”我苦笑地看着两位说,“知道吗?我和李双萍一样希望自己先生出差能打个电话发个短信,几个字一句话都行,但是他就是不打也不发。”

“你们的先生都是那种很有个性,很执拗的人。一个人倾心于自己的事业,孤独地行走在科研路上的人如果没有坚强的意志是很难做到的。所以对这样的男人你去强迫他是没有用的。”李燕燕说。

“最近我先生出差十多天都无声无息,就好像我这个老婆是空气。”李双萍气愤地说。

“对女人来说这种状况挺可怕的,但这是一个现实,你不接受那难受的是你。感情和牵挂是强迫得来的吗?既然伤掉了这份感情,伤掉了这份牵挂,只能面对这个事实,面对这份需要去处理的情绪模式和关系模式,没有其他办法的。”我淡淡地笑笑说。

“你什么时候变得这么理性啊?”李双萍惊讶地望着我。

“没有办法。因为没有感性能够到达的路。对于一个冻僵的关系,只能慢慢地解冻;解冻不了就只有解缘了。”我无奈地说,“也许少去触及自己的情绪开关,把自己情绪宽容度变大,至少能让自己的心情轻松一点吧!”

“是啊!你把你的宽容度变大,也要让先生在你的影响下把宽容度变大。现在你们两个的先生都沉浸在你们这两颗炸弹会不会突然爆炸的恐惧中。你们不能否认伤害过对方,给他们带去了很多的负面情绪。现在这些负面情绪积累起来反弹到你们身上,你们不能光委屈,还要冷静去面对,去承担自己该承担的责任。”李燕燕说。

“李老师,那我该怎么做才能解冻我们的关系呢?”李双萍期待地问。

李燕燕望着李双萍说:“首先,你放心你先生,只要你不丢掉他,他跑不到别人那里去。其次,建议你先把先生的问题放一放,先处理你自己的情绪。你不把你的情绪处理好了,你先生很难和你有效沟通的。你也知道你把你负面情绪给他,他马上就屏蔽你;他这么做也是为了保护自己不受你情绪的影响。其实你在改变自己情绪模式的过程中,你就是最好的楷模。在你和先生关系中你就是校长,只要你情绪模式改变了,他的情绪模式会慢慢改变的。”

“那什么是情绪模式修复的方法呢?”我问。

“要改变你的情绪模式,首先你要认清自己的情绪模式来源于什么?如果是来源于思维模式,那我们就要修复曾经有的不良痕迹。情绪不是说你想修复就能修复的,要通过静心这个自我认知和认知世界的过程,修正自己的思维模型。我们常说性格是不可改变的,但性格的色彩是可以修饰的。就像基因不能改变,家庭的文化不能改变,但是我们可以对文化有新的解读。即便DNA也可以通过先天病的预防,延迟疾病的发生。”

“修饰情绪模式不是一瞬间的事,这是一个自我认知的过程。通过自我认知,把导致负面情绪的原因找出来,包括思维模式、行为模式等,人在修饰的过程中就会慢慢地平静下来,对吗?”我从今天的沟通中又学到了很多东西,我赶紧活学活用地分享出来。

“对的。前面讲过在情绪模式修饰过程中,我们可以给自己的情绪建立开关,比如绕舌头,深呼吸,弹皮筋,撕纸……你可以给自己建立个开关,比如愤怒时可以绕舌头,内疚可以深呼吸……但你需要身体力行,如果你不去做,开关就建立不起来。”李燕燕说。

“李老师,我今天明白了我和我先生多年冲突的模型了。其实每次冲突的原因最后都被掩埋在情绪里了。为情绪而吵只会越吵越糟糕,除了宣泄情绪,对问题的解决没有任何作用,而且感情伤害越来越深。”李双萍感慨地说。“是啊,你们是否体会到你们一开始冲突的起因是A,但吵着吵着变成了B、C、D。本来是晚餐有分歧,然后会引发到早餐,引发到过年……”李燕燕说。

我和李双萍频频点头。

我笑着说:“《心灵瑜伽》这本书里说过:人面对一个三寸大的难题,产生三米多的反应,然后生出来三十米的情绪,又制造出三百米的纠纷。所以是自己火上浇油,把问题越变越大,大到把自己吞噬,于是就失去控制了!”

“哎呀,这描绘太形象了!”李双萍笑着说。

李燕燕说:“中国人习惯于掩饰情绪,其实有情绪是正常的。关键是我们要培养情绪管理的能力,把负性情绪降到最低。人尤其要学会为自己的情绪负责;同时也不要因为对方没有为自己的情绪负责而为他的情绪生气,如果是这样,说明你的情绪还是没有处理好。改变情绪的过程是人一生中疗伤的过程,每个人都是带着创伤来到这个世界的,创伤可以导致情绪,情绪可以加重创伤。治愈创伤的过程使我们更加坚实,更加强壮。关于创伤,每个人的感受是不一样的:有的人一个芝麻都能砸一个坑,有的人用西瓜打一下都没事,这就是性格问题了。创伤无时不在,但修复也是无处不在;修复的能力各不相同,并且是随年龄成长提升的。创伤要自我修复,而不是靠别人来修复。人首先要为自己负责。”

李燕燕接着说:“修复创伤的根本能力是‘爱’。爱的能力分两种:一是给予爱,二是接受爱。这种爱的能力与人成长过程中是否得到关怀有密切关系,也是促使人能自我认知的动力。被关怀是促进自我认识的动力。”

“但是,如果我先生没有意识到需要去改变自己的情绪模式,修复自己的创伤,我怎么帮助他呢?”李双萍关心地问。

“首先要有爱心,其次要有耐心。一个中年人有几十年的人生痕迹,不可能一瞬间就改变掉的。创伤是会在冲突中一次次加深的,因此负性情绪也是一次次加重。我们修复创伤和情绪的能力是一点点增加的。这种修复能力是要靠外界对他的爱和他自己对爱的信息能接收才可以增加,如果你拒绝爱就会限制你修复爱的能力。”

无效沟通的底层是什么?
——解读“冰山”里的价值观

聊到这里的时候张丽老师赶到了咖啡厅。接着我们的话题,开始进入情绪修复的更深层次的探讨——修正价值观,了解“我是谁”——这是一个关系到真正走出无效沟通,进入有效沟通的核心方法论。

张丽一边摊开一张白纸,一边对李双萍说:“你刚才说你们夫妻关系进入了‘冰山’,现在我们可以用萨提亚的家庭治疗模式中‘冰山的隐喻’这个自我认知模型,来看看我们可以怎么在更深的层面解冻这个关系的‘冰山’。”

张丽在白纸上先给我们画了一座冰山,然后把冰山上下各层面的关系写了出来。

张丽指着冰山上方的一角对李双萍说:“你现在展示的是这里的行为、事件,比如你和丈夫的关系冻住了,他对你很冷漠,你们无休止地冲突。但是,你有没有想过这一切表现下面隐藏着什么最核心的东西呢?其实行为和事件是冰山露出的一角,我们轻易可以看见,也是最被关注的一角。但是冰山下较深的层面往往不被人们觉察。而一切善恶的行为恰恰是因为冰山下各层面的涌动、纠结和纷争的结果。”

李双萍睁大眼睛盯着张丽,我也全神贯注地第一次认真听张丽系统地用冰山来解析一个完整的案例。

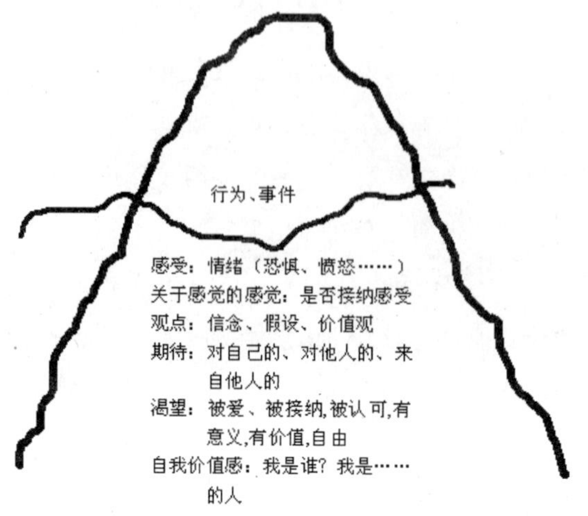

"人们常说，我感觉不幸福、不快乐，其实这是自己的观点，也可以说是主观事实，并不是在感觉层面的感受。我们很习惯地把自己的一个观点，或一个假设当成是自己的感受。人是很有意思的，当持有一个观点或假设时，一定会寻找证实它成立的事实而忽略其他。当你有这样一个'我不幸福'的观点时，会对丈夫的任何怠慢感到伤心、难过、委屈，愤怒。但我们能否允许和接纳自己感觉到的伤心、难过、愤怒情绪存在，这就是感觉的感觉。很多时候我们害怕自己产生伤心难过愤怒的感觉，就会竭力去压制自己的感受，压制的结果会造成更大的伤害或冲突。比如马加爵杀人。我们可以看看他极端行为的冰山下的感觉、感觉的感觉、期待、渴望和自我价值感。他的观点是：自己的期待落空了，他渴望得到尊重却感觉尊严被同学践踏，他期待友情却遭遇同学的冷漠和侮辱，他为此感到恐惧、愤怒，他陷入了人生中最恶劣最绝望的无价值感，他会问我活在这个世界上的意义是什么？最关键的是他跌落到'没有资格、不值得被尊重'的低自我价值感中，会问最底层的'我到底是谁？'"张丽娓娓地分析道，"当一个人陷入低自我价值感的时候，他会对别人也许不介意的东西极度地敏感。因为人在处于低自我价值感的时候是没有安全感的，会觉得自己处处不行，甚至怀疑自己在这个世界上存在的意义是什么？这种时候就容易引发各种问题。"

李双萍看看我，看看张丽说："好像是的。我和先生结婚后一年他就遭遇了一次科研上的重大失败，严重地影响了他在单位的名望与领导、同事对他的态度,那段时间他非常沮丧。但他从来不和我交流他这种沮丧的情绪,他很爱面子,在我面前想扮演强大的男子汉形象。而我当时突然从一个被宠爱的宝贝,遭遇没有准备的被忽略、被无视、不再被关爱的境遇,我一时难以接受,所以我就激烈地责怪他,攻击他。那段时间我们把对方都伤透了!"

"是的,你先生在工作中遭遇重大挫折,对他来讲就是一个创伤,当时他的内心一定很痛苦,有可能他暂时陷入低自我价值感,需要你理解、宽容和呵护他。"张丽说,"人处在高自我价值感的时候会比较客观。比如他相信自己是一个独特的人,也许唱歌、写作不如别人,但是我有独特的价值,我是一个值得被尊重的人。当一个人相信他自己独特、有价值、有资格、有尊严的时候,他就愿意承担起面对各种困境的责任。他可以有创造性地做自己的角色。而低自我价值感的人有时候会纠结于自己的角色。"

"哦,我明白了,其实我先生在一种低自我价值感里纠结了好多年。我和他很多沟通原本是想劝解他,他却全部理解为我居高临下地教育他,看不起他,不尊重他。所以他完全拧着思维,拧着关系。"李双萍说。

"他这么理解你的时候其实往往带着他很多过去的人生经验,包括童年不愉快的经历,因为他当时处在低自我价值感的位置上,所以就会有和低自我价值感相对应的价值体系、假设、观念、规则、规条以及主观事实。如果他内心有一个这样的假设:'我老婆不会理解我,她对我一点也不心疼',他会感觉恐惧、不安。对于恐惧、不安他会有何感受呢?他可能还会为自己的恐惧、不安感到焦虑,在自己的内心纠结。当你用强势的方式对他表达,他立刻归纳证明自己的假设是成立的;同时他可能感到失落、愤怒或者悲伤。就在那个当下,他就像一个孤单无助、不被人看好、受到羞辱的小男孩,在低自我价值感上备感受伤。"张丽说,"如果一个人把尊重放在他价值体系排列里比较靠前的位置,确定'尊重'是生命中最重要的,一旦他认为没有得到尊重,他内心的冲突就会跳出来。"

李双萍不解地问:"可这不是很矛盾吗?一方面他需要尊重,另一方面他又处于低自我价值感,又不尊重自己。而这些人自己又不知道自己处于低自我价值感的状态,所以就一味地责怪别人不尊重他。"

张丽说:"是啊!正因为这样才有很多的纠结。一方面他在感觉不到被尊重时有被羞辱、难过的感觉；又有希望得到尊重的强烈愿望；他又不知道自己处在小孩子的状态，处于低自我价值状态，于是他就会把自己所有不好的感觉、纠结归罪于别人。要么是跳出来指责别人，要么是去讨好别人获得这方面的补偿，或者是打岔躲开、逃避，或者是超理性大讲道理。”

李双萍问："张老师，我还是不理解，比如他出差时对我不理不睬，我多少次和他说过，你出去哪怕隔两天给我个短信、电话，表示我们的关系还存在，这不过是很简单的一个行为而已，这对于正常夫妻是很正常的，但这么简单的事情他却做不到。有时候我想这样的关系有什么存在的必要？"

"在我们关系中存在的所有的人对我们都是有意义的；我们遇到的所有的人都会在冰山的不同层面和我们发生关系。有的人可能在价值感、规条方面和我们有很多的互动，这种互动包括冲突和矛盾；有的人可能在期待层面上，也可能在渴望层面上，也可能在'我是谁'的层面上。"张丽笑望着李双萍说，"比如你和你先生，就是在底下很多层面上互动着，比如你可能清楚你自己对自己的期待是什么，你对对方的期待是什么，那么是否了解对方对你的期待是什么呢？伴随你们各自多年的价值观、观念、规则和规条……它们阵容庞大，恐怕你自己也经常不自觉地使用着呐。"

李双萍若有所思地说："嗯……从这个角度去看我们之间的关系有点意思。我好像找到点感觉了。也就是我要把和先生的关系冲突看成我心灵成长的一条必经之路。我先生可能是来帮助我完成我亲密关系这一课的。我应该全然地接受这个课程，努力去完成它。是的，我应该放下我内心的纠结，以一个全新的视角来看待我们之间的关系。"

张丽赞许地点点头说："是啊，你可以说，我和先生最后要修一门功课是'放下'。放下什么呢？我决定放下过去很多的假设、规条和主观事实，看看这样是否对我有帮助。这样当他不回你电话和短信的时候，过去你头脑里会有一个假设'他无视于我们的关系'，这是你根据你以往经验的一个假设。如果你决定放下这个假设，你可以允许他不给你电话和短信，你不再把这认定为他无视你们的关系了，那会发生什么状况呢？"

听到这里，我也忍不住感慨地插了一句："说得真好，我现在也明白了我和我先生关系里该'放下'什么了。过去我无论在说什么做什么，其实内心都希望对方有所改变。但事实上,我们的沟通一直不在一个波段里,因此当我和他说什么的时候,他心里反应的却是‘她在打扰我’。他不想进我的频道,所以我们通常只在做无效沟通。因此我想我现在的反应应该是:我不再在意这个关系里你怎么反应,我对你没有要求和期待了。”

“可是你再看看你在不在乎他的期待背后是一种什么样的感受呢?是对他的失望?还是对自己的完全信任?”张丽目光透彻地望着我问。

“我现在的感受是,我把感受都放下,因为在现在的关系里我已经无所作为了。无所作为后抓不住就不抓了嘛!”我笑道。

“我似乎看见你放下了‘恐惧’。”张丽笑着说。

“有可能。”我沉吟了一小会儿点点头说,“是的,过去我害怕失去。”

“你再感觉一下,你后面有没有愤怒?”张丽循循诱导我走入内心。

“我想应该有吧。我不想纠缠了。正常夫妻之间一个出差打电话、发短信这么正常的行为,却要这么久地纠缠‘该不该’,我觉得不管谁有再充分的理由也太没有意思了。不和谐的夫妻之间有太多的‘该不该’,都这么去纠缠,人生的价值和意义何在?”我理性地说。

“其实你的价值体系里还有假设。你过去的规条里是不能容忍夫妻之间没有电话或短信联络的;你丈夫的规条里可能是在他工作或重要活动以及自己想独享的时间里不可以被打扰;各是各的理,纠缠得都不快活。现在你决定放下,那么现在你可以找到一个新替代假设,或者说你找到了一句更有弹性更有灵活性的话,‘每个人都会优先做他认为更重要的事’。加了这句话你变得更有灵活性了,更尊重他的选择和他该担负的责任了。因为每个人要为自己的人生负责任。”张丽说。

“这可不可以说,我和他在价值观互动层面找不到共同价值观?”我问。

“是的,我也是这种情况。”李双萍赶忙说。

“你们认为是什么使得你们夫妻之间找不到共同的价值观了呢?”张丽问。

“找不到的原因是他不能尊重和接受我的价值观,而他也认为我不接受和尊重他的价值观,于是就一直产生冲突;冲突的结果是两个人之间更加没有共同价值观,更不尊重对方的价值观了。所以在这种情况下,我选择了在你不同意的情况下我不和你建立共同的价值观了。”我说。

“我不再去强求。”张丽补充说。

“甚至说我能以放下这个关系为代价。”我继续说。

“不是以放下这个关系为代价，而是放下对这个关系的恐惧。很多夫妻之间的纠结就是不敢对放下这个关系的恐惧，因害怕失去而寻求各种方式控制，强求对方改变。如果认识到即便失去我也可以承担的时候，很多事反而能迎刃而解了。”张丽说。

“价值观是由很多的‘价值要件’组成的，这些‘价值要件’比如成就、尊重、忠诚、亲情、朋友、机会等，每个人都会把自己认为重要的往前放。有人把机会放在最重要的位置，有人把成就放在最重要的位置，有人把尊重放在最重要的位置，有人把爱情放在最重要的位置。每个人放的位置不一样，行为就会不同。每个人面对不同的人和事的时候，会在心里不停地用价值观来衡量和比较。除非他遇到了什么事自己想改变，否则别人很难让他改变。‘价值要件’也会随时间和环境发生调整和修正，比如年轻时可能把机会、成就放在前面，年老后会把健康放在前面。一个人可以自己修正价值观组合，但别人无法强迫他修正。一对夫妻，如果一个把事业放在第一，另一个把家庭放在第一，而每一个人又都觉得自己最有道理，那这两个人一定会冲突迭起。每个人‘价值要件’的排列又都会有很多的假设。比如丈夫觉得妻子应该理解我。如果他感觉妻子没有理解他，他过去不愉快的经验、规条以及很多负性的记忆就都带出来了，他可能会产生愤怒、羞愧、恐惧、伤心、厌恶等情绪；于是他相对应的行为模式就出来了，比如冷漠、逃避等等。”

张丽像抽丝剥茧一般把人情绪下面深藏的价值观体系一一做探究：“所以你需要理解每一个人都有来源于自己独特经验的价值体系，那是属于自己灵性的东西，别人是无法修改的。我只能看我自己的内心发生了什么？我自己愿意做什么？而别人的价值体系只能由别人自己来修改。这样我们就能‘放下’很多东西了。我们理解了他只是在他的价值体系里运作，并不是对我的不尊重；我也是在自己的价值体系里运作，我也不是小看他。孔子说：‘君子和而不同。’我们可以有一些链接，但是一定要允许有不同。萨提亚说：‘人因为相同而链接，因为不同而成长。’”

“但人类通常因为不同而冲突，很少有人能把对方的差异当成自己的成长空间。”我说。

“是啊，所以要敢于放下自己内心那份怕被别人不尊重的纠结，不把别人行使自己价值体系的行为当成对你的冒犯，你的‘假设’才能变得更有弹性更灵活——别人对我的拒绝并不是不尊重我；别人离开我并不是抛弃我。”张丽说。

“张老师，您刚才说别人离开我并不是抛弃我。那我丈夫长期对我不理不睬，经常像空气一样蒸发，我怎么理解呢？我明明深刻感受着他的抛弃，我怎么理解他不是抛弃我呢？”李双萍困惑地望着张丽。

“当一个丈夫觉得自己没有家庭地位的时候，他一定是认为妻子强势；一个逃跑的人一定面对一个指责的人。你丈夫其实是不知道怎么去面对你？他既不知道怎么去处理你的愤怒，也不知道怎么去面对你的‘黏’他；你有情绪时他不想面对你的情绪，对自己的情绪又感觉难过、不安，所以只有逃避；逃避不是抛弃。”张丽分析说。

“我觉得他早就把我们这份感情‘放下’了，否则不会这么待我。”

“没有放下，是打岔。”张丽说，“人们在不愿意面对的时候会用打岔的方式。比如孩子不想面对学习就会陷入网瘾；很多成人不想面对婚姻的痛苦就选择婚外恋。我在忙，我在工作，不要打扰我……都是一种打岔。所以我们看见冰山上面的行为时，还是要解读冰山底下的原因。”

“张老师，我这么多年来天天想做的一件事就是能和我先生好好沟通。但我们因为情绪方面的问题和价值观不同，长期以来周而复始起冲突，搅成了一锅粥。每一个观点，每一件事情的沟通都不可能在一个频道里。过去的痛苦、今天的失落、明天的恐惧交叉着纠结着……我今天也认识到了我要对自己的情绪和价值系统负责，不应该强求对方去改变他的情绪和价值。目前，我先生根本没有修正自己情绪模式和价值观系统的意识和需求；而我们这份‘关系’又必须去面对和处理；可是我们又陷在无效沟通的僵局……这种境地我该如何打破啊？”李双萍情绪沮丧又焦虑地说。

“如你所说的，无效沟通是因为不在一个频道；因此走出无效沟通的方法就是寻找两人可以沟通的共同频道；这对于缓解纠结的关系是不容易的。首先需要和对方建立同理心，也就是站在对方立场设身处地思考。任何生命都是值得被尊重的;对方的任何行为都是合理的,都有其背后的理由,对方有权利这么做。当你能和对方建立这样的同理心时,你就能尊重他,去理解他行为背后的理由,去发现他背后的爱。

"如果一个人处于高自我价值感状态,另一个人处于低自我价值感状态就很难对话。低自我价值感的人有时候会把高自我价值感的人给拉下来。但是如果高自我价值感的人非常清楚自己在做什么,不管对方怎么拉也掉不下来的话,那个低自我价值感的人可能也会走出来。两个人就有同频的机会了;然后同频的几率越来越高,大家就可以进入一种良性沟通模式。"

张丽接着说:"人有的时候会在高自我价值感状态,有的时候会在低自我价值感状态;但你如果能时刻保持对自己的'觉察'——当此时此刻我跌落了,问自己是什么把我从高自我价值感状态拉下来了?当你有这样的'觉察力'时,你就能随时调整自己,使自己总处于高自我价值感状态。"

"那我和我先生这种僵持的关系要用什么方法来解决?"李双萍急迫地问。

张丽笑着指着冰山底下说:"冰山底下有这么多层次,你可以选择任何层面去和对方互动。比如你说你先生一工作起来就对你不理不睬。现在你换一种思维:他的价值观、规条就是他在工作的时候不能被打扰;而当他感觉你打扰了他,不管你的爱情理由多么充分,他也不能接受。这种情况下,你可以对他说:我理解你内心的规条,如果我过去打扰你觉得是对你的一种冒犯,我可以道歉。你认可和尊重了他这个规条,这就是一个链接。得到别人尊重的人就可能把暂时的防卫放下了。他可能也会想:妻子有什么规条也需要他理解和尊重?比如她希望得到我的消息,否则她会觉得我不爱她不关心她了。于是你们就可以坐下来讨论什么是既可以不冒犯对方,又可以照顾到自己的规条和方法。

"要想走出无效沟通就要读懂自己的'冰山'和对方的'冰山'。十来年垒起的冰山,要一瞬间消融是不现实的,要有耐心,更要有爱心。'冰山'的探索带给我们更多去觉察自我的机会,为我们创造内在的和谐打开了一条自我认知的道路。如果我们能用'冰山的隐喻'去层层深入了解自己和对方行为背后的每一种情绪感受、经验、思想、信念,我们就开始真正地认知自己、理解自己了。你的静心之门打开了,冰山消融的日子就不远了……"

河洛国学，关系的解读和相处

和谐关系的奥秘：寻找平衡

关系的维持就是要寻找一种平衡。平衡的方式很多，比如，吵架是一种平衡方式，冷战也是一种平衡方式，沉淀也是一种平衡方式，大海波涛汹涌也是一种平衡方式，地球上的天灾也是一种平衡方式。

比如夫妻，冲突的时候应怎么去平衡，而不是去自毁。但实际上冲突时很多夫妻采取的方式是抵抗，是冲撞，这样就两败俱伤了。和谐的关系处理方式不是去硬碰，而是去疏解；或者把心停一下再去处理，也能获得一种平衡。

平衡就像我们跳恰恰舞，有进有退。你进两步我退两步，你退两步我进两步。在寻找平衡中我们可能会踩到脚，于是就会再做调整，寻找新的平衡。

再遇河洛国学

知道我做身心灵健康，有段时间，一个朋友常给我发有关河洛国学的课程短信。我对此一无所知，依稀知道有河图洛书，也没有觉得和我的身心灵健康有什么关系，因此从来没有去过。

几个月前，就静心主题采访外企的一个高管朋友，突然发现她谈吐中对静心、自我认知有了很多灵动的思想，对工作中很多纠结的东西也豁达、放下了很多，和我前两年沟通的状态大不一样。我有些好奇地问她为何有这样的改变？她笑着说她也在通过学习提升自己的心灵，尤其前段时间接触了台湾一个河洛国学老师，受启发比较大。一问就是那段时间朋友总给我发河洛国学课程短信的主讲老师。

有一天，那个朋友说：我介绍你认识一下河洛国学郑老师吧，也许他可以对你的静心系统有所帮助。于是我们在一个酒店约见，我认识了河洛国学组织评量系统学理研发创办人郑君辉老师。

初见郑老师，感觉他很阳光，很年轻，不像一个年近五十岁的人。

第一次见面因为对他的河洛国学理论毫不了解，因此也不知道该提什么问题。

事先在百度百科检索“河图、洛书”时，解释为：相传在伏羲氏时，伏羲氏教民“结绳为网以渔”，养蓄家畜，促进了生产的发展，改善了人们的生存生活条件。因此，祥瑞迭兴，天授神物。有一种龙背马身的神兽，生有双翼，高八尺五寸，身披龙鳞，凌波踏水，如履平地，背负图点，由黄河进入图河(今洛阳市孟津县，白鹤、送庄乡境内)，游弋于图河之中。人们称之为龙马。这就是后人常说的“龙马负图”。伏羲氏见后，依照龙马背上的图点，画出了图样。接着，又有神龟负书从洛水出现。伏羲氏得到这种天赐的用符号表示的图书，遂据以画成了八卦。这就是《易·系辞上篇》记载的，“河出图，洛出书，圣人则之”。即伏羲氏“作八卦，以通神明之德，以类万物之情”。

不知道郑老师的河洛国学和百度百科解释的河图、洛书有什么关联性？

郑老师说他做了二十年学理研究，五十万笔数据比对，创造了一套河洛国学的应用原理和方法。他说今天暂且不说原理，你可以给我你的名字，我能准确说出你的类型、特点。

我心想，这不是变成姓名学的测字测命运了吗？和河洛国学有什么相干呢？但出于好奇，我就把我的名字给了郑老师，他把我的名字、出生年月日输入他们网络上的一个评量查询系统，然后告诉我："你是属于卡车双行道。"

什么是"卡车双行道？"我不解地问。

郑老师说为了便于记忆，他把人进行了类型划分，分为卡车型、跑车型、轿车型、出租车型、公交车型。然后他就给我分析我这个类型的特点。

我笑着认可他分析得很准确，但是心里还是摆脱不了算命的想法。

仿佛了解我内心的想法，郑老师解释说："其实借用这个系统，除了能让你更好地了解自己之外，更多的是为了让你了解你与别人之间的人际互动。互动可以是各个层面的，包括夫妻之间的互动、亲子的互动、合作伙伴的互动、管理下面团队的互动……比如你了解别人的属性，你用适合他属性的方式去配合就好了。过去我们可能只了解自己的属性，就是按照自己的模式去走，但很有可能和别人有各种各样的碰撞。碰撞了也许你还不知道原因，因为我们对别人不够了解。"

我笑道："那从您的系统，我这个卡车型的是怎么样的关系模型呢？"

郑老师说："你的思维和行为都是卡车双行道的人，说话喜欢化繁为简，做事抓要点，谈事直接把精髓拿出来就好；跟你这种属性的人交往不怕冲撞，只要讲得有道理你肯定认可；你不是那种主动进攻型的人，别人来找你你会顺着的，因此你上层关系和人际关系都不错。"

"哇，郑老师，您刚认识我就能这么看我真不容易啊！"我笑着说，"很多人看我这外企人做派，都给我贴标签 aggressive，富有侵略性，绝对'野蛮女友'版本的。其实我绝对不主动进攻别人，都是别人进攻我时我不得不防卫。"

"你不是侵略性，而是主导性，你有顽强的主导性。你防卫性很好，而且第六感很强，绝对明察秋毫，你从一个点能看出很多东西，所以别人会说你富有侵略性。"郑老师说，"你的属性是你在低点的时候只要不放弃就可以绝处逢生；高点的时候如果你要骄傲一定会掉下来，所以要用平常心去做事。"

虽然对我的特质解释得很清楚，但我又想是不是因为我人在场，对方可以察言观色？用心理学的眼光来观察我？于是我说出我先生的名字请他们分析。让我不得不服气的是，虽然我先生远隔千山万水，但是通过郑老师研发的系统、丝丝入扣的分析，还是准确地说出了他的性格、思维、行为模式。

我暗叹，我十多年迷雾般地凭着本能反应和直觉，很吃力很纠结地摸索着维系这一份强强结合但相互耗能的关系。这两年借由静心，走进心灵"内求"之旅，才算慢慢看清了很多自己与对方的思维和行为模式。但是郑老师与我初识，仅凭一个系统和他多年河洛国学理论和实践，就把我辛苦摸索十多年的几个核心点一语中的地表达了出来。我的感觉就是，河洛国学面前没有秘密。如果能够运用河洛国学的理论和方法，去了解自己、认识别人，然后在一种良性配合的状态下相处，岂不是为创建和谐社会起到了很好的作用？于是我准备就河洛国学在"关系"中的运用和郑君辉老师进行深入的探讨。

"卡车"遭遇关紧黑漆漆窗户的"轿车"
——李双萍看清了冻住的关系模型

和郑君辉老师再次约见是在国贸三期32层视野辽阔的咖啡厅。

我又带了好朋友李双萍过来。经过两个心理学专家的沟通后，我想看看郑君辉老师从河洛国学角度对她的关系状态有什么见解。

郑老师把她的名字输入查询系统后，笑着说："李小姐，你是属于卡车双行道的。"

"双萍，你跟我一样啊，怪不得咱们考虑问题总是这么默契！"我笑道。

郑老师先简单解读了李双萍的属性特质，然后又把李双萍先生的名字输入了系统，开始用他丰富的河洛国学知识对他们的"关系"进行解读：

"你先生是轿车环岛型。他是感觉型的人，你和他在一起有时候感觉不错，有时候觉得是对牛弹琴，情况时好时坏。这个人有被虐待的快感，你对他好他就会骄傲；你不理他，他可能又来接近你。你会感觉一会儿上天堂，一会儿下地狱，你很不喜欢这种感觉，很难拿捏这种状况，他经常搞得你很愤怒。

这种人当情人不错，当丈夫会使你很疲惫。”

“哎呀，郑老师您分析得太对了！我和他在一起就是这种感觉。好起来真的感觉很好，永远像情人一样有味道；但是一旦你要把他拉入丈夫角色，去行使丈夫的家庭责任和义务，他马上会和我发生冲突，我和他似乎永远在玩‘猫捉老鼠’的游戏。年轻时还有精力和他斗气，这几年越来越厌倦。日子本来就该平淡地过，可是和他在一起总是控制不住情绪的波澜起伏，他一颗心似乎永远无法安宁下来。我累了！也厌倦了！我也不知道该怎么对待他，也搞不清他想怎么对待我，也许我们的关系到该结束的时候了。”李双萍越说情绪越沮丧。

“你是卡车型的人，你先生是轿车环岛型的人。他的窗户漆得黑黑的、关得紧紧的，他喜欢从窗户里面往外看你，不想你太靠近，太靠近了他没有安全感；而你又明察秋毫，把他看得很透，所以这情况挺麻烦的。你应该给他点神秘感，睁一只眼闭一只眼就好了；可是你把他看得这么透，所以他只有窗户紧闭，有时候还会反向操作。比如有时候你看透他心中想怎么做？他就故意颠倒着做。本来他是想喝这个的，你看透了他就不喝这个了，偏喝那个。”

“郑老师，您说得太对了！一直就感觉他不肯把日子顺过来过，总是很拧巴，让人很难受。”李双萍皱着眉头说。

“他不想被人摸透，但是又想被人了解。”郑老师说。

“这不是很矛盾吗？”

“是啊，他也不想有压力啊！可是你卡车开过来会让他感觉有压力。你说话很直接、很直白，能穿透他内心，他的舒适感和安全感会受到侵犯，所以他防御性很强。但是你在某些方面又让他感到精神上的依赖，他又希望能靠过来。经常是他感觉你的强势把他吓着了。但他不感觉你强势的时候心中会有这种感觉的。”郑老师说，“他这种属性就是这样的。你靠近他，他就感觉自己比较伟大；你不理他，他又感觉心里不舒服。所以你要引起他的好奇。”

“他无所谓，但是这不是让女人很痛苦嘛！”我忍不住插了一句。

“所以这是一种‘度’的拿捏和把控。你要怎么做才能让他开窗户？怎么做才能靠近他又不让他感觉有压力，不把窗户紧闭？”

“这种尺度很难拿捏啊！我先生耐力很强的。和我冷战的时候通常我不主动求和他是不会主动的，绝对能和我死抗到底。”李双萍苦着脸说。

“他有耐力，我们有定力啊！当他的耐力遇到你的定力，你就能赢他。耐力是用意志去控制，定力是不管你做什么，我还是做我自己。”郑老师说，“可是你浮躁，性子急，所以他比你了解你。你认为你很懂他，他也觉得自己很懂你，你们互相在折磨对方而已。”

“从关系而言，他是不是很享受这种你不理他他也不理你的状态？他既然喜欢一个人待着，为什么又要进入婚姻关系？”我问。

“是的。他很自恋又自大，有时候也会有虚空的感觉。他的心情是以自己为中心的，好的时候很好，不好的时候很沮丧。这个人是比较自私的，他以自己的感受为感受，不太去顾及别人的感觉。但是他需要你的时候你还得过来，不需要你的时候你就走开。”

“他很独立的。”李双萍说。

“不是独立，是冷血。他活得很自在，比你自在，也很超然的。”郑老师犀利地说。郑老师入木三分的分析让李双萍和我频频点头。他简洁真实地刻画了多少年来李双萍给我经常描绘的他先生的画面片段。我深知我这个在职场也算是驰骋风云的女友被她这个她又爱又恨的先生搞得五迷三倒，直到痛苦失望到了极点准备放弃了。

“那他知道自己冷漠、冷血吗？”李双萍问。

“他或许了解，或许不清楚，或许内心知道但是也不想承认。”郑老师说。

“我经常讲他冷暴力，他每次听了都很生气很愤怒。”

“他的爱情观是这样的：他向往两人世界的柔情蜜意，但是又放弃不了单身贵族的悠然自在。所以他希望的情况是：他需要的时候你就靠过来，可以在一起，但是在一起的时候，你不要变成他的包袱；他不需要你的时候你就要离开，不要干扰他。他想过独行侠的生活，而你主导性又很强，想去抓他却抓不到他，感觉快要抓到他了他就跑。这样折腾一段时间以后你们又好了，可好不了两天，噩梦又周而复始了！”

“郑老师，您说得太对了！我的日子就是这么过的。我真不知道该怎么办？我该怎么去处理他？”李双萍感叹一面之交的郑老师居然根据两个人的名字信息就能清晰地解读和再现出自己的婚姻模式。

“不是处理他，而是处理你自己。”郑老师望着李双萍说，“对你来说就是‘度’的拿捏。当他需要你的时候你的角色在哪里？你要明白你掌控不了他！”郑老师生动地比喻道，“你知道吗？你是和影子在玩游戏。你抓影子是抓不到的；但是你走开影子还跟着你。所以你还是做你自己，影子就靠过来了。”

“是啊，我也慢慢悟出来我和他的关系模式和命运走向了。其实理性上我知道我不想玩了，想结束；但是却总是纠缠不清。我也越来越明白我们不搭调；但我不知道自己有什么在纠结着……”李双萍脸上呈现矛盾的表情。

“其实是你自己放不下。你能告诉我你为什么放不下吗？他哪个地方值得你放不下？哪个地方值得你可惜？”郑老师问。

“他人还是很好的。”李双萍说。

“如果我要你放下他，你就会说他人很好；如果我让你和他和好，你又会说他有什么什么的问题你很难和他相处。因此到底要不要是你决定的，不是他。其实我感觉你还是个理性的人，可是你遇到你先生这个人你就变得很奇怪啊！”郑老师笑道。

“是的。似乎他也是这种情况。他无数次说没有人毁他，除了我。他在外面驰骋风云的，但唯独对我没有办法。我们俩相互让对方没有办法。”李双萍苦笑道。

“这叫互相找到对手。”郑老师玩笑道，“你以为你看透他，他也认为很了解你，其实你们都隔着一层纱；正因为隔着这层纱才能维持这么久。你很想去掌控他但掌控不了，他也很想掌控你，这就是一个矛盾。平衡就维持在好像我看透对方，其实又不完全是这样，于是卡在这里。”

“我先生能当我是空气，当我不存在，出差一连十天都无声无息、不理不睬。”李双萍说。

“你对‘关系’的认知和他对‘关系’的认知是不一样的。你的爱情价值观是不能忍受一个爱情关系不理不睬，而他认为他想理睬不想理睬这个关系都是存在的。你们就属于那种说不和嘛又纠缠在一起，说分嘛又剪不断理还乱的关系。你自己也有问题，明明知道他这样你还是放不下。”郑老师说。

“那如何跳出这个模式？”

郑老师指着李双萍坐的正处于拐角的沙发说：“你可不可以跳到拐角外

面去？”

李双萍奇怪地看着郑老师说：“这很简单啊，一抬脚不就出去了吗？怎么啦？”

“那为什么不跳？”郑老师干脆地问，“跳过去不是很简单吗？”

李双萍明白了郑老师的意思，支吾道：“婚姻关系放下不是那么容易的。”

“你看你想放下，但是又找借口让自己放不下。”郑老师犀利地说，“其实你要是放得下，情况就会好很多。要看清自己，看清往后的路怎么走？”

这时郑老师有个电话进来。在他接电话的时候，李双萍问我：“没有想到郑老师能从一个名字看出一个关系模式。河洛国学到底是一个什么原理呢？”

我笑着说：“这不就是我来的目的吗？我也是想通过他对你案例的分析，看看他的系统在应用上的准确度。等下我就正式采访有关河洛国学的学理系统了。”

河洛国学是什么？

我和郑君辉老师开始就河洛国学理论系统进行采访。

我先概括了我的采访意图：“每个人都生活在‘关系’里，不是社会关系就是家庭关系。只要‘关系’存在，不光是‘我’，‘我’外面还有‘他/她’。这就存在一个自我认知，同时解读他人的问题。如果不能正确认知自我、了解他人，就不太可能有良好的社会人际关系和家庭关系。人怎么能让不好的关系变好？人怎么能处好各种关系？运用河洛国学的理论和方法如何能帮助人们正确地解读和认知‘关系’？我想这是我和读者们都关心的问题。您可否用通俗易懂的方式来解释一下河洛国学？”

“河洛国学，一句话，就是人的使用说明书！”郑君辉老师说，“中国老祖宗智慧中最核心的是‘天人合一’的理念，认为人居于天地之中，自己就是一个小宇宙，从而形成一个独立的天人地三才结构，而如果掌握了解天地轨迹变化，就能够掌握自己的命运轨迹。

“大自然的运作是有规律的！而河图、洛书是易经的源头，是中国古代用来记录天地运作变化轨迹的工具,用刻度把它刻分出来。易经有阴阳,河图把阴阳的变化切割成十等份;洛书把发展轨迹切割成九刻度。”

我问:“那河图洛书为何讲究刻度变化呢?”

郑君辉说:“中国老祖宗常讲‘中庸之道’,但中庸的变化是要用时间的智慧经验累积才能准确应对的;而用刻度是为了具体定位切割事物的发展变化轨迹。比如河图刻度可以测量出我们天地间从开始到结束、生老病死的变化;洛书可以了解一年四季的气候变化规律。《黄帝内经》说‘阴阳五行’是这个世界上最根本的五大基本元素。我们所说的天人地三才,天就是洛书,地就是河图,而人就是阴阳五行。

“河图的发现者是伏羲,他发现天地万物变化的规律和轨迹,可以用河图来统计很多事。一个事情从开始到结束可以分成十等份,就变成了我们的度量衡。洛书的发现者是大禹,他从乌龟背上的一个图,发现了洛书,可以了解天地之间的生生不息,一年四季的变化。”

“河图洛书是不是伏羲和大禹为了管理天地之间、农耕的变化,计算度量的?”我又问。

“是的。后来周文王在推卦的时候,把河图推衍出先天卦,洛书推衍出后天卦,易经的八卦就出来了。”

“那是先有易经,还是先有河图洛书?”我问。

“先有河图洛书!用河图推衍出先天八卦、由洛书推衍出后天八卦,河图洛书是易经理论最重要的基本结构,其中所有六十四卦的变化,都是经由两者结合后,变化出的不同结果。”郑老师说。

“但为何现代人提易经的多,提河图洛书的少呢?”

“易经在现在是很普遍的,易经讲究相对论,把天地万物的变化发展,以‘易’与‘不易’为相对两端,把中间的变易,用八八六十四卦去推衍切割,定义每一种变化的发展现象。但现在很多人学易经,都在学推衍出的六十四卦,背很多卦辞,但并不了解它背后真正的原理是什么?”

我问:“我什么卦也没有学过,但是我面对一个人的时候,聊一聊也可以准确地说出这个人的特性啊?”

“这是人的经验阅历所累积的直觉判断。一个人阅人无数,从对方的谈吐、态度就能判断出这个人的个性特质。我们的老祖宗更厉害,还可以将不同人言行举止的变化,归纳出不同的经验。所以有三国魏刘邵《人物志》、三国蜀诸葛亮《将苑》又名《心书》、清曾国藩《冰鉴》,把一个人从内到外(声音、动作、骨相)的特点进行归纳和总结,察言观色、听其言、观其行,判断一个人的才智秉性。但这些都是经验之谈,无法复制的。"

"那您的意思是不是说用河图洛书是一个可以复制的方法论呢?"我问。

"中国人通常看到这个'象',就会用文字去代表。象形文字是古人把图像拓画下来,然后变成一个个文字。比如一个'日'我们用圆圈中间一个点。最早用结绳堆石头代表一件事发生。慢慢文字符号越来越多后,这个符号代表这件事,那个符号代表那件事。"郑君辉说,"我们就是解读这些文字符号,把不同符号依据形音义还原成能量,也就是数字;数字可以做统计和比对,文字没法做比对。但每个文字后面都有个能量,我们就是把文字后面的能量萃取出来。"

"每个文字后面的能量都用河图洛书、阴阳五行解读出来吗?那您可否用我的名字帮助我理解一下?"河洛国学太专业的东西听起来有些吃力。

"吴云艳分别属于阴金、阳木、阴金,金克木,所以你的思维和行为模块都属于阴金克阳木。为了让人们容易理解和记忆,金克木我们称为卡车型。但阴金和阳木之间会有些变化,比如阳金克阳木、阴金克阳木、阳金克阴木、阴金克阴木四种变化,比较复杂,所以我们要把复杂变简单,要可以复制。"

"郑老师,你怎么会想到用阴阳五行来做人格属性分类呢?"我问。

"河洛国学的理论基础是《黄帝内经》的'五行人'学说。"郑君辉说,"我过去当经理时常困扰于如何找对人,并将其放在恰当的位置上;同时看到领导与管理层也常因彼此认知有落差而导致沟通不良。通过不断地搜索,发现这些问题的共同答案就是一个'人'字。但对于人的认识与了解的工具,多来自于西方识人科学工具,例如'九型人格'、'PDP 性格测试'、'MBTI 职业性格测试'以及'DISC 性格测评'、'笔迹测试'、'皮纹测试'等,这些工具在对个人性格和习惯的剖析方面,都具有一定的准确性和科学性。但由于东方大部分国家人口众多,工作机会相对较少,在填写问卷时,就无法按照真实情况填写,造成我们用人的参考指标往往不能符合实际工作情况。"

"是否可以找到一套简单、迅速、有用,可针对东方人的人格特质来进行归纳分析的工具呢?后来我受《黄帝内经·五行人学说》的启发,用了二十年的时间来研究中国的古老智慧:河图、洛书、阴阳五行、易理等,并结合西方统计学、心理学、管理学,以'主观求知、客观为证'的辨证思维,研发出了这套适用于东方人心理行为的理论和方法论。"

郑君辉说:"基于古代智慧现代化、国学生活化、实用化的目标,我们以生活中常见的五种车来与五行相对应。利用卡车、公交车、跑车、出租车、轿车等来诠释每个人的习性与惯性。这种工具可以用于我们人事的调度与布局、家庭的经营、因材施教培养孩子等。"

关于《黄帝内经》涉及五行人的部分,我请郑君辉老师再详细解说一下。

郑君辉说:"《黄帝内经》是中国最古老、最具权威的医学经典巨著,其中提到'形神合一'。老祖宗认为人的身体与心理性格是有相对应关系的。我们以《灵枢·阴阳二十五人》的五行学说为基础,以人体的五脏六腑功能属性归纳,将人的生理与心理相对应,结合归纳成:

* 肝胆属木(木型人):有胆识、勇于冒险、具威严;
* 心小肠属火(火型人):感性热忱、急性浮躁;
* 脾、胃属土(土型人):坚实沉稳、按部就班;
* 肺、大肠属金(金型人):细致敏锐、患得患失;
* 肾、膀胱属水(水型人):聪明活泼、反应机敏、怕压力。

五行人属性分析——木、火、土、金、水

郑君辉老师说,在五行里面——

木主仁, 其性直, 其情和, 其味酸, 其色青;火主礼, 其性急, 其情恭, 其味苦, 其色赤;土主信, 其性重, 其情厚, 其味甘, 其色黄;金主义, 其性刚, 其情烈, 其味辣, 其色白;水主智, 其性聪, 其情善, 其味咸, 其色黑。

根据五行, 我把人分成卡车型、出租车型、公交车型、跑车型和轿车型——

卡车型

“木型的人我把它定位为卡车型的。卡车型的人的特质是：勇于突破、不受传统包袱之影响、敢冒险、不畏艰辛、注重目标与方向、喜欢挑战。”郑老师说，“木曰曲直”，凡是具有生长、升发、条达舒畅等作用或性质的事物，均归属于木；

“属木的人肝胆比较旺，筋骨比较有力量，比较容易动怒。木型的人分为三大类：金克木，是木的变化；木生火，也是木的变化；木木是木头本身。”郑君辉说，“金克木，我们定位为卡车双行道，特点是：执简御繁，喜欢抓重点。金克木的人好比拿着刀子和剪子，把树干周围的旁枝错节进行修整，砍掉不好的东西。有时候太自信就会砍错。二木生火，代表卡车单行道。木生火的人就像木头燃烧成火炬，把黑暗照耀成光明，具有洞察力，可以燃烧自己照亮别人。但如果主观自负就会刚愎自用。三木木代表卡车环岛。木木的人像竹子或柳树条，挺拔而秀丽，比较容易获得上司赏识，但面对压力或关键抉择时，顾虑会多一些。”

郑老师说：“双行道的特点是不坚持不执著，可变通有弹性，可依事情的轻重缓急，做出适当的取舍，可同时分别处理两件或两件以上的事情。单行道的特点是具体而明确，没有灰色地带，简单清楚，不拖泥带水，对于事情的贯彻或执行具有很高的效能。环岛的特点是强调中庸，注重因势利导，在乎平衡，可依事情的轻重缓急，做出适当的缓冲，可减少或化解事情在进行时所衍生的对立与冲突。”

出租车型

“火型的人我把它定位为出租车型。出租车型的人的特质是：机动性强、不墨守成规、善于变通、改造，喜欢以扁平化的方式来操作，走捷径找出路，注重效能和效益。”

“‘火曰炎上’，凡具有温热、升腾作用的事物，均归属于火。”郑老师说，“属火的人心火比较旺，一般比较容易冲动、沉不住气，比较感性、富有激情。火型的人分为三大类：水克火，水可以灭火，是火因为被水相克而变小或熄灭的变化；火生土，火燃烧后变成灰烬，是火渐渐熄灭的变化；火火是火的本质。根据火的变化也分为三种：一水克火，定位为出租车双行道，特点：朝气蓬勃，热情开朗;二火生土,代表出租车单行道,特点:外温内躁、机敏又猜疑、严厉又偏激;三火火,代表出租车环岛型,特点:外静内进,思想缜密。”

公交车型

“土型的人我把它定位为公交车型。特质是:稳健保守,喜欢以制度、规矩、条款作为处事的依循框架,注重稳定、公平、合理。”

“土爰稼穑”,凡具有生化、承载、受纳作用的事物,均归属于土。

“属土的人与脾胃功能雷同,具有吸纳、承载、转化的功能,一般承受力较强,个性比较沉稳内敛。土是承载万物的,所以属土的人很稳重,敦厚,容量很大,比较务实与实际。土型的人分为三大类:木克土,定位为公交车双行道,特点是:诚实,厚重,性情笃实沉稳,为人憨直;土生金,定位为公交车单行道,特点是:重视内涵,多才多艺,行事依循规矩,但度量欠广,易生疑心;土土,定位为公交车环岛型,特点是:本柔而易刚,谦和无为却有自主性,心性虽淡泊而安谧但又不满足于现状。”

跑车型

“跑车型的人的特质是:聪敏机智、可塑性强、从善如流、执著但不坚持、明确但可变通,善于设计企划、要求完美、在乎团队整体效益。”

“水曰润下”,凡具有寒凉、滋润、向下运动的事物则归属于水。

“跑车型属水,是流动的,遇方则方,遇圆则圆,可塑性很强。但如果跑得很快,也容易蒸发掉。水的变化为三种:土克水,我们定位为跑车双行道,特点是:清浊并容,能潜伏和包容,富于勇气,但依赖性强,凡事漫不经心;水生木,定位为跑车单行道,特点是:平静、柔和、内向、勤勉,但也好猜臆,不务实际,内心易不平,有破坏性,有钻牛角尖倾向;水水,我们定位为跑车环岛型,特点是:外在平静,内在变化快,心性偏激不驯,时好时坏,有应变能力,在乎别人对自己的敬重,又不易相信别人。”

轿车型

“轿车型的人的特质是:比较敏感,纤细,不容易被看透,不愿意被了解;理性客观、善于推理;容易患得患失,注重和谐;人际互动的协调沟通和斡旋能力强。”

“金曰从革”,凡具有清洁、肃降、收敛等作用的事物则归属于金。

"轿车型金的变化也分为三种:火克金,我们定位为轿车双行道,特点是:温润秀气,重感情,虚荣心强,有强烈的自尊心,但缺乏坚强的意志;金生水,定位为轿车单行道,特点是:意气轻躁,性情刚烈而重义气,个性好胜,具有破坏性,人缘佳,容易相处;金金,定位为轿车环岛型,特点是:重视现实之功利,比较重视得失,凡事不求急进,不温不躁,以等待之心求最佳时机,一劳永逸。"

郑老师分析完五种属性,我问:"那这五种类型的人在工作上怎么搭配会创造和谐的工作关系呢?"

郑君辉说:"我们并不是简单、片面、静止、孤立地将各种人归属于五行人,而是以五行之间的生克制化等规律来探索人与人之间的相互关系。比如上下级关系、亲子关系、夫妻关系、朋友关系、合作伙伴关系等。"

"五行之间生克制化之理是永恒不变的定律。一类事物对另一类事物的辅助、推进作用被称为'相生';一类事物对另一类事物的束缚和抑制作用被称为'相克'。五行的相生相克是不能分割的两个方面,没有生,就没有事物的滋生与发展;没有克,就不能维持正常关系下的变化与发展。必须生中有克、克中有生才能维持和促进人与人之间的相对平衡协调和发展。"郑老师说,"透过我们对五种车型的归纳分析,可轻易地分析出人与人互动时会产生什么样的矛盾与冲突,运用在企业管理中可以让人才尽其长、避其短,发挥最佳团队效应。"

郑老师说河洛国学理系统分类:从"静态"将人分为2250种不同属性——

郑老师说:"在天地人里——人和天代表思维模块;人在天空下把地球上的活动记录下来,观察日月星辰的变化,所以代表人的观察能力、判断能力、分析能力和逻辑能力;而人和地代表行为模块。人和地的关系是我在地球上,我会怎么做?秋收夏长春生冬藏,我们把观察到的知识用于实践,所以人和地是行为的实践。"

"人可以定义成五行,事情也可以定义成五行吗?"我问。

"是的,事情是不断地成长和发展的,这就是木;事情稳定不变的就是土;需要去萃取淬炼的就是金;事物短暂的就叫火;事物有流动变化的就是水。所有事情都脱离不了五行，所有的事物都可以用五行来归纳。

“它可以把事物定位在什么样的属性，然后去寻找整体平衡。以味道为例，酸的属木，苦的属火，甘的属土，辛辣的属金，咸的属水。比如苦瓜属火，我们用盐巴腌苦瓜，水克火，火就会降下来，总之就是要寻求到一种平衡。人际关系也是如此。”

关系的解读和平衡

郑君辉老师说他所研究的河洛国学的应用工具是为“关系”服务的，而关系的核心点就是“平衡”。阴阳五行相生相克，就是为了维持平衡。

“比如水龙头漏水了，要逆向拧，否则拧得越紧越漏。平衡不意味着你对我施加多大的压力我都要去忍受；压抑表面看也能维持一种暂时的平衡，但有一天会爆发出来。所谓物极必反，亢龙有悔就是这个意思。”郑老师说。

“所以人际关系中讲究的就是一个平衡，对吗？”我问。

“是的。关系的维持就是要寻找一种平衡。平衡的方式很多，比如吵架也是一种平衡方式，冷战也是一种平衡方式，沉淀也是一种平衡方式，大海波涛汹涌也是一种平衡方式，地球上的天灾也是一种平衡方式；再比如夫妻也一样，冲突的时候要怎么去平衡，而不是一种自毁。但实际上冲突时很多夫妻采取的方式是抵抗，是冲撞，这样就两败俱伤了。和谐的关系处理方式不是去撞，而是去疏解，或者停一下再去处理，就获得一种平衡，也可以用四两拨千斤的方法来处理。”郑老师用了一个比喻，“平衡就像我们跳恰恰舞一样，有进有退，你进两步我退两步，你退两步我进两步。但是我们在平衡中也有可能踩到脚，于是就会再做调整。”

“那河洛国学是怎么维持平衡的呢？”我问。

“河洛国学可以帮助你了解你自己的属性，别人的属性；了解别人为什么要这么思维这么反应，你面对这样的思维和反应该怎么应对。河洛国学教给你的是：平衡并不是从我自己开始的，而是从对方开始的。一般人都是我自己平衡就可以，不管别人是否平衡。”

"在人际关系中,这五种车适合什么样的环境?"

"轿车适合官场啊、舒适啊、人脉啊、接送啊,如果没有人轿车就没有什么效能;轿车离不开人际,如果没有人轿车就发挥不出效能来。"

"那其他车型的环境属性呢?"

郑君辉老师一一解释说:

"出租车要服务啊!要在热闹的、熟悉的区块比较能发挥效能。如果它到一个荒凉的地方没有人坐车,它也没有用啊!出租车没有创新,它是在既有的资源里找捷径。卡车是没有被开发的,我去开发,去创新。所以卡车最好的环境是开发创新的环境。如果一个环境已经繁荣了、制度框架太多,卡车型的人就不太好发挥作用。公交车需要路线规划,能把很多人带到规定的地点。公交车型的人适合在成型的、有规章制度的公司。跑车在经济繁荣、很炫的环境最能发挥效能。很多明星都是跑车型的,比如林志玲、周杰伦、刘德华。"

"如果这五种车型没有在自己的跑道上跑,跑到了别人的跑道上命运会受挫吗?"我问。

"他感觉处处碰壁,怀才不遇,使不上力。每个车都需要寻找适合自己的环境!"

"五种车型怎样相互搭配?是否可以同时存在?"我问。

"五种车功能不一样,但可以相互搭配。比如卡车适合开创事业,公司稳定后卡车要有公交车的帮助,稳定后需要繁荣所以需要跑车来包装,需要出租车做绩效,需要轿车来协调。也就是说人际关系里,当你是其中一个类型的时候,你是需要另外四种类型的人来帮你的。只是帮助的阶段和时间点不同。可以同时出现,但不同时期以不同的车型为主。"

"河洛国学怎么解释命运?"我问。

"'命'是你先天的属性和习性,'运'是我在人生过程中我的路怎么走?成功有三要素:习惯、态度和观念。命就是我的'习惯',而'习惯'可以扬长避短;态度是动态的,不同的事物采用何种'态度'决定你的成就高度;'观念'就是碰到什么节气变化,如果有好的习惯和态度,观念就可以通过后天的学习来修正。什么都不是命中注定的,修身治世类书籍《了凡四训》的作者袁了凡(明代人),以自己的亲身经历,讲述了他改变命运的过程。大师给他预测命运,但又告诉他可以发愿改变命运,于是他发愿做100件善事。在做善事过程中他改变了很多观念和习性,所以命运就改变了。"郑老师说。

"所以命运是你在认识了自己,融入了周遭大环境,改变了态度和习性的轨道后,发生改变的,对吗?"我问。

"是的。比如老天给你120年的寿命,你生活习惯不好,熬夜不睡,过度挥霍身体,不到35岁就送命了。人9岁前可以通过改变习性习惯来改变命运,20岁前可以通过改变态度来改变命运,30岁前可以通过改变观念来改变命运。"

"河洛国学其实并不仅仅是解释命运,而是让人认识到命运的规律,然后通过改变习惯、态度和观念来改变命运?"我问。

郑老师说:"是的。而从人与人相处来说,我该如何了解它?我缺少的东西该找什么人协助?所以我的改变不仅仅是我改变,还要改变我对环境的认识,改变我和别人的互动,这样就能让更多的人来协助我。"

"河洛国学和天地人又有什么关系呢?"我问。

"天代表契机、大环境,人就是你的个性,地就是运作的轨迹。天就是观念,地就是态度,人就是习惯。洛书就是天,是机会契机;河图看地,看生老病死、荣枯盛衰;人就是阴阳五行,阴阳五行把天空、把地球上的活动记录下来。"郑老师说。

"那河洛国学从身心灵角度来说呢?"

"从身心灵角度我们要去协助认清自己和周遭人的属性定位, 寻找天地人的平衡。要先认识自己才能找到平衡点。要了解在X、Y、Z这三维空间,在天地人里,你的定位在哪个位置?认清你的平衡点,才能来找你和周围的平衡。"郑老师说,"人际关系发生问题主要看自己,看你给对方的方式是不是对方要的方式。沟通不是你要什么,而是他要什么你给他。"

"您这套系统和姓名学有什么区别?"我问。

"姓名学是用一个卦去看一件事,所以它用笔画来论吉凶,或者用主观去判断吉凶;姓名学抽样标准并不多,可能会有些主观。我们认为事物有正反两面,我们用河洛国学原理的五行属性去看,就超越了姓名学的相对单一性。我们不能只从一个角度看一件事嘛!所以姓名学会告诉你吴字是七画是吉凶,用的是结果论；我们是用姓名的界面把它拆解，我把结果还原成阴阳五行，然后从阴阳五行看它有什么现象。我会跟你讲你是卡车的属性，功能是什么？比如在崎岖的山路开卡车就最合适，但在柏油马路上是轿车、跑车合适。

"我们给系统输进去了一两万个汉字。我用了二十年时间对这些字做比对，从形音义来看，定义它的数字是怎么样的，二十年来我也在不断做修正。"郑老师最后给我举了历史名人的例子，让我能联想并理解河洛国学的五行属性表达的关系模型——

木型的人（卡车型）：曹操、李世民、曹植、孙权、吕不韦、蒋瑞元（介石）、霍去病、项籍（项羽）、胡光墉（雪岩）、蔡元培、张学良、梁启超等。

火型的人（出租车型）：魏征、房玄龄、吕雉、曾国藩、左宗棠、蒋经国、李斯、薛仁贵等。

土型的人（公交车型）：周瑜、刘邦、曹丕、范增、包拯、司马光、司马迁、刘基（伯温）、吕布等。

金型的人（轿车型）：刘备、李隆基、杨玉环、李光耀、李鸿章、司马懿、岳飞、杜甫、林则徐等。

水型的人（跑车型）：诸葛亮、关羽、孙膑、庞涓、萧何、刘彻、孔丘、韩信、宋美龄等。

静心，实现天地人合一

静心与境界

人有自己的命运轨迹，但更重要的还是他自己的心态。命运总是不顺遂的人，和他的心态必定有很大的关系，他没有真正做到放下“自我”。虽然他为人处世也很和善，但是他的内心世界外人未必了解。他内心世界一定有很多需要清理的东西，表面上不愿表达，但内心深处可能欲望很强烈，而这种欲望可能恰恰导致了他的不顺。

如果他能够找到问题所在，把自己完全“放下”，静心反思，闭门修心。通过反思调整对事物的态度和方法，可能命运会因此有新的转机。所以静心对人非常重要。

静心需要达到一种境界。从“心”的角度来说，就像我们说的“心灭”，心“灭”了，才能达到静。这个“灭”不是没有，也不是死，“灭”就是洞察了一切，“心灭”是一种境界。

静心，实现天地人合一……

——对话白云观赵道长

作者：道教的理论基础是什么？

道长：道教的理论基础是“天人合一”，人类之气和自然之气结合起来、人和宇宙结合起来。道家整体的理论是人与自然相结合、人与人相结合。

作者：由于历史的原因，过去人们可能把自己和宇宙割裂开来，对宇宙缺乏一种敬畏精神。现在人们慢慢意识到，我们应该去遵循自然规律，去借助宇宙的力量，实现“天人合一”。您觉得怎么才能借助宇宙的力量呢？

道长：需要和宇宙有一种“沟通”，这种“沟通”就是道家讲的修炼。道家有很多的修炼方法，可以从不同程度上借助自然的力量。

作者：“天人合一”，与自然链接是当今社会人们普遍认可的一个理念，但是毕竟不是每一个人都信奉道教，作为普通人来讲，又怎么和宇宙、和自然实现链接呢？

道长：就像你所说的很多人没有宗教的意识，弄不清楚佛教和道教是怎么回事？要实现“天人合一”，道家修炼是为了追求另外一个层面的东西。但对于普通人来说，只要你把自己的事做圆满，达到与自然、与人类的和谐，就是“天人合一”了。比如两人之间的工作配合，只要配合得好就是“天人合一”呀！

作者：您的意思是普通人实现“天人合一”，只需要协调自己内部的小宇宙，协调好自己跟周围的人际、环境以及自然的关系，达到协调就可以，对吗？但很多人理解的“天人合一”是跟大自然融合，但是我觉得人最难融合的就是自己！

道长：当然！一个人自己内部都不协调怎么能达到“天人合一”！“天人合一”讲的是人体自身和自然能够和谐，首先心态要平和、平淡、平稳。但说起来容易，做起来是非常困难的。很多人心态不平衡，这个看不惯，那个不顺眼，喜欢抱怨，这种状态如何“天人合一”？

作者：人在社会上总会面临各种各样的事情，需要有一种包容的心态。有些不可抗的东西，也许就是命运……

道长：不能简单地说命运，还是要找到解决的方式方法。比如说你进我退、我退你进，要达到一种平衡。

作者：比方说有些人，付出很多，为人也很善良，但人生总是不顺。那这是命运呢，还是他在“天人合一”上有什么问题？

道长：人的确有自己的命运轨迹，但更重要的还是他自己的心态问题。命运总是不顺的人，和他的心态必定有很大的关系，他没有做到真正的放下“自我”。虽然他很善良，待人处事也很友善，但是他的内心世界外人未必了解。他内心世界一定有很多需要清理的东西，表面上不表达，但内心深处可能欲望很强烈，而这种欲望可能恰恰导致了他的不顺。如果他能够找到问题所在，把自己完全“放下”，静下心反思，可能命运会因此有新的转机。为什么很多大企业家一定要安排到山里去住上一段时间，让自己静下来，闭门修心，把所有事情从头梳理一遍，通过反思调整处事的态度和方法，出去就容易把事情做好。他需要这样一种静心，所以静心对人非常重要。

作者：道长，您刚才谈到静心，这正是我希望通过文化传播弘扬的和谐健康理念。关于静心您是怎么看的呢？

道长：现代人之所以需要静心是因为现在人的欲望很强，计较得失，人心浮躁，心静不下来。人的心从出发点来说都带着目的性，很难在一种静心的“忘我”状态为社会、为他人做点事情，所以说我觉得人需要静心。静心对自我是一种锤炼，可以帮助我们看清自己的本来面目。

作者：所以静心要来自两个层面：一个层面是“放下”，另一个层面是满足欲望。满足欲望了他就静心了，“放下”了他也就不要了。但现实生活是“放下”很难，欲望的满足同样很难。

道长：所以人需要先静下来，先自己冷静，冷静了“心”就可以慢慢“放下”了。

作者：道长，生活中有这样一种情形：有的人平时挺老实平和的，但一感觉被人伤了自尊心就要跳起来。我们每个人都有软肋，这些软肋经常使我们成为别人的情绪开关，或者别人成为我们的情绪开关。一被戳到痛处，我们就无法静心了。而每一个不静心不和谐的案例都会有其动机和原因，也许是因为欲望未被满足，也许是因为放不下……形成了各种各样的纠结。使人既放不下、欲望也得不到满足，那这种情况下，你教他如何静心呢？

道长：像这种情况静不下来心只有用一些方式来引导。比如引入一种信仰或心灵追求，除非他是一个顽固不化的人，否则人都会有柔软的地方，也就是你说的“软肋”。找到他的柔软和弱点，从弱点入手，然后去解决这个问题。

作者：可是我们看见太多的人解不开这些“结”。因为这些“结”制造了很多事件、很多恩怨、很多孽缘。所有这些都形成了你不可触摸的“过去”。别人一不小心碰到这个“结”，瞬间你就会起连锁反应。如果你总是放不下“过去”的这些“结”，心就处在一种喧嚣的状态，不是简单的引导就能完成的。

道长：像这种现象我觉得可以通过另外一种磁场去感化他，这就是我们讲的阴阳磁场。不一定先急着跟他谈什么，也不必急着去解这个“结”，而是先改变他原有的磁场，把他带到另外一个磁场。比如换一个环境、换一个角度，让他看到另外一个磁场，看到新的环境、新的角度，然后再去谈论问题。有时候急着解决问题反而起反作用。而在一个新的磁场中人是可以改变的，他过去生活的磁场可能不太好。换一个环境、磁场和生活角度，可能有一天他自己就会醒悟。

作者：但是社会上有一些人“我”字太大，容不下别人的“我”字，觉得自己就是真理的化身，是生活的强者，但内心其实有很多的纠结，很难化解，却又不接受别人的点化，比较自我和自私。

道长：这些人只能说他还没有真正遇到大的事情，有大的事情他才会猛醒。

作者：有的人经历过生死会猛醒，但是有的人可能见了棺材也不掉泪啊！反而因为这种生死的经历，觉得自己生命很短暂，更加自我自私，这种情况怎么办呢？

道长：那种自私的东西可能会导致他更大的挫折和磨难！事实上，人只有无私才能保护自身。人要走出自我，提高个人的修为和德行。人过于自我就无法看见自身的东西，以我为大短期可以，从人生的长河来讲肯定会遇到很多的挫折。宇宙广袤无边，人在这个世界上只是一个小小的蚂蚁，你没有什么可自大、可夸张的东西？这类人需要通过学习去修为，尤其需要静心。

作者：我觉得静心看起来简单，其实有很深沉的文化底蕴。

道长：静心需要达到一种境界。从“心”的角度来说，就像我们说的“心灭”，心“灭”了，才能达到静。这个“灭”不是没有，也不是死，“灭”就是洞察了一切,把一切都看得非常明白、非常开了,才能做到“灭”,达到“心灭”的境界。

作者:您刚才讲的“心灭”,其实是一种静心的境界,是一种观察事物的角度。

道长:“心灭”实际上是一种修为。这种修为是人的一个调节过程,比如打坐打到心寂、心灭,然后智慧才能出来。心静的时候才能出智慧。心不静下来、心不灭的状态下你出不来智慧,因为永远会有一种欲望在侵扰你。所以道家的修为、修炼方法,比如打通小周天、大周天,不是意念,而是自然的东西,能打通人的智慧。

作者:那您刚才讲的“心灭”也就是让人的心静下来,跳出五行本身的欲望和诱惑,然后再来看事物,对吗?

道长:是的。

作者:那这种境界已经是太高的境界了。关于静心除了您说过的“心灭”,还有什么静心的方法呢?

道长:很多方法可以静心。比如站桩、气功、诵经,都能达到入静,长期修炼的人就能进入一种静的状态。

作者:我理解道家文化的“天人合一”,在现实生活中的应用就是能解决人们的纠结,在人际关系中把很多事看开,解决人际冲突和矛盾,把自己内部小宇宙先协调好,再和大宇宙进行沟通和链接。

道长:对的。道家有很多的静心养生方法。

作者:从修道来讲,白云观处在都市,比较繁华,俗人俗事很多,您的静心修行会不会受影响呢?

道长:不会的。闹中取静嘛!只要心态端正,保持一颗“道心”,是不会受影响的;除非你没有“道心”才会受影响。

作者:我很好奇,您修道几十年,难道从来不受俗人俗事的影响吗?

道长:影响不会很大,视而不见,听而不闻就是了。只要不破坏你的“道心”,朋友喊你吃顿饭有什么关系呢?

作者:道长,您觉得道家文化对人生观的指导作用是什么?

道长:就是把人引向正确的道路、和谐的道路。这是宗教最基本的原则。消除矛盾,达到人和睦相处的境界,这是道教理想的东西。宗教应该把人带向一种光明,而非歧途。

当“灵性”天使张开隐形的翅膀……

天使折断了灵性的翅膀

不少时候，小孩子本无挂碍，大人却先慌了神，一惊一乍的，举轻若重，最终吓到了小孩子，大人自己却又转身走开了，没有对行动的后果负起责任。

孩子有孩子的节奏，而大人以自己的节奏为标准，强行干涉了小家伙。

有时候情况远比这个还糟。孩子的专注力被大人撕裂了，以至于到后来孩子难以专注于应该做的事情，大人们并没有意识到自己才是罪魁祸首，还要变本加厉地干涉孩子，最终造成孩子信心的缺失，自暴自弃；或者沉溺于大人认为不应该做的事，以表达自己的不满。

天使“灵性”的翅膀是隐形的

在喧嚣的世界里,我们的心喧嚣着。欲望,升起在滚滚的红尘中。越来越多追求和谐静心的心灵开始觉知,越来越多的人走向修心修为的灵性之路。探索生命的智慧,探索宇宙的奥秘,我们的生命在这种灵性的探索中变得更有意义。但是,当越来越多的人在成人世界里探索自己生命的智慧和意义的时候,也有越来越多的人在忽略一个个“灵性”天使纯洁而纯粹的生命的意义。

在望子成龙的冠冕堂皇的理由下;

在遵从学校教学任务分数指标的要求下;

在老师们约定俗成的“好孩子”和“好学生”的行为定义下;

在未能完成“好孩子”和“好学生”的规范动作而备受老师家长责难的情形下;

……

当孩子张开“灵性”的隐形翅膀,脸上绽放灿烂无邪的欢笑,双眸闪动着对老师家长接纳他们“灵性”思维、行为的渴望,纯洁纯粹无比地飞到老师和家长的面前……

但是因为“灵性”翅膀是隐形的,家长“看”了却没有“看见”;老师“听”了却没有“听见”——因为张着“灵性”翅膀的孩子,可能没有完成“好孩子”和“好学生”的规范动作,甚至他们还时常有“违规”的行为:没安静听讲,坐姿不端正,字不写在格子里,没很好地完成作业,思路不按老师的教学走,满脑子稀奇古怪的想法……

老师认为,成才必须沿着教学大纲,分数就是衡量好学生的标准,能否上清华北大标志着学校的教学质量。

家长认为,老师的要求就应不打折扣地贯彻、执行,学校的目标就是家长监督孩子的标准,清华北大就是望子成龙的理想。

于是老师和家长协同一致地拿起了剪刀,相互配合着时时修理着“灵性”的孩子随时冒出来的不合“规范”的思想和行为,哪怕这些思想和行为寄托着

“灵性”孩子的梦想与未来成才的希望……

于是很多孩子“灵性”的翅膀刚刚张开，就被扯断；很多孩子虽然还没有完全折断灵性翅膀，但翅膀也变得委顿了，或者垂下了，或者偷偷地掩藏起来了。

于是，惯性的教育体制下，惯性的孩子成才规定动作下，一批批“灵性”的孩子在教育的工业化流水线下，带上了“好学生”的面具；而相当一批孩子被生生地折断了“灵性”的翅膀，又没有适应教育的规范，没有从学校、家长获得“灵性”的萌芽成长需要的宽松、宽容土壤，于是这些孩子变得平庸了。

可惜可叹，这些“灵性”的孩子！

可惜可叹，那些原本为了孩子成才却掐灭了孩子灵性萌芽的家长！

可惜可叹，那些教书育人却亲手扼杀孩子灵性智慧的老师！

应该说，家长和老师是无辜的，他们的动机是为孩子好，北大、清华的确是孩子成长的梦想；而孩子更无辜，这些孩子也许进不了北大、清华，但他们中的一些人可能成为比尔·盖茨……

忘了吗？比尔·盖茨哈佛肄业，却创造了划时代的IT神话，改变了整个世界。

写到这里，我索性在百度搜索打下关键词“哈佛肄业”，结果出现了一个标题为“盘点十大最知名的大学肄业生”的文章。在这里，我们可以看见除了比尔·盖茨，还有——

Facebook创始人马克·扎克伯格，在宿舍创办了Facebook，2010年，《福布斯》将他评选为世界上最年轻的亿万富翁，净资产40亿美元；

史蒂夫·乔布斯，苹果CEO，苹果公司首席执行官，高中毕业后就读俄勒冈州的里德学院，但只念半年就因为父母财务紧张而辍学；

弗兰克·赖特，美国史上最牛建筑师，《时代》评论他花在造大学上的时间远远超过在其中就读的时间，他影响了整个美国建筑的进程；

巴吉明斯特·富勒，建筑师、哲学家、发明家、艺术家，两次从哈佛辍学，1927年设计节能屋，1933年设计节能车，他的许多发明到现在都不落伍，他让世界变得更好；

汤姆·汉克斯，历史上唯一一个连续两届奥斯卡金像奖影帝得主，也是加州大学萨克拉门托分校最知名的辍学生；

詹姆斯·卡梅隆，奥斯卡最佳导演，执导过包括《泰坦尼克号》、《阿凡达》

等叫好又叫座改变电影历史的影片；

老虎伍兹，被公认为史上最成功的高尔夫球手之一，在职业高峰时期，其年收入最高达1亿美元以上；

……

我们不是要倡导孩子去肄业，违背常规的教学体制。事实上，比尔·盖茨、史蒂夫·乔布斯、马克·扎克伯格的成功不是因为肄业，而是因为创新；他们孩童时期的幻想、他们稀奇古怪的灵性思维，没有被家人和老师以及自己抹杀。于是才有机会创造时代、创造历史。

我要说的是，“灵性”的思维和因之流动的想法都是创新的，因此可能是离经叛道，甚至荒诞不经的。但关键是这种创新的东西里内涵的灵性思维，那些看起来不合理的甚至天方夜谭的想法，可能孕育一个伟大发明，可能造就一个伟大的时代。

理论上，每个父母都希望自己的孩子创新，但在实践中当孩子刚刚出现一点点与当今教育模式相悖的念头时，又正是被我们的父母用自认为正确的思维一点点地折断了孩子隐形的灵性翅膀……

之所以有这些发自肺腑的感叹，是因为我那个7岁的小侄儿在经历他“灵性”萌芽的过程中，因为学习动作不规范被误读，一颗具足能量想绽开的“灵性”之花，经常欲开却闭；“灵性”翅膀欲飞却变得委顿……借由他这颗幼小却有能量高飞的心灵，希望千万个家长和老师能去读一读孩子的心灵，为孩子托起一双“灵性”的翅膀。

感受孩子的情绪——触摸天使“灵性”的翅膀

小侄儿吴天程的名字是我给起的，意思是让他在人生的天空中鹏程展翅。应了这个名字，孩子的思维真如同小鸟的翅膀，一直出乎我们意料地飞翔。

开始只觉得孩子聪明，经常语出惊人，我们并没有太多在意。

第一次引起我的关注是2009年2月我父亲葬礼的那天。5岁的天程和我们一起参加爷爷的葬礼，我发现葬礼上孩子没有哭，只是张着一双精灵的眼睛审视地看着眼前发生的一切。

回去的路上我问他为什么没有哭啊？当时说话还不能算很有逻辑也不是很清晰的他，却一字一顿口齿清晰地说出了一番让我们惊讶的话："是的，我刚才是没有哭，但是我的心在哭，我的心在流泪流血。"

我惊讶于一个5岁的孩子对内心痛苦的灵性表达和反应。这样惊人的话语，伴随着他的成长越来越多，我也在无意识地欣赏着他的聪明。但因为孩子小，我们从来也没有起过念头和孩子认真地做沟通。

今年春节后，孩子做作业慢很让家长老师头疼。不知为何，思维神速的孩子做作业总是全班最后一个，经常被老师留下来；妈妈放学经常在校门口等一个多小时。语文老师说十多年没有见过这样的孩子。父母奖励、讲道理、责骂，甚至罚他吃"猪食"(把很多营养食物煮在一起，但是不放盐，营养很好口感不好)，可他也就好两天又旧态复萌。但除了做事慢，他依然是一个聪明伶俐可爱快乐的好孩子。所以我动了了解孩子行为背后原因的念头。

第一次对话时，他带着可爱的小帽子在煤气炉上要给我摊煎饼，我说要采访他拍摄他，他觉得好玩欣然同意。

我谈话的主题是"痛苦"。

我问：天程，你对痛苦是什么感觉啊？

天程：没有感觉。

(作者注：后来发现这是孩子逃避痛苦的方式)

我问：你痛苦过吗？

天程：痛苦过。

我问：什么时候痛苦啊？

天程：学习的时候我感觉有些痛苦，但是有时我也没有感觉。

我问：那学习时在什么情况下有点痛苦呢？

天程：写字。

我问：你不喜欢写字吗？

天程：喜欢。但老师说笔画越小越难写，我就感觉这个字我越写越小、越写越小……

我问：字越写越小是为什么呢？

天程:因为我紧张。

(作者注:其实当时孩子在做作业,尤其是写字习惯和速度上遇到了困难,老师很长时间持续地批评和父母根据老师的反馈对孩子持续地责难,已经给孩子造成了很大的心理压力,使他精神紧张。但因为孩子天性乐观,不善于表达负面情绪,没有人警觉到孩子的紧张。此次孩子在尝试着表达自己的紧张情绪时,我却没有解读出来)

我问:爸爸妈妈批评你时你痛苦吗?

天程:虽然痛苦但我也是没有感觉的。

(作者注:孩子在表达他逃避痛苦的方式)

我问:我知道你喜欢快乐的事,对不高兴的事你不想记住。但如果爸爸妈妈骂你骂得比较凶,你很伤心,你会很快忘掉吗?

天程:我要忘掉的话,就在我脑子里装了个回收站,我就把不高兴的事情扔到回收站里去了。

我问:你思考过痛苦和快乐的关系吗?

天程:思考过。思考开心的事就会开心,思考不开心的事就会有点烦恼。

我问:小孩的痛苦和大人的痛苦一样吗?

天程:不一样。小孩痛苦了会感觉烦恼,大人的痛苦会自己解决。因为小孩还小,所以小孩的痛苦得要大人来帮助解决。

我问:那你爸爸对你凶吗?

天程:虽然有时候凶,但是要看有道理还是没有道理。如果有道理我会听,没有道理的话我也会烦的。

我问:那你觉得爸爸在什么事情上没有道理呢?

天程:比如抽烟,我说他他来批评我,我就觉得他没有道理,他没有自己保护自己的意识。一次在省医院我看见大人抽烟的图片,烟到肺里会把肺烧掉,把骨头给烧掉的。

(作者注:孩子非常关注父亲的健康,无数次谈过抽烟的问题,表达他的在意和无奈)

我问:你是不是很担心爸爸的健康啊?你给爸爸提意见他接受了吗?

天程:接受是接受了,但是改得不明显。

我问：你对家庭的气氛满意吗？你快乐吗？

天程：满意，快乐。遇到不快乐的事我就打开我的回收站扔进去。比如爸爸骂我我就扔到回收站里。

我问：那你这样会不会把爸爸批评你的有用的东西也扔到回收站呢？

天程：不会的，比如抽烟的事爸爸骂我也不会扔，因为抽烟对他来说很不好。我不会把这个扔掉。我会把有用的东西放到文件夹里去。

……

这次谈话，我感觉孩子浑然不觉的话语里似乎藏着很多我一时半会儿说不清的东西。

过了两天我请他吃比萨，又单独和他聊了一个半小时。我发现这个孩子思维极为清晰，对于同龄的孩子不太容易有知觉的无形的"感觉"世界能够精准并"灵性"地表达自己的感觉和见地，有的观点说出来让我这个成人都咋舌。但是当我直言问他为什么做作业慢时，他却逃避、打岔，我也没有强行逼问。但是当问到和爸爸妈妈在一起最快乐的是什么，孩子连着罗列了很多爸爸妈妈怎么和他玩的细节。我惊讶于孩子和父母关系很好，并且从这种关系中获得快乐。我同样惊讶于他对相对比较严厉管教他的父亲，除了说抽烟这一个缺点，没有一句对父亲责罚他的抱怨。但问及他做作业慢的事他还是回避和支吾。回到北京有一次我电话里问他做作业慢的原因时，他居然装作没有听见，跟我讲这几天杭州的天气真的很糟糕……

我请教了心理学专家。专家认为孩子内心还是有情绪，他在用"打岔"的方式逃避和隐藏痛苦的感受。于是我感觉更有必要弄清孩子行为深处的原因。

再去杭州，孩子欢天喜地牵着我的手去吃比萨；我母亲因为想听我和孩子谈话也跟着去了。

我准备用一个成人世界的语言和孩子做一次深层沟通，看看他的理解力和反应情况。

那天我先和他谈"沟通"，谈"有效沟通"和"无效沟通"。我告诉他有效沟通就是大家相互能听进去对方的话；无效沟通就是把对方当空气。孩子听到这里马上会意地笑了。然后我笑着问他："如果你想让妈妈做什么事，妈妈把你当空气，你感觉好吗？"他马上大声说不好。"那你想想在做作业的事上，你是不是把爸妈、把老师当空气了呢？”他又笑了。我知道他明白了我的意思。我问他懂不懂“听”和“听见”的区别？他说不懂。我就告诉他“听”就是做一个听的动作，但还是把别人当空气，是无效沟通；但“听见”是把别人的话听进去了，是有效沟通。我又拿他做作业慢老师父母和他沟通的方式做例子，孩子频频点头。

然后我和他谈“意识”和“潜意识”。这是心理学的学术话题，对一个7岁的孩子来说比较深。我拿他做作业慢做例子，告诉他作业做得慢是因为他在做作业时，无意识动作太多，没有用意识来指导潜意识行为。我给他举了个例子：“潜意识就好像黑黑的屋子，你要给屋顶打开一扇窗，让意识的光多进来几次，让做作业要快的意识多提醒你的潜意识。”

在这种沟通氛围下，那天孩子终于告诉了我他做作业慢的原因，他又说：“我紧张。”

我很惊讶，这个孩子表面看起来没心没肺地快乐着，从来没有觉得他会有紧张的情绪。我问他怎么会紧张呢？他说：“我一边写作业一边想紧张的事情，一慢我就害怕，怕挨骂怕被打。我越想越紧张，越做越害怕，就慢了。我就想我肯定做不完了，后来就真的做不完了。”

我告诉他这就是“心理暗示”，也是“宇宙吸引力法则”。你不应该给自己负面的心理暗示，这样会吸引不好的结果。你要对自己说我肯定没有问题，我肯定能做完。然后我教他如果以后再情绪紧张，要学会放松。正好当时我学完“黄庭禅”课程，就教他静心。我让他以后感觉紧张就闭眼，双肩放松，胸口放松。要学会观察胸口内“气”的变化。我当时让他闭上眼睛，我数十，让他看看能看到什么。结果他刚睁开眼睛就兴奋地告诉我：“姑妈姑妈，我看见我里面有另一个‘我’。”让我咋舌。

那天我们聊了两个多小时，奶奶听了半截就睡着了，小侄儿却在结束前亢奋地大声说：“今天聊得真爽！”

当晚却出了意外。我弟弟突然打电话过来，我妈忧心忡忡地责怪我：“你跟天程说什么了？他刚才和他爸妈说再说他做作业慢他就跳楼。”我当即对我妈说：“孩子出现负面信息就应该让他发泄出来。你们一直以为他很阳光，其实他心里也有情绪。他说想跳楼总比压抑着哪天真的跳下去好吧？”

次日孩子过来，我问他你昨天怎么说要跳楼啊？孩子若无其事笑嘻嘻地说:“我是说我要跳楼让头脑清醒清醒,可是爸爸没有听我说完就给奶奶打电话去了。”

孩子说他昨天转述给父母和我聊天的内容:“但是他们听了没有感觉。我看见他们眼珠在转,然后告诉我‘天程,你下个学期做作业再不能慢了啊’,所以我才说那句话。”

我和孩子说要和父母好好沟通。孩子说:“我沟通了,他们听不懂我的话,说我的想法稀奇古怪。”

其实我知道天程的父母是很尊重孩子的。他们家庭关系和睦,夫妻很恩爱,在生活层面和孩子沟通是没有障碍的,对孩子也像朋友一样。但孩子做作业慢的问题快一年了,用什么方法也改不掉,父母束手无策了,孩子也陷入了情绪压力。这折射出孩子和父母的沟通有了障碍。

不久奶奶又抱怨,说带他去“知味观”吃包子,他不肯吃,说太油了。居然说:“我把知味观给拆了!”奶奶说孩子以前不是这样的啊?言语中又责怪我给孩子灌输了什么。

我意识到大家眼里的阳光小天使其实是把负面情绪隐藏起来了。我和他这几次的深层沟通,可能把孩子的负面情绪给诱发出来了,其实这是好事,但家人一时很难接受。当我说要去北京看看心理专家,家人无法接受我这个说法,为此还引发了冲突。

但孩子的负面情绪为何出现?他究竟心里埋了多少负面信息?

次日我当着奶奶的面问他:“你为什么要拆掉‘知味观’啊?”

孩子说:“我说不要吃那么油的东西,对身体不好,奶奶非逼我吃,所以我要拆掉它。”

我望着我母亲微笑着说:“你看看,是你非要逼人家,人家才要拆掉‘知味观’的啊!”

这时我妈问孩子为什么要说“跳楼”这样的话?孩子却开始哄奶奶了:“我说跳楼是从一楼跳。”我问他会不会真去跳楼。他答非所问地说:“如果我是猴子,我就跳。”我追问如果你是人你跳不跳?他说不跳。我问他为什么?他说有电线。我说如果没有电线你跳不跳?他憋了两秒钟说我跳到楼梯上。

我感受到他有时也会有愤怒情绪,但他可能隐藏起来了。于是我问他,你也会愤怒吗？他又答非所问地说：很小很小的小孩愤怒的时候就会哭。爸妈就知道他在发脾气。我问那你愤怒怎么办呢？他先说：我会说。我再问你怎么说？他淘气地笑着说：问号、问号、问号……

我为他机敏的掩饰感到好笑。

那天孩子坐在床上，认真地望着我，我给他上了“生命”一课。告诉他生命的可贵，人活着不光是为自己，更要为亲人活着，为父母活着，为儿女活着，这才是不自私。父母老了需要你照顾，你的孩子需要你抚养。人只为自己活着是很自私的。后来我问他：“天程，你父母老了以后你愿意承担照顾他们的责任吗？”孩子毫不犹豫地回答：“愿意。”我说人在社会上活着要有责任，你懂吗？他马上回答懂。那天我还给他讲了人在社会要充当的角色和角色责任。他频频点头。

最后我问：生命要怎么样？

天程：要活着。

我问：怎么活着？

天程：快乐地活着。

我问：那如果你不快乐的时候怎么办？

天程：那就把他变得快乐。

解读“灵性”天使的情绪

暑假到了，妈妈和弟妹把天程带到北京过暑假。这几次和孩子的深层沟通使我隐隐约约地触摸到了孩子“灵性”的隐形翅膀。因为他只是一个7岁的孩子，他的“灵性”是隐藏在很多幼稚的行为和稀奇古怪的思维中的。我非常想利用暑假这种密集型的相处，深层了解孩子的“灵性”，和孩子之间搭建一个和他的潜意识能全方位链接的沟通频道。我想，除了亲情，孩子也需要一份灵魂平等的尊重；我也希望我的一点努力，能让他无障碍更充分地表达自己的内心；我也希望我的家人不仅从生活上，也能从“灵性”上呵护这个天使。

孩子从小体弱多病，换季感冒发烧就出现哮喘症状。不知从什么时候开始，孩子被贴上了“哮喘”的标签。因为这个标签，他父母遵循医生的要求给孩子制订了很多食物的禁忌，蘑菇、木耳、海鲜、甜食等几乎不让他碰。他自己也经常说"我哮喘"，这个不敢那个不能的。孩子长得又瘦又小，以至于他在期末的学习报告上写他最大的梦想就是长高。

孩子有病肯定需要治疗，但是看他经常换季感冒发烧就得住院，一去就要打抗生素，我很担忧。我在健康方面接触了很多权威专家，耳濡目染学了不少知识，我不仅担心注射抗生素让孩子抵抗力更加低下，更担心疾病名字的"标签"带给孩子太多有形无形的束缚，影响他的心理，继而影响他的成长。尤其担心类似做作业慢的学习障碍导致孩子的情绪和心理紧张，如果不尽快在萌芽状态化解，日后会导致心理疾病。于是我特别希望北京的医学专家朋友能为孩子诊病，摘掉孩子头上哮喘的帽子；也希望教育心理专家能对孩子目前的学习和心理状态进行疏导和辅导。

庆幸的是，北京几个权威专家经诊断后一致认为孩子是因为脾胃功能不好导致免疫力低下才体弱多病，容易咳嗽感冒，不是什么哮喘。所以重在调脾胃，增强免疫力，改善肠胃吸收功能。事实上，不到两周的平衡针、艾灸治疗加上中药调理，孩子的饭量就明显增加了。在北京我尝试着让他吃了很多禁忌食品，比如木耳、蘑菇、花生等，孩子的哮喘也没有发作。

我对孩子说：记住，你没有哮喘病，以后不要再说自己有哮喘了。

对孩子的心理，我想有一些数据化的硬指标：我先带孩子去测试中科益普研发的学习状态训练系统，该系统能测试孩子自主神经系统；又运用了脑状态测评系统，该系统能够从用脑习惯、学习能力、压力状态、情绪指数等几个方面来评价孩子的情况。

孩子坐在电脑前，耳朵上夹了一个夹子，专家要求他盯着电脑屏幕。我看到，孩子的心理状态决定了屏幕上呈现的画面。孩子状态放松，屏幕上就会雨过天晴，鲜花盛开，蜻蜓飞来，彩虹出现；如果孩子紧张焦虑，就会花谢、云遮、细雨霏霏……

测评设备研发的负责人张海峰说："这个孩子属于右脑优势型。节奏感、图像、图画、旋律、音乐能力要强一些，他的问题是内专注高了一些，就是对于自己内心的感受很在意；对外界事物的专注力稍低。他的脑耗能特别高，比一般孩子高两倍，所以就会脑疲劳。做事情时他会比别人投入的精力大。另外，他的情绪指数比较高,负面情绪挺高的,心思很重。他脑耗能高的时候,脑放松水平又不够,脑疲劳就很高了。要训练他放松的方法,比如冥想、静坐、音乐,或做放松游戏。

"对孩子的问题不要着急,不要贴标签,不要总是对孩子强化'你这个方面差',否则不够自信的孩子就会夸张地觉得自己很差。有些问题家长发现了不用太多说,而是有意识地引导他,改变孩子的状态。最主要的是培养好习惯,把心理状态调理好。这个年龄的孩子其实什么都懂。他和大人的区别就是经验,思维基本没有大的区别。"

教育专家、中国管理科学院思维科学研究所副所长任国强,通过对孩子进行了各种测试后说:"这个孩子的逻辑思维要先于创新思维。比如刚才我问他:如果对方强大欺负他,他怎么办?他选择的是理性地逃跑。逻辑思维强大的孩子往往批判性比较强,对事物的不足和反面更敏感,对事物正面的东西关注不多。从思维的折射上看,他容易否定自己、否定别人。他给所有人打的分都没有超过 60 分。"任老师举刚才的例子,他让孩子给爸爸、妈妈、姑妈、奶奶以及自己打分时,孩子除了给爸爸打 54 分,其他人包括他自己都只打了 55 分。

任老师说:"因为他容易否定自己,所以作为家长要从进步的方面多肯定他。少进行人格表扬:比如吴天程你真棒啊!你真是好孩子!而多做具体行为的表扬:比如说天程你今天把一碗米饭全吃掉了,昨天你才吃半碗,说明你长大了!因为他是理性的孩子,具体的、数据性的、肯定式的表扬更有作用。另外,对他要有一个宽容心的塑造,因为他批判意识强,容易看到别人的缺点、忽略别人的优点,如果缺乏宽容心,长大后会影响人际关系。所以家长一定要言传身教,当着孩子的面尽量不要说别人的缺点,要多说别人的优点。"

任老师看着在屋子里一直推椅子动个不停的孩子说:"多动、做事慢其实都是注意力问题的外在表现。"说到这里,他把孩子叫过来,让孩子先快速地画个三角形,快速地画个圆,快速地画一个梯形。然后看着图形说:"你看三角形没有封口,说明孩子触动觉滞后,整体注意水平就会下降了。他这么好动也是因为触动觉滞后,触动觉滞后是会严重影响学习成绩的,因为考试最终要落实到纸上。"

"那说明他做作业慢是有原因的。"我恍然大悟。

"是啊,他的触动觉慢,肌肉控制能力弱。比如别人一分钟写150个字,他可能就只写100个字。其实孩子内心特别想写得快,但是客观原因造成了他写不快,家长再着急也没有用,要从本质上找原因,给予孩子理性的理解与协助,这样才可以成为孩子内心需要的家长。"

谈到父母对孩子的养育方法,任老师总结说:"每一个孩子都在成长,成长过程中会发生各种问题,处理这些问题的基本原则是,家长首先要去认同他的情绪,比如说'妈妈知道你很难过很生气,妈妈理解你'。认同孩子的情绪后再进行沟通,沟通其实已经成功了一半,因为他内心已经接纳了你。引导孩子认识错误或矫正行为时,绝不要用否定式,也不要用命令式,最好用引导式,要抓住孩子的每一点进步给予明确的肯定,然后提出进一步发展的方向。你应该发现这个孩子的自信心不太强,从他的画看他的心理也是遮蔽式的。目前影响孩子学习效果的主要因素是手眼协调性,也就是做事慢。但问题还不算严重,经过一定训练,可以增加他的动手能力,这样,就有助于增进他的自信心。"

"怎么训练呢?"我关心地问。

任老师说:"可以把新华字典拿出来,把那些有提手旁的字找出来去做。比如:捡花生米啊,抠啊,挖啊,捏啊等等这些精细动作,做一些弥补性训练。最省事的就是做拼图游戏,穿插的、拧嵌的、勾连的等等精细动作,可以有效促进动手能力。也可以经常教孩子做做手指肚的按摩,或在洗澡或睡觉时给他全身性的抚触。"

任老师问天程,最近和爸爸去哪里玩了,他说去爬山了。任老师问爬上去后爸爸怎么夸奖你的啊?天程说,爸爸说继续努力。任老师说:"他爸爸还是否定性教育。所以孩子对自己不足和别人不足更敏感。这个时候家长一定要忽略他的缺点,淡化他的缺点,多看他的进步与成绩。"

"这个孩子特别敏感,自我感悟能力特强。他知道紧张不好,一紧张就思维短路,动作僵硬。所以他也想放松,就采取自己哄自己的方法,比如爸爸打他时,他就安慰自己:'没事,我不疼,我明天就不疼了。'他本能地掩盖自己的情绪,规避紧张,他闭上眼睛,假装看不见。"

我说:"您讲得太对了。前天我和我母亲发生点冲突,我们说话声音比较大。突然我发现孩子把我书房的门关上了。我推开一看,孩子躺在地上的瑜伽垫子上。我问他‘你干吗呢？’他说‘吵死了！’当晚他写了一篇作文批评我们，文章里写了两遍‘我快疯了！我快疯了！’”

“这就是他的一种发泄方式。要给他一种情绪发泄的方法。”任老师把孩子叫过来，看任老师拍打着桌上的卡通气垫，一边说“我生气！我生气！”任老师说这叫“生气包”，可以让孩子发泄情绪，又不伤到自己。“你们可以给孩子编一个‘我生气’的歌，让他唱出来；也可以给孩子一面墙壁和一些彩笔，让他生气的时候去画去涂，让他及时宣泄。”

我说：“我理解了。其实我们大人都经常有负面信息，也经常通过生气、发脾气来宣泄，可是孩子的负面信息却没有被允许发出去过。这个孩子把所有的负面信息都压下来了。”

“所以必须肯定孩子！孩子有一点点进步必须马上肯定。当孩子有缺点暴露的时候，暂时表示理解，同时给孩子一个可以及时发泄不良情绪的可操作的方法，比如打‘生气包’之类的。”任老师总结道，“其实面对孩子的学习缺点，家长自己先不要太紧张。孩子还小，有时间慢慢学习；但心理问题一旦造成，再修正就会很麻烦。比如孩子告诉你考试没有考好，父母当然不能说没有问题，这会纵容孩子的缺点。但父母可以用开玩笑的方式说‘你写错了是吗？那以后妈妈给你发明一个魔术笔，当你写错了，魔术笔可以自动给你矫正，好吗？’孩子会想这个魔术笔能发明吗？这样就把注意力转移了，不要让他纠结在错误导致的情绪里。”

“任老师，您觉得孩子的心灵智慧怎么培养呢？”我问。

“心灵智慧一个是认知，一个是非认知。认知包括记忆力、注意力、观察力、思维力、表达力、动手能力等；非认知就是情绪、性格、人格方面的因素。对于非认知，第一要为孩子定一个跳一跳够得着的目标，目标不要高不可及，否则孩子没有积极性了；第二是遇到挫折的自我激励能力；第三要引导孩子做正面的心理暗示，遇到困难的时候，本能地暗示‘我能做！’对6~12岁的孩子最重要的是自信心的培养，避免自卑。培养孩子心灵智慧的中心是找到孩子的弱点，帮助他提升这方面的能力，让他内心变得强大和自信。”

任老师最后说：“孩子的身心合一首先要有一个健康的身体，身体是心灵发展的基础；其次是孩子的智能要有良好的发展，智能是心灵的价值体现；第三就是孩子情绪的健康发展,情绪是心灵的保护伞。”

随后我又带孩子来到心理专家李燕燕老师那里。李燕燕老师让孩子玩了两个来小时的沙盘游戏。游戏中,李燕燕老师引导孩子玩沙子,让孩子堆出一些造型。孩子在沙盘上先堆出了火山;然后推倒又堆了失火时逃跑的通道。李燕燕一边看孩子堆沙子,一边循循善诱地和孩子聊天。问孩子有什么好朋友?害怕什么?喜欢什么?不喜欢什么?

天程一边玩,一边还能对答如流。我开玩笑夸了他一句:“这孩子表达能力强,是遗传姑妈的。”孩子淡定地说一句:“遗传谁我都没有意见。”

李燕燕老师让他在沙盘上把爸爸妈妈和他自己摆出来。天程给妈妈选了一个小狗放在左边,给爸爸选了个乌龟放在右边,给自己选了一个小人放在中间。过了一会儿他又摆了一个爸爸妈妈并肩在一起面对孩子的图形。随后孩子又在周围摆上了奶奶、姑妈、姐姐(我女儿),甚至摆上了去世的爷爷。又给每个人身边摆了很多东西。

“在家庭里是以孩子为中心的。”李燕燕笑着说,“他们的家庭很和睦,夫妻关系很和谐。”

“从沙盘看这个孩子对关系脉络很清楚,把家族的链接做得好,孩子也很明朗。他和父母的关系还是很和谐的。但这个孩子心思比较重,思考比较细腻,很在乎别人的感觉。他在沙盘里摆那些玩具的时候虽然很凌乱,但是关注的点比较多。这个孩子愤怒的东西不会很多,但是他在乎别人的时候他会有内疚。他是‘利他’型的,很关注别人的情绪,关注别人对自己的反应,处理不好会在生活中耗精力,长大了会活得很累,自己给自己的压力大。”

“孩子是个相对平和的人,但是很敏感。”李燕燕根据沙盘分析,这孩子是容易紧张型的,有完美主义倾向。因此不要给太大压力,多给他一点自我发展的空间。爸爸对他的专注可能比较多,他很注意爸爸的情绪,但他容易将爸爸的发火感觉扩大化,这点和他完美主义的特质有关系。因此爸爸表扬他一句比骂他打他效果可能更好。古人说:打一巴掌给颗枣。

“其实情绪的认知应该从孩子开始。情绪的管理是个体生活中重要的部分。在西方,孩子一两岁时,家长就开始关注他们的情绪。孩子从小对情绪就有认识,知道什么是好的情绪什么是不好的情绪。比如孩子知道愤怒情绪不好，当母亲陷入愤怒时，孩子就懂得去哄妈妈；当他自己愤怒时也懂得去和妈妈交流自己的情绪。我们应该从小就教导孩子如何管理情绪，如何转化愤怒，使自己生活模式更健康。负性情绪在我们身体里是会有记忆、有痕迹的。成长过程中，因一件事情反复出现引起的情绪痕迹，以后会演化扩展到很多事情上。

"还有，说这个孩子哮喘，这是一种过敏。而过敏本身就是和紧张有关，孩子身体的敏感，常常与教养方式有关，家长的过度保护，过度要求，过度提示，使得孩子紧张。为了使自己不受伤害，就会对外部世界特敏感和产生防范心理。有很多过敏症的孩子，家长都对他们的行为有强制。所以调整中不是去强调回避过敏的环境，而是教孩子学会如何放松，减少对所谓过敏物的关注。"

我想起最近从网上看到一段描绘孩子教育的话——

不少时候，小孩子本无挂碍，大人却先慌了神，一惊一乍的，举轻若重，最终吓到了小孩子，人人自己却又转身走开了，没有对行动的后果负起责任。

孩子有孩子的节奏，而大人以自己的节奏为标准，强行干涉了小家伙。

有时候情况远比这个还糟。孩子的专注力被大人撕裂了，以至于到后来孩子难以专注于应该做的事情，大人们并没有意识到自己才是罪魁祸首，还要变本加厉地干涉孩子，最终造成孩子信心的缺失，自暴自弃；或者沉溺于大人认为不应该做的事，以表达自己的不满。

与天使的"灵性"对话：让我快乐地飞翔

小侄儿天程在北京度过了二十多天，饭量增加了、身体状况改善了，他的学习能力也迅速提高了。刚来时写作文通常就是三五行字，而且拼音占一多半。到临走前已经能写三四页的作文，而且拼音很少。语文数学作业都做得很快。每天一篇的作文中，我尽量让他写自己的感觉，同时给他灌输类似'你好、我好、世界好'这样的观点。有一次发现他讲自己的梦一口气能讲半个多小时，充满着无限的想象力，我就鼓励他把自己的梦写下来。结果有一天他一口气写了四五页，最后兴奋地说："写作文一点也不累！"为了鼓励他，我把他的梦在《天涯》发表了，把他乐得够呛。根据教育和心理专家的建议，为了消除紧张，休息大脑，同时培养他静的品质，在北京最后的一周我每天让他静坐十五分钟到半个小时。看他像模像样坐着的小身体,居然真的能静静地坐半个小时,我很欣慰。

临走前那个晚上,我一边开车一边录下我和他做的心灵对话——

话题:关于打架

天程:我又不是豆腐,人家一打我难道就变成水?再说了我的骨头也不是水啊!

我问:你在什么情况下会跟人打架?

天程:我一般是不打架的,我讨厌打架的人。我跟打架的人说得一清二楚,如果他们打架二次以上我就告诉老师。让他们再也不敢打架了。

我问:你在同学那里是什么形象?

天程:啥都不是。

我问:你想当小领导吗?

天程:不想当。反正我是“主义”者(表情一本正经)——和平主义者。我讨厌打架,我特不适合打架,打人有什么意思呢?我为什么要打架呢!打别人算啥啊!我可不想这么无聊!

(孩子说话的神情像小大人一样,说话的语调像小法官,特别有意思。)

我问:可是有些孩子就是打架厉害才成为小领导的。你不羡慕他吗?

天程:羡慕啥?打架有什么好啊(嗤之以鼻地斜斜眼)!人家还不是怕他才听他的话?真是的!我才不想这么无聊呢!这样的人当领导有啥意思啊?人不是靠打架才当领导的啊!要和人家相处得好,要和别人搞好关系,朋友要多。

话题:我有很多朋友,因为我说的话很好笑

天程:你知道很多大人都是我的好朋友,有很多是妈妈的好朋友给我找来的好朋友。

我问:我有个问题,你是个小孩,为什么会交这么多大朋友呢?

天程:(噘着小嘴)我说的话可好笑呢!我跟同学经常说笑话。我会编啊!

我问:真的,你还会编笑话?那你现在给我说两个你编的笑话听听?

天程:有一个不大不小的冰激凌。我跳进去吃,为什么?

我问:为什么啊?

天程:(小脸严肃的)我、我很小!

我愣了一下，然后哈哈大笑。

我笑道：你太逗了！

天程：我缩小了嘛！我可以把肚子吃得圆圆的，可以吃两天呢！

我说：这孩子的思维真有意思。

天程：我长大要发明一个东西，把自己变小。

我问：你为什么要把自己变小，而不是变大呢？

天程：和蚂蚁交朋友啊！

话题：谁来打开我的心门？

我问：你这些稀奇古怪的思想是从哪里来的？

天程：天生就有的。

我问：那你爸爸妈妈知道吗？

天程：不知道。他们没有来开我的门(嘟着嘴解释)。我用比喻句。

我问：他们不是总和你聊天吗？他们怎么聊才能聊得清楚呢？

天程：像妈妈那样可以打开我的门。可是还缺一点。要打开我这个门嘛(拖着长调)——没有找到钥匙。

我问：你为什么不主动打开门呢？

天程：(淘气地)我一般不在家(拖声拖调地)。我去外面闲逛。

我问：那是不是要找到钥匙才能进你的门呢？

天程：就算你找到钥匙我不在你不还是不能进吗？！你进来的时候也可能正好我有事！

我问：那怎么才能找到你的钥匙呢？

天程：就是不要和奶奶吵架，也再也不要说任何生气的事，把生气的事变成高兴的事，他就可以打开我的门了！

我问：天程，我没有听清，你再说一遍。

天程：我的门不是任何人都能进来的！要把不高兴的事变成高兴的事才可以进来！这就是我的钥匙。找不到我的钥匙我可没有办法，我可不在家，哎(拖着长调，调皮捣蛋地说唱着)！

话题：我对爸爸妈妈的要求

天程：我的要求并不是所有的都得做。我有时说的话其实不可能做到，比如我要他们带我去日本,去见我所想象的"多拉A梦"。因为世界上根本就没有"多拉A梦"这种称呼的,除了电视里。这种要求他们是不能满足我的。

我问:那既然不能满足,你还用提吗?

天程一板一眼认真地说:我要提!我特别想去!如果我们不去的话,你咋知道有没有呢?!我知道日本发生核辐射和地震,到那里去肯定没有。如果有的话,我一辈子都不姓吴了!

话题:和爸爸妈妈的关系

我问:你和你爸爸妈妈是什么关系?

天程:好关系。

我问:你做你爸妈的儿子幸福吗?

天程:幸福(肯定地)!

我问:你对爸爸妈妈了解吗?

天程:知道,我全知道(知性地)。比方他们要干什么我都知道。我只要看他们的表情我就知道。如果他们脸上带着微笑的话,说明他们今天要带我去啥地方玩,但如果他们皱眉头的话,那说明今天他们有不好的事。

我问:你爸妈对你这么好,你长大会报恩吗?

天程:会!我是妈妈肚子里生出来的。不管妈妈和哪个男的结婚,生下来的都是我,我不会变!总之都是我!难道不是吗?

话题:关于能量

天程:知道吗?我喜欢倒立。从倒立就能看出我的手有多大的力量。如果我吃饱了吸收了我全身都是醒着的;就算我睡觉时我的力气还是有的。我的能量花不光,我虽然是人,不是机器人,但我一天不吃饭,我身体还是有力气,我还是能走动,我还是能打架。我的力气从哪里来?从我全身来的!我的脚是不是有力量才能把我撑起来?我的手是不是有力量才能拿筷子?才能伸直?才能敬礼?身体才能挺起来?所以全身上下都需要能量!全身上下都有能量。你知道我为什么不喜欢打架?如果我不打架的话能量都是满的。更加大的能量从我身体里释放出来。我外面的能量至少比里面多一倍!

我问:你知道什么会耗你的能量吗?

天程:虽然我的脑子耗能量,但我全身的力气不会消耗一点。

我问:你有没有想过“恐惧”会耗能量?

天程:恐惧?一点都不耗能量!我虽然恐惧,但是我一身的力量还是有的。

我问:但如果你不恐惧能量是不是会更强?

天程:能量也是一样的。我全身的能量是我身体里的两倍;释放出来的能量只有里面的一半;所以我全身的能量都用不光。我走多远也不会累。我的能量不是一般人的两倍,是一般人的十一倍。我问你,哪种事情会使你的能量全没有了?

我说:当你恐惧的时候你会消耗能量的。

天程:错!我的手冻僵了,我的脚冻僵了,我的身体全部冻僵了,就会消耗能量。真的冻僵了就没法了。如果我的手冻僵了,我无法忍受。说实话,我是特别想把这能量消耗一点(他叹了一口气)……可是就是消耗不光!这是我的习惯。我的能量很充沛很充足。我的能量消耗不了,所以我特别难受。我真想把它释放掉!可是我爬山、跑步还是放不掉!我就想释放掉啊!我虽然好动,你知道我好动后会咋样?我会更有力气了!我的力气不会花光。这是我一生想花光的事情(语气苦恼地)。我就不知道为什么花不光啊!我全身都是力气;就算释放一点点,还会回来的。我做很累很累的事情才消耗五分之一。我消耗掉的能量只要我休息以后还是会回来的。我告诉你吧,我喜欢动,可我也喜欢不动。我不动时我的能量比之前还要多。花不光会给我造成麻烦,如果我的能量总是花不光,到顶部的话会怎么样?会变成一点点。到了设定的位置就会变成一点点了。没有办法啦(拖着长调)……

话题:关于静坐

天程:我静坐的时候可好玩呢(兴奋地)!我好像睁开了五百万双眼睛。

我问:五百万双眼睛?!你不是闭着眼睛吗?

天程:我的两只眼睛是闭着的,但是周围有五百万双眼睛。我看到旁边有温度表,左边有灯,还能看到家里摆着的钢琴……可有意思呢!我打坐时能看到好多好多东西……有一次我看见我飘到了天花板上,“我”看着下面的我。有时我感觉我在天上,我想要什么就有什么,想说什么就能说出来。真的,不骗你!特好玩!我打坐时会睡着。然后我梦见我开一个小汽车,往前面我就往前冲,往后面我就往后仰,往左边我就往左转,往右边我就往右转。慢慢慢慢的我快要到家了,一转弯我就到公园去了,嘻嘻嘻嘻……我还看到我开车碰到红灯坏了，但是我不知道，就一直待着一直待着，一直待到晚上……

小天使在北京待了二十多天就想妈妈爸爸了，很急切地要"飞"回自己的鸟巢。

……

回去后，我通过电话隔三岔五和他聊天，也时常录下和他有趣的对话。得知他做作业的速度快多了，也坐得端正了。每天晚上静坐十五分钟以上。每天坚持用软件训练专注能力和放松能力。他的爸爸妈妈开始注意孩子的情绪了，尽量不给孩子施压，还让孩子自己管理自己。听说有一次老师问谁没有完成某项作业，孩子举手了，错的留下来了一个小时。孩子忐忑地走出学校的时候，等在外面的爸爸妈妈没有批评孩子，而是开心地牵着他的手，说说笑笑地往外走，父母更加尊重孩子的自主意识。原本和谐的家庭在对小天使的理解中更加和谐了。孩子在电话里放飞着自己隐形的"灵性"翅膀。

有一天，他在电话里告诉我："妈妈给我买了一个'许愿瓶'，可准呢！昨天我许愿写字写在格子里，今天我就真的写在格子里了，老师表扬我了！昨天妈妈的手受伤了，我许愿妈妈的手今天就好，今天妈妈的手果然好了！"后来他写了一篇作文《许愿瓶》，结果老师表扬了他！

有一天，他在电话里告诉我："我的心情总是很特别，别人不觉得好笑的事我都觉得好笑。"

有一天，他告诉我："你不是说痛并快乐着吗？我觉得这句话好有意思啊！'痛'，比如说扎针、做作业，虽然痛，但病好了就快乐了啊！"

昨天他在电话里给我讲了很久他静坐时看见的"梦"：我飞起来了……我的身体越来越轻，越来越轻，我比塑料袋还要轻，我慢慢浮到空中，我浮到太空，我飞到了水星，飞到了冥王星……我看见了爷爷……

孩子似乎天天有做不完的梦，每个梦都是那么生动，都是那么充满色彩。

我经常跟他说：宝贝，你的很多梦都会实现的。

每次，他都脆生生地反问我：真的吗？真的吗？我的梦真的能实现吗？

我说：是真的。一定是真的。长大了，你会把你很多很多的美丽的梦变成现实。我就是那个会帮助你造梦的大人……

外企白领应用篇

——和谐·静心 身心灵

面·对·面

健康、心灵、心理专家

带你走进身心灵合一

主题一：白领零距离体验现代平衡针灸学，感叹3秒钟缓解身体不适神效

主题二：关于疾病预防

主题三：白领办公室综合征和预防

主题四：关于情绪

主题五：关于压力

主题六：亲子问题

主题七：白领营养膳食

2011年9月14日和9月29日，本书部分医学、营养、心灵、心理、国学专家与外企白领面对面进行了“呵护白领身心灵健康”的主题互动答疑。

此活动旨在向外企白领乃至全社会倡导和谐、静心身心灵的理念，倡导身心灵健康的生活方式，切切实实地给白领生活提供应用的指导和方法论，把呵护白领健康落到实处。

本活动受到外企集团培训中心和中外企业人力资源协会的帮助。

以下外企员工和高管参加了与专家的面对面互动——

深圳罗德与施瓦茨贸易有限公司、特艺(中国)科技有限公司、财新传媒有限公司、丰田汽车(中国)投资有限公司、德迅(中国)货运代理有限公司北京分公司、爱尔康(中国)眼科产品有限公司、鹏达环球物流(北京)有限公司、北京百望达商贸有限公司、索尼(中国)有限公司、梅赛德斯—奔驰(中国)有限公司、雅玛多国际物流有限公司北京分公司、住友制药、丰田汽车金融、本田技研、双日(中国)有限公司、罗尔斯·罗伊斯商业(北京)有限公司、长江商学院、北京捷斯瑞驰医药科技有限公司、小松(中国)投资有限公司、日立(中国)有限公司、法国亚义赛公司北京代表处、北京捷孚凯市场调查有限公司、华欧航空培训中心、托普索贸易(北京)有限公司、西班牙电信国际集团北京代表处、三星数据系统(中国)有限公司、云招科技(北京)有限公司、北京九十行网络科技有限公司、北京紫光华宇软件股份有限公司、大田集团、中智外企服务分公司、东芝(中国)有限公司、雷博国际会计、格融移动科技(北京)有限公司、北京无线风标科技有限公司……

书中部分专家因为工作关系没有时间参加面对面互动，也在互动活动之外通过电子邮件回答了一些外企白领的问题。

互动的方式有现场体验式和互动答疑式。

主题一：白领零距离体验现代平衡针灸学，感叹3秒钟缓解身体不适神效

当享受国务院特殊津贴的北京军区总医院专家、平衡针灸学创始人王文远教授拿出小小的银针，邀请在场的白领就他们身上的疼痛或不适上来体验平衡针的时候，有一个白领带着股第一个吃螃蟹的豪气上台来，别人都好奇地观看着。

“哪里痛？”

“感觉整个胳膊酸痛。”第一个上台的小姐摸着右胳膊说。

“那就扎左小腿。”王教授让她坐在桌子上，小小银针飞快进入小腿，一两秒银针抽插间，那个小姐说左脚面瞬间有了触电的感觉，王教授随之抽出银针。

“感觉怎么样？肩膀舒服了吗？”王教授问。

“确实舒服了。”那个小姐脸上带着不可思议的表情摸着刚才还酸麻的胳膊。

“你现在什么感觉？”我问。

“感觉这只胳膊和另一只完全正常的一样了。”小姐高兴地说，“平时自己按摩好长时间还是很酸痛，两个胳膊总是不一样的感觉，现在一样了。”

亲眼目睹几秒钟的治疗效果，十多个白领一下子涌上台来。把王教授团团围住。有的腰痛，有的肩痛，有的颈痛，有的嘴周围起疱疱，有的咽炎嗓子不舒服，有的脚趾头麻，有的是妇科病，有的脚踝痛，有的肠胃不好等等，基本都是白领常见的办公室综合征。王教授一会儿扎小腿，一会儿扎胳膊，一会儿扎脚背，一会儿扎手背，一会儿扎头部……白领们惊呼“哎呀，怎么不疼了？还真神哎！”有的问，“我扎针灸一年都没有啥效果，怎么这一会儿就有效果了？”“我的嗓子也清爽了！”

周围除了惊叹声，就是阵阵笑声。大家都在惊叹平衡针的快速神效。

有一个非常怕针灸的女士一直坐在旁边看，不敢上去试，但坚持到最后还是忍不住表示要试试。她说自己皮肤过敏，皮肤瘙痒搞得心里很难受。王教授在她下肢过敏穴扎了一针，她马上惊讶地表示自己的前臂怎么不痒了？然后主动地问王教授到哪里去找他继续治疗。

平衡针体验后，白领们纷纷记录王教授的看病地点，还问怎么可以学到平衡针，可以用于自己的保健和家人的治疗。

针对白领的健康状态，王文远教授在与白领的互动中传授了平衡养生健康方法——

1. 要保持心理平衡，维持心态和情绪的平衡，不要提前启动重大疾病的死亡程序。疾病是因为我们的生命发生了不平衡，这才引起早期的精神过敏，心理失衡；发展的第二阶段就是亚健康，生理失调；最后形成疾病。这个过程大概需要二十年。如果我们平衡生命程序,能活到120岁。我们不要提前启动得病程序和死亡程序。

2. 要控制情绪。大家都流过眼泪,眼泪为何是苦的咸的?是我们体内积压的毒素,是痛苦的眼泪。通过动物实验给小白鼠喂眼泪,小白鼠不到20天就死了,但给它喝矿泉水几个月也死不了。眼泪是有毒的。因此白领要控制情绪,不要生气。癌症的诱因中生气是第一位的。

3. 我们白领要珍惜生命,就要尊重生命的规律。这个规律就是除了生理平衡外我们的生活要规律。白天要工作晚上应休息,这就是自然规律,也是生命规律。我们白领们经常把时间过颠倒了,颠倒时间就是颠覆生命。晚上必须睡觉,尤其11到1点,是免疫功能调节的最佳时间。身体大修的时间就是晚上睡觉这8个小时的时间。站着不如坐着,坐着不如躺着。要掌握生命程序,尊重生命的规律。

4. 我们的养生没有刻意的养生,就是遵循生命的自然程序,不要随意改变它。养生的重点是防止后面重大疾病的发生。可以提前控制过渡时期的外在表现。

5. 每个人都要寻找自我平衡点。如何正确面对我们的社会?面对我们的生存环境?要想保护好自己,就要有良好的心态。生命对我们只有一次,只有活到最后,笑到最后才是真正的自我。生命的钥匙掌握在自己手里,这把钥匙就是是否心理平衡。这既是生命的钥匙也是死亡的钥匙。

"平衡是人体健康的基础,失衡是疾病形成的诱因,修衡是通过针刺外周神经靶点,复衡是在中枢神经靶位调控下,达到机体新的平衡。"这就是王文远教授经过四十余年潜心研究,上万次针感体验,成功创立的现代平衡针灸学理论的核心。

主题二:关于疾病预防

解放军总医院国际医学中心主任、老年心血管内科专业医学博士曾强教授百忙中通过电子邮件回答了白领的问题。

问:我们身边有过若干这样的案例,刚刚做完体检一年就查出患了癌症,而且还是中晚期。为何体检查不出来呢?我们做体检还有意义吗?

答:这个问题确实很常见,需要我们进行反思。我想可以从以下几个方面来看待和解释这个现象:

1. 目前我们的体检基本是一个筛查,没有明确的"器官"和"重点关注"点的靶向性,检查也不一定很细致,所以漏诊的几率就会很大。也有一些"非正规、不规范"的体检机构,存在萝卜快了不洗泥的现象,体检有走过场的感觉,所以也常常会对一些明显的病症出现漏诊。

解决办法:由你的私人医生根据你的身体情况,根据生命周期以及生活方式等因素对健康的高危因素设计个性化的体检套餐,并去正规、专业的体检机构进行体检,一般不要随团去体检,而是约好时间单独体检,当然费用会高一些,但是检查会细致一些。

2. 肿瘤的生长是个慢性渐进的过程,日本学者认为从一个突变的细胞发展成一个癌细胞,这个癌细胞开始无休止地繁殖到直径 1cm 大小的癌团,大约有 10 亿个癌细胞,需要 2~7 年的时间,有时肿瘤的生长是跳跃式的,受心理(情绪)、营养(促癌因素)、环境(致癌因素)以及免疫功能(抑癌因素)等因素的影响。而目前我们的医学体检基本还停留在形态学(通过影像学检查)检查,尽管我们的一些高端体检设备(如 CT、核磁共振、高分辨彩超)理论上的分辨率可达到 2mm,可是通常我们体检可以发现的肿瘤依然要在 1cm 以上,很多微小癌团(1cm 以下,其实已经不小了)不特别细致地去检查和关注是很容易被忽略的!所以一经发现就必然是中晚期了,这其实是现代医学尤其是专业体检机构亟待反思的学术问题。

对策:要转变肿瘤预防靠体检去发现的思想,因为即便发现也已经晚了。因此要加强对不良生活方式以及肿瘤易感因素的发现和识别,比如有没有肿瘤性格、有没有肿瘤饮食、有没有肿瘤环境、身体的抗癌能力和抗癌储备是否充足等,这些就需要为一些高端人士配备专业的全科医生进行健康管理维护。

3. 体检机构如何从形态检查过渡到功能检查,重点从疾病评价过渡到健康评价,这就需要我们对身体的健康设定一些标准值,看看我们的体检客户的身体情况比健康的标准差了多少?差在哪里?离一个疾病还有多远?哪些因素是加速器?通过哪些因素可以保持现状甚至可以帮助逆转?这些是我们亟待解决的专业和学术问题。

问:有些人,昨天还好好的,突然检查出来自己已经得三高了,甚至得心脏病、冠心病了,这些疾病没有征兆吗?

答:健康和疾病是没有一个明确的界限的,不能说昨天还好好的,今天就生病了。可是这个现象的确很普遍,其中第一个问题已经作了一些解答。关于健康和疾病的概念我常常会借用精神医学里的灰色理论来解释,比如完全健康的人是白色的,完全不健康的人是黑色的,那么纯白和纯黑的人是不存在的,所有人都处在白色和黑色之间的灰色状态。健康是一个相对的概念,常人身体里有不健康的组织和细胞,病人身体里也有功能正常的器官和组织。三高的标准是人为设定的,冠心病、心脏病也是一个渐进的过程,只是我们平时忽略了而已;其实病根早在一天天慢慢孳生,等我们发觉时已是积重难返了,所以有病来如山倒之说。之所以会这样也是全科医生(私人健康医生)缺失的结果,因为健康医学太过专业,去发现身体里潜伏的疾病和病变的确需要很多专业知识和经验,所以《黄帝内经》里讲只有上医(最高明的医生)才能治未病。可以明确的是,所有疾病都有发生发展的原因和过程;可以肯定地说,任何疾病都会有很多发病和致病的征兆,即便是传染病也有传染源、易感人群和传播途径,并且还有潜伏期。

问:肿瘤专家死于肿瘤,心血管专家死于心血管病,是不是可以说肿瘤和心血管病是很难预防的?

答:这个问题很有意思,好像有这么一个咒语,其实查查资料这个问题经不起推敲啊!人总是要死的,不论他死于什么原因?肯定都是要死的,而且现代医学还没有对人体的很多现象做出完整的解答。医学有很多很多未知的领域等待我们去探究和发掘,任何人都有可能死于肿瘤和心血管疾病,不过肿瘤专家死于肿瘤被大家重点关注了而已,并不是所有的肿瘤专家都死于肿瘤。从卫生部公布的数据显示:80.9%中国人死于各类慢性病,而肿瘤和心血管病占慢性病的前两位,可以说有一半的人是死于这两种疾病的。所以这些专家死于肿瘤和心血管疾病并不奇怪。我想说的是,预防疾病是个知易行难的事情,需要有本人的意愿,更需要有专业机构的服务,这方面可以说我们现实生活里是难以获得的。现在的好医生都在医院治病去了,水平差的医生在社会上搞一些不专业的健康服务。其实我们缺少的是一个让疾病预防成为最大利益的服务模式，这是一种医疗制度的缺失，医院帮你防病了他能获得什么经济和经营利益？所以疾病预防难在制度设计、模式设计而不是难在不好操作或操作本身！

问：对于没有症状的病怎么去预防呢？

答：这个问题上面其实都做了解答，没有症状也就是说患者还没有感觉，这就需要专业人员为他们进行定期的健康评估。可以通过生活方式问卷、体质测评、危险因素识别等手段去发现疾病的危险因素，让健康风险不要进一步发展成为健康问题，这里有很多专业的问题，如果需要我们以后再沟通。

主题三：白领办公室综合征和预防

问：最近我们有一个外企员工得了癌症，但平时这个人午饭后都会有规律地锻炼，而且也很注意饮食。这样的人还得晚期肝癌，我们都觉得不可思议。有的人就说是不是因为他中午锻炼的原因？

肖守贵(北京西苑医院专家教授)答：锻炼身体因人而异、因地而异、因时而异，没有固定模式。不管是养生、锻炼、食疗做成固定模式都是不可能的。每人都有个性和特性环境。肖老师问：这个员工是男性还是女性？喝酒吗？家里有没有人得癌症？癌症有很多因素，有的癌症是有前兆的，可能他没有注意，给人感觉突然发病。肝癌发得比较多的是原来有乙肝、丙肝、喝酒、遗传等，最大的因素就是情绪。从中医角度讲大部分病和情绪有关。

问：有时没有东西压迫就感觉手脚发麻，不知道怎么回事？

肖守贵：如果你没有其他感觉只是手脚发麻，从中医讲属于气血不调和。基本属于以气虚为主，由气虚导致的瘀血；要多锻炼，这个年龄段尽量不要吃药。

问：有时候我感到头晕，会是高血压吗？

肖守贵：头晕这个题目太广了，好多因素都可以引起头晕，比如神经问题、颈椎病、高血压、血虚、肝阳上亢、失眠等都可能引起头晕，需要仔细查，尤其颈椎病是主要的。还有，头晕的症状是天旋地转吗？时间是在上午、中午还是下午呢？这都是不一样的。(提问者答：就是晕晕乎乎，不分上下午，但出去走走就会好一些)那我认为就是办公室病。不运动,工作环境全封闭、不透气,长时间缺氧所致,需要适当出来活动活动。

问:那锻炼时间多长比较合适啊?

肖守贵:每天最好不低于40分钟,每周不低于3~4次。要定期有规律,两天打鱼三天晒网没有用。

问:我晚上11点半特别疲倦我就睡了,15分钟后又醒了,然后特别精神,可以干任何事情。过一个小时又睡,但睡得不太实,这是怎么回事呢?

肖守贵:这种情况要注意,一定要在11点以前睡觉,这叫子午觉。睡觉前不要激烈活动,不要喝咖啡,不要看激烈的片子。

问:晚上活动好吗?还是中午锻炼好?

肖守贵:我个人认为还是早上活动比较好,晚上不要活动。像你们白领晚上回去就七八点了,吃完饭九点了,活动完十点了。你的心脏都还在兴奋期呢,你能进入抑制期吗?睡觉不可能的。中午可以散散步。如果有条件中午最好休息一下,哪怕15分钟。中午阳气正足的时候,剧烈活动是不适宜的。

问:觉得自己胖,晚上不吃饭想减肥可以吗?

肖守贵:减肥尽量以活动为主,我不主张节食减肥。但晚上少吃点,八成饱,不能吃完就打饱嗝。一日三餐都要吃,不吃饭是不对的。

问:过敏体质是怎么样形成的?怎么改善过敏状况?

肖守贵:中医没有过敏体质,如果有过敏现象叫气虚或者叫营卫不合,没有过敏一说。改善就是多活动,增强自身的抵抗力。中医有句话:"邪之所凑,其气必虚。"只要感冒这样的外邪能进去,就说明体内有虚可乘;如果体内正气很足,就邪不可侵。

问:我有过敏性鼻炎,秋冬季就会犯,中医可以调理吗?

肖守贵:中医可以调理,祛风解表。过敏性鼻炎是一套症状,流眼泪、打喷嚏、嗓子痒、浑身不舒服,中医叫卫气不固。过敏性鼻炎还没有特别有效的方法,但中医可以慢慢调理正气。

问:我家婆婆54岁,这两年头发掉得很厉害,不知为什么?她比较爱操心。

肖守贵:五十多岁脱点发是正常的,但不能脱得太厉害,否则就需要治疗了。这又分两种:头皮痒不痒?是一片一片地脱还是零脱?如果头皮痒,就祛风止痒固脱;如果头皮不痒,从中医讲营养、肾虚、血虚都可以引发脱发。具体还是需要本人去看病。

问:三十多岁,头发白了很多,医生说是脾虚、阴虚,平时饮食要注意什么?

肖守贵:现在白发比以前多得多,一个重要原因就是污染,环境污染,化肥污染。很多病种和过去不一样,比如电脑病啊,空调病啊。白发一般是肾虚,和脾虚关系不大。

问:白领应该怎么养生?

肖守贵:我认为第一就是心态。平和的心态,规律的生活,合理的饮食,和谐的家庭,适度的锻炼,定期的体检。能把这些做到就可以了,不用刻意去做什么,顺应自然,中医讲天人合一。

问:孩子地图舌是什么原因啊?

肖守贵:是脾虚,脾阴虚。地图舌如果隔天有隔天又没有了,肯定是消化系统的问题。小孩不可能有情志病,一般就是饮食引起的,或者感冒引起的。排除感冒就要调理脾胃。

主题四:关于情绪

问:经常会控制不住自己的情绪,不知道这种情况是什么导致的?

李燕燕(医学兼心理专家):情绪的表达方式和个人的成长有关,和生长的家庭文化及交往模式也有关系,也会有生理特点的影响,比如身体里的肾上腺素分泌过多,甲状腺素比较敏感,你的情绪开关很容易被打开。情绪和家族文化有关,家庭交流模式是随和型的还是指责型的,是面对面的还是背对背的,交流模式带来的感觉都会构成一个人的情绪模式。比如小时候妈妈总打你,原本是为了让你改掉毛病,但多次或经常性的“打”就起不到作用了,你可能会采取不理不睬的态度,可当时你的愤怒情绪是被内压了。长大以后妈妈不再打了,你也懂得了妈妈的爱。但是如果领导跟你说事,反复说三遍的时候,你无名的愤怒就会上来。为什么呢?是因为曾经有过的交往模式的感觉痕迹会浮上来,这个情绪是你行为模块里很重要的起爆点。你仔细回想:为何相同的情绪在我身上会反复出现呢？你可能有过小小的创伤——熟悉的交流方式。成长过程中各种创伤和愈合是并存的，创伤可以是芝麻也可以是西瓜，如果你把芝麻当西瓜可能就会被砸伤；如果你把芝麻当芝麻的话就觉得没有什么了不起的。如果你的情绪给你带来困扰，你就要反思这种反复出现的情绪是从哪里来的？这就是自我认知；认知自己的性格和行为的模式特点，修改和修饰一下影响你幸福感的不良性格特点，你的生命会更有意义。

问：总听说负性情绪会影响健康，导致疾病，那都会导致什么疾病呢？

李燕燕：如果压力适当，小小的负性情绪不会影响健康；但是如果压力过大，负性情绪持续存在，就会影响到健康。胃的功能就和情绪有很大关系。你的胃就像一口锅，如果帮你装了很多负性情绪和压力，还能装得下饭吗？本来食物是给我们带来营养和能量的，但过多的负性情绪和压力抑制了食欲，不仅失去了享受，还影响了生理功能，导致身体的恶性循环。

问：我想知道个人的焦虑怎么调整。我除了工作外，还要参加很多学习和考试，非常累，也非常焦虑。这种焦虑都导致自己近期性生活的幸福指数下降了。

李燕燕：这也是白领现代病的一种。工作要求高，成长要求高，人群攀比高等等，走到一定程度就觉得要充实自己，担心落伍。心情可以理解，但我们一定要调理自己。首先要建立整理格，给自己的压力内容打分，不同内容放置在不同的抽屉，将重要的必须解决的内容优先对应，拆分后的压力系数会小得多。其次你在学习这种“动”的状态下，一定要有自己的“静”。比如运动，即便在办公室，也能做些健身操和舒展动作，让身体本身制氧。人焦虑时焦点集中在思维层面，你可以试试让身体来分担和疏导情绪。做做瑜伽的深呼吸，增加点体育活动，都可以帮你承担一些压力，减少焦虑。还有在你众多的学习选择中，你也可以清理反思一下，哪些学习是职业发展的必须？哪些只是在满足你的心理需求？

主题五：关于压力

问：我经常觉得压力很大，有时候感觉一天到晚脑子里都是事。这种状况是不是很不正常啊？

张丽（国家二级心理咨询师）：好像一座桥，建造前工程师把承载力计算好了，然后选择适当的材料和结构建造好。桥是要不断地过车过人的，这本身对桥就是一种压力；但桥的功能就是要承载压力，如果不过车和人，桥就失去了功能和意义。就像人一样，生来就不可能没有压力；如果没有压力就意味着失去目标了；人有目标和欲求才有压力，但是压力不能过头，如果超过了我们的承载力就会带来伤害。好比桥上通过超过承载的货车桥也会坍塌。在人际互动中，一般的压力会激发我们的创造力、学习力，激发运作能力；但压力过大就会给身心健康造成伤害。因此我们要不断评估我们的压力状况，如果感觉压力过大了，就要用适当的方法保护我们自己，不让自己超载。

问：那怎么知道自己的压力大到了要调整的时候呢？我的工作压力和家庭压力都很大。但是我不知道有没有超载，是不是需要给自己减压了？

张丽：这是个特别好的问题。就是我们该怎么评估自己的压力？一个很好的办法就是从我们的身体上去感觉，我们的身体是不会撒谎的。每个人的特质不同，承压能力也不一样。其实压力本身是不可避免的，尤其在竞争激烈或高风险的职务、岗位、行业上，我们所能做的就是调整自己的承压能力。比如本来觉得自己快要爆炸了，经过调整让自己更具有弹性和灵活性。通过自己的身体状况来评估压力是否过大比较有效。比如你很能干，很多事情来了以后你不抬头都做了，你可能没有感到有多大的压力，但是你发现自己的胃不舒服了，隐隐作痛，或有胃酸，那实际上说明你所承担的压力已经超载了。

问：可是我身体非常好，经常没有感觉。但我的压力是很大的，有时候我都在想是不是再给我一点压力我就倒下了？所以不知该怎么评估。

张丽：你是属于对自己身体不敏感的人。到倒下那一刻就是“一根稻草压倒了的骆驼”！很多人在生病以后说“我过去身体特别好”，其实是不太关注自己的身体。头痛脑热的扛一下就过去了，其实那正是身体给你需要减压的信号。有的人睡不着觉就吃感冒药，其实睡不着就是压力的表现。很多时候我们如果能注意到你的头痛、心跳、出汗、手心发热发凉、身体感觉沉重、腰酸背痛等等，都是身体给你的信号，你可以因此评估到压力对你有多大了，意味着什么。

问：那我对压力不敏感好不好呢？

张丽：不敏感会忽略很多身体的信号，这个当然不太好；但也可能你是因为心理弹性比较好，自我调整的能力比较强。心理弹性好的一个表现就是在价值观、规条层面上开放度比较大。可以不断多角度看问题，不断更新自己的价值观。有的人是死抱着自己的价值观不放的，但有的人是肯去通过学习实践随时修正更新的，这样的人弹性就会比较强。（提问者插话：我觉得一个事烦的时候我就不去想它了，暂时放下它。）说明在你这里有一个非常重要的规则：当一件事情我解决不了的时候我可以放下它，而不是没有做到就觉得自己很失败。所以你的这个规则是一种减压的方式。

问：工作中我有事情完不成就会睡不着觉，会一直想着这件事。我也知道很多工作不是我一个人想完成就能完成的，我没法控制，但是我又想把它完成好，得到上级和同事的认可。这个时候我会纠结。其实我很想没心没肺地生活，但是很多事情我还会考虑很多。

张丽：有个警句"今日事今日毕"，很多人曾把这句话纳入自己的规条，我想你大概也把它作为自己的一个规条，但事实上很多事是我们很难控制的。你刚才说你想没心没肺，但事实上你对事情是放不下的，你会纠结、会着急；同时你又为你放不下的感觉着急。如果想让自己感觉好一些，首先要接受自己就是这么一个独特的人。别人可以没心没肺，但是我似乎不是没心没肺的人，所以我接受我是一个认真、较真的人。但接下来需要在自己的观念层面进行调整，把类似"今日事今日毕"的规条做修改或加一些注解，我们每个人的精力都是有限的，很多事情上我们是会受到制约的，不是我们想要做到怎么样就能怎么样的。

问：我什么事都会想得很多。比如出去玩，别人可能去就去了，我却要把很多细节问题想清楚。我也不想这样，但是控制不了。

张丽：我明白，你是觉得太累了！（对方连声回答：对对对）如果你不想让自己这么累，你可以问问自己：首先我是一个很细致的人，每次出去我都会把细节想得很清楚，我应该感谢我有这个特质，我具备这个能力使我在团队里能发挥独特的作用。但我想得这么细的背后我的需求是什么？（提问者问答：我担心别人没有考虑这么细致。）我感觉你很乐于去承担很多责任。你有一个特质，你有时候会去包揽别人的责任。（对方说：如果我遇到比我强的人我会去听取他们的意见。但如果我比他们强我就会去承担我认为我该承担的责任。）你这点还比较好，遇到比你强的会放手。有些人较劲是遇到比自己强的也要去为人家负责。很多时候我们感觉压力大,甚至把关系搞僵就是我们为别人负责任太多,替别人负责的同时还剥夺了别人成长的权利。

问:我经常习惯性地板着脸,别人会觉得我不高兴,这是不是也需要调整呢?

张丽:你觉得影响你的人际关系了吗?如果影响了就要调整。你可以照照镜子看看自己的表情,也可以评估出你的压力。这种情况孩子感觉会很明显。比如有的家长下班后还带着工作的情绪回家,沉着脸,孩子看了会很害怕,觉得可能是自己不够好。对于这种情况,家长回来要告诉孩子:今天爸爸单位很忙,很多工作没有做完,有点累,所以爸爸今天心情不太好。你是乖孩子,我今天发脾气不是因为你。对同事有时也需要说一声。有的人比较敏感,会把你的情绪揽过来,以为你是对他不满意呢。所以情绪不好的时候,你可以用你的特殊方式告知大家。其实一个人沉着脸不管在单位还是在家里是很给别人压力的。(一个白领插话:我觉得这个是要调整的。我父亲从小就喜欢沉着脸。我都不需要他骂我,只要他一拉着脸,我和家人就都怕得不行。这种感觉很压抑,在家里都不自在。)你可以学习一种新的行为方式,比如开个玩笑啊,幽默一把,用一个表情和动作疏解一下,让周围人轻松一下。

主题六:亲子问题

问:我有个儿子特别调皮,你好好和他说一件事,他总是和你嬉皮笑脸的;如果我采用极端的方法,他又显得很可怜。比如他把一样东西藏起来了,我说你做得不对,应该拿出来与大家分享。然后我问他你认为自己做得对吗?他说我做得有点对有点不对。我问他你对的地方在哪里?他说我对的地方特别对;我问他错的地方在哪里?他说我错的地方是妈妈不对。我都不知道该怎么教育他了。

李燕燕:你的孩子是很聪明的。他和你嬉皮笑脸是自我掩饰的一种方式,其实他是在用自己的方式承认错误。问题只要没有太严重,家长不必事无巨细,把细节化的东西搞得格式化。一个人处理问题的方式就像筛孔一样,你的筛孔越细,将来承受的东西会越多,承受的压力会越大;如果筛孔大能减少压力的承受。所以如果不是原则问题,可以换个方式教育。你可以说:“妈妈知道你把这个宝贝藏起来是因为你珍惜这个玩具,但如果你把玩具拿出来和小朋友分享,他们也去买不是更好吗?"但如果你指责他不对,一个4岁的孩子刚开始建立自主意识,刚知道你我他的分别,有了非常好的关系认知和建立;如果你让他把你的就是我的、我的就是你的、你的就是他的混淆起来,对孩子的成长教育不利。你的孩子和你嬉皮笑脸,说明他也在保护自己。

问:每次我们说孩子他都有很多的理由,而你用他的理由想这些事好像也蛮有道理的。

李燕燕:他的道理哪里来的?是妈妈爸爸给的。如果大人总说道理,孩子将来容易走到过于理性的模式里去。男孩本来就比较理性,如果再加理性的话,将来就决定了他做事的途径,孩子性格的塑造其实这会儿挺关键的。

问:我特别想培养孩子自己管理自己的能力,但我不知道该怎么去培养?

李燕燕:父母在教育孩子的时候如果多说,对他就是一种强势。他会觉得这是妈妈让我去做的。如果小时候强势语言多了,他就会对语言很淡漠,你讲三句话等于讲一句,所以对孩子你应给予足够的信任。孩子对你嬉皮笑脸的时候你要先夸他有益的成分,他能听进去你夸他的成分,也会明白不利的东西是什么?他会自己去做修饰的。还有就是父母的楷模作用。过去孩子12岁逆反,现在可能八九岁就出现逆反;过去18岁就进入成熟期,现在要推迟到25岁;过去30而立,现在可能30才刚懂事。很多孩子提前逆反其实和父母的信任有很大关系。你老说他不对,而在学校老师也总是指出孩子的缺点,那我们的孩子什么时候才能听到夸奖呢?孩子嬉皮笑脸的时候其实已经知道自己有错了,你再批评他就是抨击他了。所以父母要蹲下来和孩子说话,良性的东西多一点,他将来就会用这些良性方式保护自己。

在精神分析里,人有很多种防御机制,是在自己实践中感觉获益后固定下来的自我保护模式。比如有的人会用愤怒来防御,表达自己的强大;也有的人吃不到葡萄就说葡萄酸也是一种防御;这种方式也是对强势的一种对应。

问:我想知道怎么教会孩子讲原则。我的孩子2岁5个月。你要他去洗澡他死活不肯去,洗脸不愿意洗,衣服不愿意换。

李燕燕:2岁5个月的孩子你怎么讲原则?这个原则是你成人的原则。心理学说人的能力有基础能力和延续能力。基础能力有13种,其中有时间能力，有爱的能力——包括接受爱和给予爱，还有耐心、交往、信任、自信、怀疑、榜样、希望等能力，这些能力都是通过模仿获得的。孩子生下来是有时间能力的，饿了就会哭，是胃告诉他的。如果一个婴儿在饥饿时啼哭，总是得不到喂养，反复啼哭后给予了奶瓶，他留下的感觉就是：啼哭—无望—无奈，这也是他将来的模式，怎么骂他都没有用了。就时间观念而言，包含着很多的能力在里面。如果你的孩子在什么时间该做什么没有建立习惯，你可以用鼓励的方式；每天定时，让孩子知道这段时间要做什么事情。你不要用脏了的概念，孩子不懂什么是我脏了，两岁的孩子还没有延伸到自主能力呢！

问：孩子的心思真是不好摸透，有时候我们这些做父母的真的不知道该用什么样的方式和孩子相处合适。

郑君辉（河洛国学专家）：和孩子的相处方式，从河洛国学的理论和工具可能比较好解释一点。我现在以第一个孩子为案例解释一下如何与孩子相处？郑老师把第一个小朋友的名字输进他的系统。我们把人归纳成木火土金水五大类。你的小朋友的思维模块和想法是出租车型的，想自己主导，希望人家认可他的想法，在他熟悉的区块，以他的方式为主。回答问题时他可能会闪烁其词。他心中有答案，嘴上不确定。他希望别人认同他、肯定他，这是他的习性。他希望以自己的方式驾驭未来，不希望别人来左右，所以你强制让他往东走，他可能会逆反偏偏往西走。如果你用他的习性和他相处就不会很难。

人与人之间要处好关系一定要了解对方的习性，针对他的需求和喜好去打交道或沟通，是不是就比较容易？这个小朋友是出租车型的，所以他的反应能力和学习能力都挺强的。针对他的习性其实相处不难。你是他妈妈，是用什么模块在和孩子相处？请告诉我你的名字。郑老师输入孩子妈妈的名字。赵女士，你的行为模块也是出租车型，你想取代你的孩子。你们两个人都是出租车型，都想左右对方，如果你用取代的方式去左右孩子的想法可能比较难，会引起他的逆反。

问：那这种情况下我该怎么做呢？

郑君辉：你对孩子用心良苦，注重学习绩效，期望将自己过往的人生经验直接转嫁在孩子身上，不希望孩子走太多冤枉路。而出租车型的孩子的个性是外温内躁，喜欢为人服务，希望自己的付出与努力能得到父母的正面反馈，不喜欢处处被人牵制、指挥或主导，期望能获得父母更多的尊重，有自主空间。

但你也是出租车型的属性，你不太信任你的孩子，虽然口头上常常对孩子表明你很开明，完全尊重孩子，但骨子里却要掌控他。你的孩子虽然小，但是很敏感，知道虽然可以与妈妈商讨过程，但最后还是妈妈说了算；所以有时候他会和你讨价还价，就是想看看妈妈可不可以给自己更多的自主空间。你要是知道这种状况，和他相处就不是很难。如果你跟他说"请你帮妈妈做什么事"，他一定会乐于做的，但他不喜欢你用命令的口吻。其实你只要将目标跟孩子说清楚，相信他会用自己熟悉的方式达到目标。他跌倒了你应该教他如何站起来，而你却是千方百计地不让他跌倒，你取代了他很多学习的过程。记住，给孩子鱼肉固然可以少走冤枉路，但你教会他捕鱼的方法，却可以让他的人生之路愈走愈宽。

在孩子的成长过程中，只要注意培养好孩子的习惯、态度和观念就可以。其中0~9岁要培养孩子的习惯，10~19岁要培养孩子的态度，20~29岁孩子要学专业和技术。

河洛国学就是通过五行把人分成卡车型、出租车型、公交车型、跑车型、轿车型五种属性，找到自己和关系中的人的属性，取长补短，求同存异，为关系的相处就会提供一个简便有效的工具。

主题七：白领营养膳食

问：无公害、绿色和有机食品有什么区别啊？

胡水琴(高级健康管理师)：无公害是农药化肥可以随便用的；绿色食品是可以施农药化肥的，只是有限量规定，有哪些剧毒不可以用；有机食品是不可以用农药化肥的，种子不可以是转基因的，必须按食物生长周期生长的。比如猪必须要1年或9个月以上的生长周期。现在的猪都是3个月的生长周期，所以要加饲料精、瘦肉精等让它快速地生长。现在的西瓜打开每一个都是红的，但是籽是白的，很多都是用催红素催熟的。有机西瓜的皮很薄，口感很鲜，甜味很均匀。

问：长白发的人吃什么可以改善？

胡水琴：对那些白发多的人，用黑芝麻、黑米、核桃、薏仁米熬粥，吃一段时间一定有效果。

问:我想问减肥的问题,怎么吃营养足够又可以不胖呢?

胡水琴:早上用当季水果榨汁,最好用调理机,如果不是有机的就在水里多泡一会儿,然后用一些植物的,比如茶籽粉,把皮打进去最好。像葡萄籽就比皮好,皮又比肉好。打成稀烂的,你喝一杯这样的蔬果汁。早上吃得饱一点,一定要吃早餐,不吃容易得胆结石。中午不要随便应付,要好好吃,最好 12 点左右休息 30~40 分钟。晚上 8 点后不要吃太多东西,尤其不要吃主食,不吃太多碳水化合物,不想胖的话尤其不要吃快餐类、冰激凌、饼干、蛋糕等等,尽量多喝豆浆。最容易胖的人就是早餐不吃,午餐随便吃,晚餐吃得多。吃饭一定要慢慢吃。

问:果汁能空腹喝吗?

胡水琴:早上可以先喝一小杯温水。再喝一杯蔬果汁,像糊糊一样的,可以把芹菜、洋葱等一起打汁,血脂血糖都会下来的。

问:平时应酬很多,经常要吃大餐,是不是很难消化?

胡水琴:如果有大餐,记得先喝汤,再吃蔬菜,最后吃肉。因为蔬果 1 个小时消化,蛋白质 2 个小时才能消化,因此吃火锅要先涮菜再涮肉。水果最好在下午三四点时吃,餐前 1 个小时吃水果。

问:孩子感冒了吃什么能有助于恢复?

胡水琴:孩子感冒了不要急于送医院,一天给他断食,不吃动物蛋白,多给他喝水,不要吃米饭鸡蛋和肉;给他喝一天的蔬果汁,不带皮的,要纯的苹果汁或西瓜汁,纯汁,把渣分离的。里面有微量元素可以吸收,还有活性酶。拉肚子、咳嗽都很容易好的。

问:晚上睡不着觉喝酒好不好?

胡水琴:当然不好,不是靠酒来麻痹的。还是要从生活习惯上、饮食上调理,多吃碱性食物。晚上别吃蛋白质高的,尤其是动物蛋白。米饭最好用大麦小麦燕麦等混在一起。可以泡泡澡。

尾声:零极限健康静心

满满的,人生已经过半。

满满的知识,满满的经验,满满的感情的故事,满满的职场奋斗成功与失败的经历,满满的爱,满满的恨与怨,满满的欲望,满满的为欲望的执著,满满的因为执著未果的沮丧、愤怒和痛苦……满满的为得与失、因与果产生的喜怒哀乐悲恐惊的情绪……

满满的,满满的,我度过了丰富多彩的半生。

但是,在这满满的人生中,我却摆脱不了为理想中的情感求而未果产生的长期的匮乏感,并为了这种局部的匮乏感觉,似乎要拿出我整个人生的喜怒哀乐情绪去填补这个无论我怎么努力也填补不了的"黑洞"。每当那种匮乏感上来的时候,我忘记了我拥有的丰富多彩的人生,忘记了我已经拥有的当下的富足,我的全部关注点都在我的匮乏上,并为了这种匮乏的自我感觉,我伸出双手,到宇宙星空去抓……抓不到,于是又是满满的为匮乏而产生的挥之不去的纠结和更深的匮乏感……

在自以为的匮乏感涌上来的一刹那,我的心无比喧嚣。我的身体也因为满满的情绪承受着胃酸、头痛、气虚等的感觉。

直到有一天,我被这种匮乏感而纠结半生的喧嚣推到了绝望的边缘,我,决定放弃了!

人生怎么能这么过?

于是,心,突然腾出一大块空灵的地方。为了填补内心匮乏的"黑洞"一直满世界"外求"的心,第一次转过了方向。外部世界逐渐趋"零",我进入了"内求"的世界……大量的有关生命的阅读和自我内心的审视,我满满、满满的心,渐渐地腾出越来越多空灵的地方。

我人生中第一次进入了自己用半生的学识、经历、经验一日日如小鸟筑巢般建成的心灵“贮藏室”，第一次静静地审视我用这个“储藏室”的内容为自己构建的外人眼里颇具光环的一些成就；同时审视同样是取之于这个“储藏室”的知识和经验带给我的总也填不满的人生匮乏。在审视、学习和重新以全新的生命视角看世界的同样全新的经验中，我开始人生第一次有意识的“储藏室”心灵内容的清理和置换——知识的清理和置换，经验的清理和置换，价值观的清理和置换，原则和规条的清理和置换，习惯和习性的清理和置换，思维模式、情绪模式、反应模式的清理和置换——置换的原则是：生命的宁静和幸福感。

我在依然满满的生活状态中，开始不断抽离出停住的静心的片刻，凝结的片刻，零态的片刻。

在那个片刻，我的身体中升出了另一个“我”，远远地望着我和关系里的人，静静地看着我和他们互动的模式，包括静静地看着我的匮乏是怎么产生的、怎么流动的……

我的人生中第一次出现了一个隐形的“觉察者”。在我的喧嚣开始孕育或者正准备冒出来的时候，把我拉回零的状态，让我静静地看着自己的情绪和念头升起又落下……

于是，外境中，虽然缺失的还是缺失，匮乏的也还是匮乏，但是我的身心却出现了从未有过的充盈，从未有过的宁静，从未有过的坦然和幸福。

我不再因这个“黑洞”恐惧。不再排斥，不再压抑，不再屏蔽，我接纳我曾经、当下拥有的和缺失的。我静静地“观照”导致我命运轨迹的模式，以一颗接纳之心去做我该做的人生修饰。

因为我理解了一种状态——零极限健康静心。

用一种归零的心态去构建全新的身心灵健康的理念；用一种零态的静心去观照自己的身心灵；在归零的心灵旅途中，最终突破零的极限。

要实现零极限健康静心首先需要有一个归零的心态——我们俗称的“零态”心态。

零态是一种回归本心、本我的状态。

零态是一种明心见性的状态。

零态是一种回归自然、天地人合一的状态。

零态是一种无为、无相的状态。

零态就是“风来疏竹，风过而竹不留声；雁渡寒潭，雁去而潭不留影。君子事来而心始现，事去而心随空”。

零态就是“应无所住而生其心”。

零态就是那未塞满的大脑，未盛满水的杯子，未住满人的大楼，尚有内存的电脑，未载人的出租车……如果大脑塞满，杯子盛满，大楼住满人，电脑不再有空间，出租车已经坐上了客人，它们接纳的功能就暂时丧失了，直到它们能腾出空间的那一天。而归于零态的空杯能盛最多的水，尚未住人的大楼能进最多的人，新电脑内存越大就能容纳越多的内容，空车才能为客人服务，同样你的大脑越接近零态，你就能接纳越多的新知识，更新越多陈旧的羁绊你往前走的东西。

而当你要用一颗心去衡量、评判事物真相的时候，零态的心就是一颗公平的心、准确的心。测量物体重量的秤如果不回到零的状态，你能称出物质的质量吗？哪怕你的心离零态只有一厘米，都可能会有一厘米偏离真相。因此越接近零态的心，离真相越近，越能看清自己和别人的本心本我。

所以零态不是“空”，而是一种新陈代谢的状态，是一种可以蕴藏天地妙化、容纳生命能量、准备接纳宇宙精华的状态。

当你处在零态的时候，能体会到最美妙的感受。

从零态来观察自我和社会的许多价值观和道德观，就能看见远处看不见的镜面的灰尘。

最高妙的剑法在于“无剑”，最高深的佛法就是“无佛”，最高妙的心法就是“无心”，最大的我就是“无我”。这种“无”就是“零态”的特殊状态——零极限。

通过健康和静心，实现身心灵合一。人进入灵魂深处“重生”的状态，这种“重生”就是零态下突破自我的极限。

“重生”的人摘掉了有色眼镜，以全新的视角去看自己的身体和心灵，看外在的宇宙和世界。人在身心灵“生”与“死”的零极限“重生”的过程中，抛弃“过去”身心的不洁，重建全新的身心灵健康和谐的心态和理念。

进入零极限健康静心，让你的身心灵进入“天人合一”的境界，进入到生命永恒的状态。

《和谐·静心　身心灵》读者调查表

1. 读完《和谐·静心　身心灵》这本书,您的评价是:

(　)a. 非常出色　b. 优秀　c. 良好　d. 一般　e. 不确定

2. 读完本书您有一些关于健康和心灵的感悟吗?

(　)a. 有感悟　b. 没感悟　c. 不确定

3. 如果有感悟的话,主要在哪些方面?

(　)a. 有关健康　b. 有关静心　c. 对自我的认知　d. 学会了一些方法

4. 您认为本书最出色的、最让您印象深刻的是那几个章节部分(可以多重选择)?

(　　　　　　　　)

5. 您觉得本书对您建立全新的身心灵和谐的健康理念,构建和谐幸福的生活有帮助吗?

(　)a. 有很大帮助　b. 有一些帮助　c. 没帮助　d. 不确定

6. 您同意书中提出的健康理念:"健康不是头痛医头,而是身体系统修复"、"健康是天地人以及身心灵的合一"、"健康是一种生活态度"、"健康是一种身心平衡"吗?

(　)a. 同意　b. 部分同意　c. 不确定

7. 您同意本书全新的健康管理系统:身体系统预警、身体系统监控、身体系统维护、身体系统文化吗?

(　)a. 同意　b. 不同意　c. 不确定

8. 您同意"身心灵和谐就是逐步完成净心、静身、境界的历程"吗?

(　)a. 同意　b. 不同意　c. 不确定

9. 您同意本书观点"人的身心健康与敢于面对自我、敢于主动修复心灵、修复关系、走出无效沟通"吗?

(　)a. 同意　b. 不同意　c. 不确定

10. 您同意本书观点“静心打开心灵、和谐、幸福的大门”吗？

（ ）a. 同意 b. 不同意 c. 不确定

11. 在看本书之前，您看过其他身心灵合一方面的书吗？

（ ）a. 有 5 本以下 b. 有 5 本以上 c. 没有

12. 您希望从本书和心灵书籍中获得什么？

（ ）a. 健康指导 b. 生命感悟 c. 人生指导 d. 认知自我 e. 学习身心合一方法论

13. 如果继续出版静心类书籍，您觉得还希望增加那些方面的内容？

a.（ ）

b.（ ）

c.（ ）

14. 您的其他建议：（ ）

作者征集读者身心灵故事，选中的故事可在作者下一本身心灵书籍中发表。心灵故事可直接发到邮箱：ljxjx00@163.com。

读者对本书内容和观点想进一步了解或探讨，请参考作者网站“零极限健康静心网”：www.ljxjx.com。本调查表电子版也可从网站下载，填写完直接发到作者邮箱。参与调查的读者可以直接和作者以及书籍中专家进行定期沟通互动。